应用型本科机电类专业"十二五"规划精品教材

液压与气压传动

主　编　江晓明　董世钢
副主编　李　辉　赵镇锋

华中科技大学出版社
中国·武汉

内容简介

本书从应用型本科院校教育培养目标要求出发,遵循液压与气压传动课程体系与内容的改革精神,参照目前高等院校专业教学基本要求,在总结近年来教学改革的探索研究和实践经验的基础上编写而成。

全书共10章,以介绍液压传动为主,简单介绍气压传动。其主要内容包括液压传动与控制概述、液压传动流体力学基础、液压动力元件、液压执行元件、液压控制阀、液压辅助元件、液压基本回路、典型液压系统、液压系统的设计和计算、气压传动。各章后均附有一定量的习题。

本书可作为普通高等工科院校机械设计制造及其自动化、机械电子工程、材料成形及控制工程、汽车工程等专业的教材,也可作为成人教育、自学考试等学生的教材,还可供从事液压传动与控制技术的工程技术人员参考。

图书在版编目(CIP)数据

液压与气压传动/江晓明,董世钢主编. —武汉:华中科技大学出版社,2013.9(2022.6重印)
ISBN 978-7-5609-8756-9

Ⅰ.①液… Ⅱ.①江… ②董… Ⅲ.①液压传动-高等学校-教材 ②气压传动-高等学校-教材
Ⅳ.①TH137 ②TH138

中国版本图书馆 CIP 数据核字(2013)第 056601 号

液压与气压传动   江晓明　董世钢　主编

策划编辑:袁　冲
责任编辑:狄宝珠
封面设计:范翠璇
责任校对:刘　竣
责任监印:张正林
出版发行:华中科技大学出版社(中国·武汉)　　电话:(027)81321913
　　　　　武汉市东湖新技术开发区华工科技园　　邮编:430223
录　排:华中科技大学惠友文印中心
印　刷:广东虎彩云印刷有限公司
开　本:787mm×1092mm　1/16
印　张:18
字　数:454 千字
版　次:2022 年 6 月第 1 版第 6 次印刷
定　价:36.00 元

本书若有印装质量问题,请向出版社营销中心调换
全国免费服务热线:400-6679-118　竭诚为您服务
版权所有　侵权必究

应用型本科机电类专业"十二五"规划精品教材

编 委 会

总策划：袁 冲

顾 问：文友先

成 员（排名不分先后）：

容一鸣	潘 笑	李家伟	卢帆兴	孙立鹏
杨玉蓓	胡均安	叶大萌	冯德强	张胜利
李立慧	张 荣	贾建平	严小黑	王 伟
石从继	邓拥军	桂 伟	姜存学	蒋慧琼
李启友	赵 燕	张 融	李如钢	江晓明
徐汉斌	熊才高	肖书浩	王 琨	卢 霞

应用型本科机电类专业"十二五"规划精品教材

鸣谢学校名单

（排名不分先后）

华中科技大学武昌分校	广西工学院鹿山学院
武汉东湖学院	燕山大学里仁学院
海军工程大学	长春理工大学光电信息学院
武昌工学院	广州大学松田学院
武汉工程大学邮电信息学院	沈阳航空航天大学北方科技学院
湖北工业大学工程技术学院	大连理工大学城市学院
武汉生物工程学院	武汉科技大学城市学院
中国地质大学江城学院	电子科技大学中山学院
湖北工业大学商贸学院	吉林大学珠海学院
武汉理工大学华夏学院	北京理工大学珠海学院
江汉大学文理学院	东莞理工学院城市学院
江西理工大学应用科学学院	集美大学诚毅学院
河海大学文天学院	河南理工大学万方科技学院
北京化工大学北方学院	浙江大学城市学院
华东交通大学理工学院	安徽工程大学机电学院
广州技术师范学院天河学院	长沙理工大学城南学院
大连工业大学艺术与信息工程学院	青岛滨海学院
北京交通大学海滨学院	南京航空航天大学金城学院

2010年12月，我们邀请十多所二本和三本层次院校的机电学科教学负责人和骨干教师，召开了应用型本科院校机电类专业的教学研讨和教材建设会议。会议重点研讨了当前应用型本科机电专业建设、课程设置、招生就业、教材使用、实验实训课程改革等情况。大家一致认为，教材建设是专业建设发展的重要环节，配合教学改革进行教材改革已迫在眉睫。尤其是独立学院面临脱离母体学校独立发展的紧迫形势，编写适合自身特点的教材，也是水到渠成。大家认为，编写应用型本科教材，切合市场的需要，也切合各个学院内涵提升的需要，会议决定开发一套应用型本科机电类专业"十二五"规划精品教材，它以独立学院为主体，广泛吸纳民办院校（包括二类本科院校）。

这套教材定位在应用型本科的层次。应用型本科终究还是本科，绝不等同于高职，因此，教材编写首先要力求摒弃传统本科压缩版，也要避免陷入高职提高版的误区，必须围绕本科生所要掌握的基础理论展开，体现理论够用的原则，并要融入新知识、新技术、新内容、新材料，体现最新发展动态，具有一定的前瞻性。其次，我们希望每种教材最好是由一名教师和一名有企业实际岗位工作经验的工程师来联合主编，要求案例和实训方案来源于生产一线，具有代表性和典型性，突出实用性。在体例编排和内容组织上，建议主编根据课程实际情况，借鉴高职教材以职业活动为导向，以职业技能为核心，突出任务驱动的特点，在形式上能有所创新，达到编写体例新颖、主次分明的目的，有条件的可配上相应的习题和教学课件。

总之，我们希望这套教材能够体现"层次适用、理论够用、案例实用、体例创新"的"三用一新"的特点，并达到思想性、科学性和方法论相统一，先进性和基础性相统一，理论知识和实践知识相统一，综合性和针对性相统一，以及教材内容与实际工作岗位对接。

需要特别说明的是，由于时间关系我们没有邀请更多的院校参加会议，但是并不影响我们博采众长，我们通过电话、邮件、网络等，得到了很多有价值的信息。有的老师推荐兄弟院校教师参与，有的老师热情地提供了人才培养方案，有的老师提供精品课程建设的经验，有的老师提供从企业获取的案例资料等，这些都极大地扩充了我们的编写团队，丰富了写作素材，为教材编写提供了强有力的支撑。这些老师及其所在学校直接或间接地为本套教材的出版作出了贡献，因此，我们特意收录了这些院校的名单，以示鸣谢！

本系列教材的主编和其他编写人员都是我们精选的，都是富有教学和教学改革实践经验并有一定的精品课程建设经验的教师或生产一线经验丰富的工程师。为了确保教材的编写质量，我们还邀请了当前国内一流的机电专业教学与研究方面的权威专家，他们对个别教材进行了认真的审稿。专家们普遍给予了高度的肯定,同时也提出了很多宝贵的意见和建议,使这套教材更加完善。相信这是一套便于学生学习实践、教师教学指导的好教材。也希望各院校老师在使用的过程中,给我们提出宝贵的意见和建议,便于我们修订和完善!同时,也欢迎更多的老师参与到编写修订的团队中来!

我们的联系方式如下。

联系人	QQ 号	QQ 群	E-MAIL
袁冲	151211854	126692072	yingxiao2995@yahoo.com.cn
地址	武汉市珞瑜路 1037 号华中科技大学出版社(430074)		

编委会

2011 年 6 月

前言

"液压与气压传动"是机械类专业一门重要的专业基础课,具有实践性强、与生产实际联系紧密等特点。随着新兴产业的不断涌现,并与现代电子和信息技术相结合,进一步推动了液压与气压技术的发展,使其在国民经济各行业获得了广泛应用。

本书从各院校应用型本科的定位和该课程的性质及培养目标的要求出发,结合教学实际,总结教改情况,在内容安排上重点突出应用性,旨在培养适应社会发展需求的高素质应用型人才。

本书在编写过程中力求突出以下特点。

(1) 充分考虑应用型本科人才培养的特点,在教学内容设计上,注重教材的理论性和系统性的同时,注重理论联系实际,注重与前后课程的联系,力求做到少而精。

(2) 部分章节重点、难点部分附有典型例题分析,以提高学习效率。

(3) 为指导学生学习,各章开篇均列出了本章的主要内容、重点和难点;为方便学生复习巩固学习内容,各章均附有典型练习题。

(4) 本书中的插图全部使用计算机绘图软件绘制,图形规范、清晰、美观。

本书由武昌工学院的江晓明担任第一主编,长春理工大学光电信息学院的董世钢担任第二主编。全书编写具体分工如下:第1、10章由董世钢编写,第2、5、6、8章由江晓明编写,第3章由广东白云学院的雷萍编写,第4章由华中科技大学文华学院的赵镇锋编写,第7、9章由武昌工学院的李辉编写,倪明航、代希君、邹俊刚绘制了书中部分插图。江晓明对各章进行了修改,并对全书进行了统编工作。

本书在编写过程中吸收了很多优秀教材的思想、经验和优点,引用了一些参考文献,编者谨向各位作者表示诚挚的谢意。

本书有教师授课用的课件,欢迎与151211854@qq.com联系索取。

本书得到了华中科技大学出版社的大力支持,出版社的编辑为此付出了辛勤的劳动,特此表示感谢。

本书编写力求适应高等教育的改革和发展,但由于编者水平有限,书中难免有错误和不足之处,敬请读者批评指正,编者在此深表感谢。

编　者
2013年1月

目录

第1章 液压传动与控制概述 ··· (1)
  1.1 液压传动系统的定义及工作原理 ·· (1)
  1.2 液压传动系统的组成和表示方法 ·· (3)
  1.3 液压系统的优缺点 ·· (5)
  1.4 液压传动的应用 ·· (6)
  1.5 液压与气压传动的发展前景 ·· (6)
  习题1 ·· (7)

第2章 液压传动流体力学基础 ··· (8)
  2.1 液压传动的工作介质 ··· (8)
  2.2 液压油的污染及其控制 ·· (12)
  2.3 液体静力学 ·· (15)
  2.4 液体动力学 ·· (18)
  2.5 管道中液流的特性 ··· (27)
  2.6 液体流经小孔和缝隙的流量压力特性 ·· (33)
  2.7 液压冲击和气蚀现象 ·· (38)
  习题2 ··· (42)

第3章 液压动力元件 ··· (46)
  3.1 液压动力元件概述 ··· (46)
  3.2 齿轮泵 ··· (50)
  3.3 叶片泵 ··· (54)
  3.4 柱塞泵 ··· (60)
  3.5 液压泵性能比较和选用 ··· (63)
  习题3 ··· (64)

第4章 液压执行元件 ··· (67)
  4.1 液压马达 ·· (67)
  4.2 液压缸 ··· (74)
  习题4 ··· (88)

第5章 液压控制阀 ·· (89)
  5.1 液压控制阀的概述 ··· (89)

5.2 压力控制阀 (95)
5.3 流量控制阀 (108)
5.4 方向控制阀 (115)
5.5 插装阀、叠加阀、数字阀 (132)
习题 5 (142)

第 6 章 液压辅助元件 (146)
6.1 液压辅助元件概述 (146)
6.2 滤油器 (146)
6.3 蓄能器 (149)
6.4 油箱 (153)
6.5 密封装置 (154)
6.6 管道与管接头 (158)
6.7 热交换器 (160)
习题 6 (161)

第 7 章 液压基本回路 (162)
7.1 压力控制回路 (162)
7.2 速度控制回路 (170)
7.3 方向控制回路 (183)
7.4 多缸工作控制回路 (186)
习题 7 (190)

第 8 章 典型液压系统 (192)
8.1 组合机床动力滑台液压系统 (192)
8.2 3150 kN 通用压力机液压系统 (196)
8.3 注塑机液压系统 (200)
8.4 汽车起重机液压系统 (206)
8.5 车床液压系统 (211)
习题 8 (213)

第 9 章 液压系统的设计和计算 (216)
9.1 明确液压系统的设计要求 (216)
9.2 工况分析和确定液压系统的主要参数 (217)
9.3 液压系统原理图的拟定 (219)
9.4 液压元件的计算和选择 (220)
9.5 液压系统的性能验算 (221)
9.6 绘制正式工作图和编写技术文件 (222)
9.7 液压系统的设计计算举例 (222)
习题 9 (228)

第 10 章 气压传动 (229)
10.1 气压传动概述 (229)
10.2 气源装置及辅助元件 (232)

10.3　气动执行元件 …………………………………………………（241）
　10.4　气动控制元件 …………………………………………………（246）
　10.5　气动基本回路 …………………………………………………（256）
　10.6　气动系统实例 …………………………………………………（262）
　习题 10 ………………………………………………………………（265）
附录　液压与气动图形符号 ……………………………………………（267）
参考文献 ……………………………………………………………………（273）

第 1 章 液压传动与控制概述

液压传动是属于自动控制领域的一门重要学科,它是以液体为工作介质,以液体的压力能进行能量传递和控制的一种传动形式。本章主要叙述了液压传动与控制的概念,揭示了液压传动的基本原理,论述了压力与负载、速度与流量、液压功率与输出功率之间的关系,另外,本章还介绍了液压传动系统的组成、液压传动系统图的表示方法、液压传动的优缺点、液压传动的应用及发展前景。

1.1 液压传动系统的定义及工作原理

液压传动系统是由一些功能不同的液压元件组成,在密闭的回路中依靠运动的液体的压力能进行能量传递,通过对液体的相关参数(如压力、流量等)进行调节和控制,以满足工作装置输出力、速度(或转矩、转速)的一种传动装置。液压传动系统的类型很多,应用范围也十分广泛,下面以图 1-1 所示的液压千斤顶工作原理图为例来说明其工作原理。

图中,当向上提升杠杆 1 时,小缸 3 内的小活塞 2 上移,小缸下部因容积增大而形成真空,此时单向阀 5 关闭,油箱 10 内的液压油通过油管和单向阀 4 被吸入到小缸下腔并充满腔体。当向下压杠杆 1 时,小活塞 2 下移,液压油被挤出,压力升高,此时单向阀 4 关闭,小缸 3 内的液压油顶开单向阀 5 进入大缸 6 的下腔,迫使大活塞 7 向上移动举起重物 8。这样,经过反复提升和下压杠杆,就能将油箱的液压油不断吸入小缸,压入大缸,推动大活塞逐渐上移而将重物举起。为把重物从举高的位置顺利放下,系统设置了截止阀(放油螺塞)9。

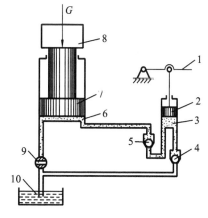

图 1-1 液压千斤顶工作原理图

1—杠杆;2—小活塞;3—小缸;
4、5—单向阀;6—大缸;7—大活塞;
8—重物;9—截止阀;10—油箱

1.1.1 压力与负载的关系

在图 1-1 中,设小活塞和大活塞的面积分别为 A_1 和 A_2,作用在大活塞上的外负载为 G,施加于小活塞上的作用力 F_1,则小腔(小缸 3)的压力 $p_1 = F_1/A_1$,在大腔(大缸 6)中所产生的液体压力(压强)$p_2=$

G/A_2(忽略活塞自重、摩擦力等)。根据帕斯卡原理：加在密封容器中的压力(压强)能够按照原来的大小向液体的各个方向传递，即 $p_1=p_2=p$。若忽略压力损失，则可以表示为

$$p = F_1/A_1 = G/A_2 \tag{1-1}$$

或

$$F_1 = GA_1/A_2 \tag{1-2}$$

式(1-1)表明，在 A_1、A_2 一定时，负载 G 越大，系统中的压力 p 也越高，外界对系统的作用力 F_1 也就越大，所以系统的压力 p 取决于外负载的大小。式(1-2)表明，当 $A_1/A_2<1$ 时，作用在小活塞上一个很小的力 F_1，便可以在大活塞上产生一个很大的力，以举起重物 G。

1.1.2 速度与流量的关系

在图1-1中，若不计液体的泄漏、可压缩性和系统的弹性变形等因素，则从小缸中排出的液体体积一定等于进入到大缸中的液体体积。设小缸、大缸活塞运动一次的位移分别为 s_1、s_2，则有

$$A_1 s_1 = A_2 s_2 \tag{1-3}$$

将式(1-3)两边同时对活塞运动的时间求导，得

$$q_1 = A_1 v_1 = A_2 v_2 = q_2 = q \tag{1-4}$$

式中：v_1、v_2——小活塞的平均运动速度和大活塞的平均运动速度；

q_1、q_2——小缸输出的平均流量和大缸输入的平均流量。

由式(1-4)可以得到一般公式：

$$v = \frac{q}{A} \tag{1-5}$$

式(1-5)是液压传动中速度调节的基本公式，表明调节进入液压缸的液体流量，即可调节活塞的运动速度。由此可见：在液压传动系统中，执行机构的运动速度取决于输入流量的大小。

1.1.3 能量转换关系

由图1-1可知，系统的能量是守恒的。

系统输入功率为

$$P_i = F_1 v_1 = \frac{F_1}{A_1} A_1 v_1 = p_1 q_1 \tag{1-6}$$

系统输出功率为

$$P_o = G v_2 = \frac{G}{A_2} A_2 v_2 = p_2 q_2 \tag{1-7}$$

在不考虑系统其他能量损失的情况下，$P_i=P_o=P$，都等于液压传动的功率，即

$$P = pq \tag{1-8}$$

式(1-8)表明，液压传动的功率等于液体的压力 p 和流量 q 的乘积。所以压力和流量是液压传动中的两个重要的基本参数。它们相当于机械传动中直线运动的力和速度，旋转运动中的转矩和转速。

1.2 液压传动系统的组成和表示方法

1.2.1 液压系统的组成

图 1-2 是磨床液压传动系统原理图,该液压系统能实现磨床工作台的往复运动及运动过程中的换向、调速及进给力的控制,为了实现这些功能,需要在液压泵和液压缸之间设置一些装置。其工作原理如下。

电动机驱动液压泵 3 旋转,从油箱 1 经过滤器 2 吸油,并向系统提供具有一定流量的压力油。当换向阀 6 的阀芯处于图 1-2(b)所示位置时,压力油经节流阀 4、溢流阀 5 和管道进入液压缸 8 的左腔,推动缸 8 的活塞 9 向右运动。缸 8 右腔的油液经管道、换向阀 6 流回油箱。当改变换向阀 6 阀芯的工作位置,如图 1-2(c)所示,使其处于左端位置时,缸 8 的活塞 9 将作反向运动。换向阀 6 的作用是实现磨床工作台的换向运动。节流阀 4 的作用是用来调节磨床工作台 10 的运动速度。溢流阀 5 的作用是根据负载的不同来调节并稳定液压系统工作压力,同时排出的多余压力油,对整个液压系统起过载保护作用。工作台的移动速度是由节流阀 4 来调节的,开大节流阀的开口,进入缸 8 的流量增多,工作台的移动速度就会增大;反之,工作台的移动速度则减慢。此时液压泵 3 排出的多余油液经溢流阀 5 和管道流回油箱 1。系统工作时,缸 8 工作压力的大小取决于磨削工件所需的进给力的大小。液压泵 3 的最高工作压力由溢流阀 5 调定。

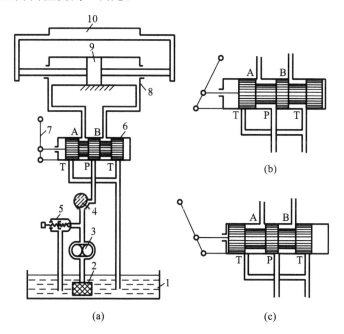

图 1-2 磨床工作台液压系统原理图
1—油箱;2—过滤器;3—液压泵;4—节流阀;5—溢流阀;6—换向阀;
7—手柄;8—缸;9—活塞;10—工作台

由上面的例子可以看出,液压传动系统主要由以下五部分组成。

1. 动力元件

动力元件是一种能量转换装置,能将机械能转换成压力能。动力元件包括各种液压泵。

2. 执行元件

执行元件也是一种能量转换装置,能将流体的液压能转换成机械能输出。这种元件可以是作直线运动和往复摆动的液压缸,也可以是作旋转运动的液压马达。

3. 控制元件

控制元件是对液压系统中流体的压力、流量及流动方向等参数进行控制和调节,或者实现信号转换、逻辑运算和放大等功能的元件。

4. 辅助元件

辅助元件是指除上述三种元件以外的其他元件,即保证系统正常工作所需的辅助元件。如液压系统中的油箱、蓄能器、过滤器、管道、管接头、压力表等。辅助元件对于液压与气压系统正常工作是必不可少的。

5. 工作介质

液压系统以液压油液或高水基液体作为工作介质,用它来进行能量和信号的传递。

1.2.2 液压系统的表示方法

为了简化液压系统的表示方法,通常采用图形符号来绘制系统的原理图,如图 1-3 所示。各类元件的图形符号完全脱离了其具体结构形式,只表示其职能,由它们组成的系统原理图能简明表达系统的工作原理及各元件在系统中的作用,为此国家专门制定了相关的液压传动常用图形符号的标准(见 GB/T 786.1—2009 或附录)。图 1-3 所示是采用图形符号绘制的液压系统工作原理图。

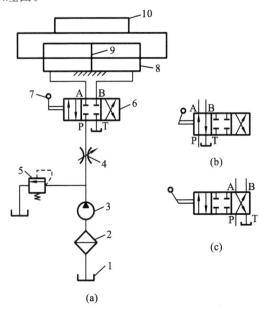

图 1-3 用图形符号表示的磨床液压系统工作原理

1—油箱;2—过滤器;3—液压泵;4—节流阀;5—溢流阀;6—换向阀;
7—手柄;8—液压缸;9—活塞;10—工作台

1.3 液压系统的优缺点

1.3.1 液压传动的优点

液压传动具有以下一些优点。

(1) 易于实现无级调速。通过调节流量可在运行过程中方便地实现无级调速,调速范围可达 2000:1,容易获得极低的运动速度。

(2) 传递运动平稳。靠液压油的连续流动传递运动,液压油几乎不可压缩,且具有吸振能力,因此执行元件运动平稳。

(3) 承载能力大。液压传动是将液压能转化为机械能驱动执行元件而做功的,系统很容易获得很大的液压能,因此,驱动执行元件做功的机械能也大,可以很方便地实现低速大扭矩传动或低速大推力传动。

(4) 元件使用寿命长。因元件在油中工作,润滑条件充分,可延长其使用寿命。

(5) 易于实现自动化。系统的压力、流量和流动方向容易实现调节和控制,特别是与电气、电子和气动控制联合起来使用时,能使整个系统实现复杂的程序动作,也可方便地实现远程控制。

(6) 易于实现过载保护。液压传动采取了多种过载保护措施,能自动防止过载,避免发生事故。

(7) 易于实现标准化、系列化和通用化。液压元件属机械工业基础件,在国内外有许多专门从事液压元件制造的厂家,除油箱和少量的专用件外,一般的液压元件都能直接购买到,且规格齐全、品种多样。

(8) 系统的布局和安装灵活。液压元件的布置不受严格的空间位置限制,各元件之间用管道连接,布局和安装有较大的灵活性。

(9) 体积小、质量轻、惯性小、反应快,结构紧凑,易于实现快速启动、制动和频繁的换向。

1.3.2 液压传动的缺点

液压传动的缺点有以下几方面。

(1) 不能实现严格的传动比。由于传动介质的泄漏等因素的影响,导致传动比不如机械传动精确。

(2) 传动效率偏低。在液压传动中,系统需经两次能量转换,因而相对于机械和电气系统,其传动效率偏低。

(3) 油温变化时,液压油黏度的变化会影响系统工作的稳定性。系统在高温工作时,采用石油基液压油为工作介质的系统还需注意防火问题。

(4) 液压油中混入空气,容易产生振动和噪声。

(5) 发生故障不易检查与排除,且工作介质被污染后,会造成液压元件阀芯卡死等现象,使系统不能正常工作。

(6) 液压元件制造精度要求高,系统维护技术水平要求高。

综上所述,在液压传动系统中,优点是主要的,而其缺点随着科学技术的进步和发展会不断被克服和改善。

1.4 液压传动的应用

液压传动在各个行业的应用情况如表1-1所示。

表1-1 液压传动在各个行业的应用

行业名称	应用场合举例
机床工业	磨床、铣床、拉床、刨床、压力机、自动车床、组合车床、数控机床、加工中心等
工程机械	挖掘机、装载机、推土机、压路机、铲运机等
起重运输机械	起重机、叉车、装卸机械、皮带运输机、液压千斤顶等
矿山机械	开采机、凿岩机、开掘机、破碎机、提升机、液压支架等
建筑机械	打桩机、平地机等
农业机械	联合收割机的控制系统、拖拉机和农用机的悬挂装置等
冶金机械	电炉控制系统、轧钢机控制系统等
轻工机械	注塑机、打包机、校直机、橡胶硫化机、造纸机等
汽车工业	自卸式汽车、平板车、高空作业车、汽车转向器、减振器等
船舶港口机械	起货机、起锚机、舵机等
铸造机械	砂型压实机、加料机、压铸机等
智能机械	折臂式小汽车装卸器、数字式体育锻炼机、模拟驾驶舱、机器人等

1.5 液压与气压传动的发展前景

液压传动相对于机械传动来说是一门新兴技术。从17世纪中叶帕斯卡提出静压传递原理,到18世纪末英国制造出世界上第一台水压机算起,已有几百年的历史,但液压传动在工业上被广泛应用和有较大幅度的发展则是20世纪中期以后的事情。

近代液压传动是由19世纪崛起并蓬勃发展的石油工业推动起来的,最早实践成功的液压传动装置是舰艇上的炮塔转位器,其后才在其他方面得到应用。第二次世界大战期间,各参战国为了打赢战争,投入了大量的人力、物力、财力发展新式武器,制造出反应迅速、动作准确、输出功率大的液压传动及控制装置,促使液压技术迅速发展。战后,液压技术很快转入民用工业,并随着各种液压元件的标准化、规格化、系列化,液压系统在机床工业、工程机械、冶金机械、塑料机械、农林机械、汽车、船舶等行业得到了大幅度的应用和发展。20世纪60年代以后,随着原子能技术、空间技术、电子技术等方面的发展,液压技术向更广阔的领域渗透,发展成为包括传动、控制和检测在内的一门完整的自动化技术。现今,采用液压传动的程度已成为衡量一个国家工业水平的重要标志之一。如发达国家生产的95%的工程机械、90％的数控加工中心、95％以上的自动化流水线都采用了液压传动。

我国的液压工业始于20世纪50年代,其产品最初只用于机床和锻压设备,后来才用到拖拉机和工程机械上。自从1964年从国外引进一些液压元件生产技术,同时进行自行设计液压产品以来,我国的液压件生产已从低压到高压形成系列,并在各种机械设备上得到了广泛的应用。从20世纪80年代起,更加速了对国外先进液压产品和技术的有计划引进、消化、吸收和国产化工作,以确保我国的液压技术能在产品质量、经济效益、研究开发等各个方面全方位地赶上世界水平。

随着液压机械自动化程度的不断提高,液压元件应用数量急剧增加,元件小型化、系统集成化是必然的发展趋势。特别是近十年来,液压技术与传感技术、微电子技术密切结合,出现了许多诸如电液比例控制阀、数字阀、数字缸、电液伺服液压缸等机(液)电一体化元器件,使液压技术在高压、高速、大功率、节能高效、低噪声、使用寿命长、高度集成化等方面取得了重大进展。液压元件和液压系统的计算机辅助设计(CAD)、计算机辅助制造(CAM)、计算机辅助试验(CAT)和计算机实时控制(computer real-time control)也是当前液压技术的发展方向。

习　题　1

1-1　什么是液压传动?液压传动和机械传动相比有哪些优缺点?

1-2　液压传动由哪几部分组成?每部分的功能是什么?

1-3　液压传动中液体的压力是由什么决定的?

1-4　液压传动系统的基本参数是什么?它们与哪些因素有关?

第 2 章 液压传动流体力学基础

本章主要叙述了液压传动工作介质的性质,揭示了工作介质的污染原因及控制方法,论述了液体静力学、动力学的性质,阐述了液体动力学的三个运动方程,以及管道中液流的特性、液压冲击和气穴现象。通过本章学习,使学生对工作介质在管道中流动的流体力学特性有一个比较全面的了解。

2.1 液压传动的工作介质

2.1.1 工作介质的物理性质

工作介质的物理性质有多项,现选择与液压传动性能密切相关的三项作介绍。

1. 密度

单位体积液体所具有的质量称为该液体的密度,用公式表示为

$$\rho = \frac{m}{V} \tag{2-1}$$

式中:ρ——液体的密度,单位为 kg/m^3;

m——液体的质量,单位为 kg;

V——液体的体积,单位为 m^3。

严格来说,液体的密度随着压力或温度的变化而变化,但变化量一般很小,在工程计算中可以忽略不计。在进行液压系统相关的计算时,通常取液压油的密度为 $900\ kg/m^3$。

2. 可压缩性

液体受增大的压力作用而使体积缩小的性质称为液体的可压缩性。设容器中液体原来压力为 p_0,体积为 V_0,当液体压力变化 Δp 时,体积变化 ΔV,则液体的可压缩性可用压缩系数 k 来表示,它是指液体在单位压力变化下的体积相对变化量,用公式表示为

$$k = -\frac{1}{\Delta p}\frac{\Delta V}{V_0} \tag{2-2}$$

式中:k——压缩系数,单位为 m^2/N。

由于压力增大时液体的体积减小,为了使 k 为正值,在上式右边须加一负号。

液体压缩系数 k 的倒数,称为液体的体积弹性模量,简称体积模量,用 K 表示,即

$$K = \frac{1}{k} = -\frac{\Delta p}{\Delta V} V_0 \qquad (2\text{-}3)$$

表 2-1 列举了各种工作介质的体积模量。因钢的弹性模量为 2.1×10^5 MPa,由表 2-1 可见,石油基液压油的可压缩性是钢的 100～150 倍。液体的体积模量与温度、压力有关。温度升高时,K 值减小,在液压油正常工作范围内,K 值会有 5%～25% 的变化;压力增大时,K 值增大,但这种增大不呈线性关系,当 $p \geqslant 3$ MPa 时,K 值基本上不再增大。由于空气的压缩性很大,当液压油液中混有游离气泡时,K 值将大大减小。比如,当油中混有 1% 空气气泡时,体积模量则降低到纯油的 5% 左右;当油中混有 5% 的空气气泡时,体积模量则降低到纯油的 1% 左右。故液压系统在设计和使用时,要采取措施尽量减少工作介质中的游离气泡的含量。

一般情况下,工作介质的可压缩性在研究液压系统静态(稳态)条件下工作的性能时,对其影响不大,可以不予考虑;但在高压下或研究系统动态性能及计算远距离操纵的液压系统时,必须予以考虑。

表 2-1　各种工作介质的体积模量(20 ℃,0.1 MPa)

介质种类	体积模量 K/MPa	介质种类	体积模量 K/MPa
石油基液压油	$(1.4 \sim 2.0) \times 10^3$	水-乙二醇基型	3.45×10^3
油包水乳化液	2.3×10^3	磷酸酯基型	2.65×10^3
水包油乳化液	1.95×10^3		

3. 黏性

1) 黏性的定义

液体在外力作用下流动(或有流动趋势)时,液体分子间的内聚力要阻止分子间的相对运动,在液层相互作用的界面之间会产生一种内摩擦力,这一特性称为液体的黏性。液体只有在流动(或有流动趋势)时才会呈现出黏性,静止液体是不呈现黏性的。黏性是液压油的各项物理性质中最重要的特性,也是选择液压油的一个很重要的依据。

2) 黏性的度量

度量黏性大小的物理量称为黏度。常用的黏度有三种:动力黏度、运动黏度、相对黏度。

(1) 动力黏度　在图 2-1 中,设两平行平板间充满液体,下平板不动,上平板以速度 u_0 向右平动。由于液体的黏性和液体与固体壁面间作用力的共同影响,导致液体流动时各层的速度大小不等,紧贴下平板的液体黏附于下平板上,其速度为零,紧贴上平板的液体黏附于上平板上,其速度为 u_0,中间各层的速度分布从上到下按线性规律变化。可以把这种流动看成是无限薄的油层在运动,速度快的液层带动速度慢的液层,速度慢的液层阻止速度快的液层。

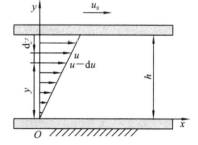

图 2-1　液体的黏性

实验测定指出:液体流动时相邻液层间的内摩擦力 F_f 与液层接触面积 A、液层间的相对速度梯度 du 成正比,与液层的距离 dy 成反比,du/dy 称为两液层间的速度梯度或剪切率,即

$$F_f = \mu A \frac{du}{dy} \tag{2-4}$$

式中：μ——比例系数，称为黏性系数或动力黏度，也称绝对黏度。

以 $\tau = \dfrac{F_f}{A}$ 表示液层间的切应力，即单位面积上的内摩擦力，则有

$$\tau = \mu \frac{du}{dy} \tag{2-5}$$

式(2-5)即为牛顿液体的内摩擦定律。当动力黏度只与液体种类有关而与速度梯度无关时，这种液体称为牛顿液体，否则为非牛顿液体。除高黏度或含有特种添加剂的油液外，一般的液压油均可视为牛顿液体。

动力黏度的物理意义就是液体在单位速度梯度下，单位面积上的内摩擦力大小。由式(2-4)和式(2-5)可知，一定的 F_f 或 τ，μ 越大，du/dy 越小，即液体发生的剪切变形越小，抵抗液层之间相对移动的能力越强。

在国际单位制和我国的法定计量单位中，μ 的单位为 Pa·s(帕·秒)或 N·s/m²(牛·秒/米²)；而在厘米·克·秒(CGS)制中，μ 的单位为 P(泊)或 cP(厘泊)或 dyn·s/cm²(达因·秒/厘米²)，1 Pa·s=10 P=10³ cP。从 μ 的单位可看出，μ 具有力、长度、时间的量纲，即具有动力学的量，故称为动力黏度。

(2) 运动黏度　在同一温度下，液体的动力黏度 μ 与它的密度 ρ 之比称为运动黏度，即

$$\nu = \frac{\mu}{\rho} \tag{2-6}$$

在国际单位制和我国的法定计量单位中，ν 的单位为 m²/s；在 CGS 制中，ν 的单位为 cm²/s，通常称为 St(斯)。St 的单位较大，工程上常用 cSt(厘斯)来表示，1 St=100 cSt。因运动黏度具有长度和时间的量纲，即具有运动学的量，故称为运动黏度。

运动黏度 ν 没有明确的物理意义，是一个在液压传动计算中经常遇到的物理量，习惯上常用来标志液体的黏度，例如全损耗系统用油的牌号，就是这种油液在 40 ℃时的运动黏度 ν 的平均值，如 40 号全损耗系统用油就是指这种全损耗系统用油在 40 ℃时的运动黏度 ν 的平均值为 40 cSt(厘斯)。

(3) 相对黏度　动力黏度和运动黏度是理论分析和推导中常使用的黏度单位，但它们难以直接测量，在实际过程中，要先求出相对黏度，然后再换算成动力黏度和运动黏度。相对黏度是在特定测量条件下制定的，又称为条件黏度。测量条件不同，各国采用的相对黏度单位也不同。如中国、德国、俄罗斯用恩氏黏度(°E)；美国、英国采用通用赛氏黏度(SUS)或雷氏黏度(Re)等。

恩氏黏度的测定方法：将 200 mL 温度为 t ℃的被测液体装入恩氏黏度计的容器内，让此液体从底部 ϕ2.8 mm 的小孔流尽所需时间为 t_1，再测出相同体积的温度为 20 ℃的蒸馏水在同一黏度计中流尽所需的时间 t_2，这两个时间之比即为被测液体在 t ℃下的恩氏黏度，即

$$°E = \frac{t_1}{t_2} \tag{2-7}$$

恩氏黏度与运动黏度(单位取 m²/s)间的换算关系式为

$$\nu = \left(7.31°E - \frac{6.31}{°E}\right) \times 10^{-6} \quad \text{m}^2/\text{s} \tag{2-8}$$

3）黏度与温度的关系

温度对油液黏度的影响很大，如图 2-2 所示，当油温升高时，其黏度显著下降，这一特性称为油液的黏温特性，它直接影响液压系统的性能和泄漏量，因此，希望油液的黏度随温度的变化越小越好。

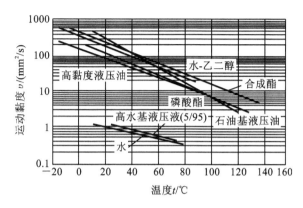

图 2-2 黏温特性曲线

4）压力对黏度的影响

当油液所受的压力加大时，其分子间的距离就会缩小，内聚力会增加，黏度会变大。但是这种变化在低压时并不明显，可以忽略不计；在高压情况下，这种变化不可忽略。

4. 液压系统对工作介质的性能要求

液压系统虽然都是由泵、阀、缸等元件组成的，但不同使用条件的不同液压系统对工作介质的要求有很大的不同。为了使液压系统能正常工作，很好地传递运动和动力，使用的工作介质应具备以下一些性能。

（1）要有合适的黏度和较好的黏温特性，要有良好的润滑性能。

（2）防腐性、防锈性要好，抗泡沫性、抗乳化性、抗磨性要好。

（3）抗氧化性、抗剪切稳定性、抗空气释放性、抗水解安定性要好，抗低温性要好。

（4）与金属和密封件、橡胶软管、涂料等的相容性要好。

（5）流动点和凝固点要低，闪点和燃点要高，比热容和热导率要大，体积膨胀要小。

5. 工作介质的类型与选用

1）工作介质的类型

工作介质要同时满足上述五项要求是不可能的，一般根据需要满足一项或几项要求。按国际标准化组织（ISO）的分类，工作介质的类型如表 2-2 所示，主要有石油基液压油和难燃液压油。现在，有 90% 以上的液压设备采用石油基液压油。石油基液压油以全损耗系统用油为基料，这种油价格低，但物理性能和化学性能较差，只能用在压力较低和要求不高的场合。为了改善全损耗系统用油的性能，往往要加入各种添加剂。添加剂有两类：一类是用来改善油液化学性能的，如抗氧化剂、防腐剂、防锈剂等；另一类是用来改善油液物理性能的，如增黏剂、抗磨剂、防爬剂等。

表 2-2 工作介质的类型

类别		组成与特性		代号
石油基液压油		无添加剂的石油基液压液		L-HH
		HH+抗氧化剂、防锈剂		L-HL
		HL+抗磨剂		L-HM
		HL+增黏剂		L-HR
		HM+增黏剂		L-HV
		HM+防爬剂		L-HG
难燃液压油	含水液压油	高含水液压油	水包油乳化液	L-HFA / L-HFAE
			水的化学溶液	L-HFA / L-HFAS
		油包水乳化液		L-HFB
		水-乙二醇		L-HFC
	合成液压油	磷酸酯		L-HFDR
		氯化烃		L-HFDS
		HFDR+HFDS		L-HFDT
		其他合成液压油		L-HFDU

2）工作介质的选用

在选择工作介质时，需考虑的因素主要有以下几点。

（1）液压系统的环境条件 如气温的变化情况、系统的冷却条件、有无高温热源和明火、抑制噪声的能力、废液再生处理及环保要求。

（2）液压系统的工作条件 如压力范围、液压泵的类型和转速、温度范围、与金属及密封件和涂料的相容性、系统的运转时间和工作特点等。其中，液压泵的工作条件是选择液压油的重要依据，应尽可能满足液压泵样本中提出的油品要求，系统压力和执行装置工作速度也是选择液压油的重要依据。

（3）液压油的性质 如液压油的理化指标和使用性能、各类液压油的特性等。

（4）经济性和供货情况 如液压油的价格、使用寿命、对液压元件寿命的影响、当地油品的货源，以及维护、更换的难易程度等。

2.2 液压油的污染及其控制

据调查统计可知，液压油被污染是系统发生故障的主要原因，它严重影响着液压系统的可靠性及元件的寿命。所以，了解液压油的污染途径，控制液压油的污染程度是非常必要的。

2.1.1 污染产生的原因

凡是液压油成分以外的任何物质都可以认为是污染物。液压油中的污染物主要是固体颗粒物、空气、水及各种化学物质。另外,系统的静电能、热能、磁场能和放射能等也是以能量形式存在的对液压油产生危害的污染物质。液压油污染物的来源主要有以下两个方面。

1) 外界侵入物的污染

它主要指液压油在运输过程中带进的和从周围环境中混入的空气、水滴、尘埃等。另外还有液压装置在制造、安装和维修时残留下来的沙石、铁屑、型砂、磨粒、焊渣、铁锈、清洗溶剂等。

2) 工作过程中产生的污染

它主要指液压元件相对运动磨损时产生的金属颗粒、锈斑、密封材料磨损颗粒、涂料剥离片、水分、压力变化产生的气泡、液压油和密封材料变质后产生的胶状生成物等。

2.1.2 污染的危害

液压油被污染后,将会对系统及元件产生以下不良后果。

(1) 固体颗粒及胶状生成物会加速元件磨损,堵塞泵及过滤器,堵塞元件相对运动缝隙,使液压泵和阀的性能下降,使泄漏增加,产生气蚀和噪声。

(2) 空气的侵入会降低液压油的体积模量,使系统响应特性变差,刚性下降,系统更易产生振动、爬行等现象。

(3) 水和悬浮气泡显著削弱运动副间的油膜强度,降低液压油的润滑性。油液中的空气、水、热量、金属磨粒等加速了液压油液的氧化变质,同时产生气蚀,使液压元件加速损坏。

2.1.3 污染测定的方法与标准

1. 污染测定的方法

液压油污染程度是指单位体积油液中固体颗粒物的含量,即液压油中固体颗粒物的浓度。对于其他污染物,如水和空气,则用水含量和空气含量来表述。下面仅讨论油液中固体颗粒污染物的测定问题。目前,采用的液压油污染程度测量方法如下。

1) 质量分析法

将一定体积样液中的固体颗粒全部收集在微孔滤膜上,通过测量滤膜过滤前后的质量来计算污染物的含量。

2) 显微镜计数法

将一定体积样液中的滤膜在光学显微镜下观察,对收集在滤膜上的颗粒物按给定的尺寸范围计数。

3) 显微镜比较法

在专用显微镜下,将过滤样液的滤膜和标准污染度样片(具有不同等级)进行比较,从而判断其污染度等级。

4) 自动颗粒计数法

利用自动颗粒计数器对油液中颗粒的大小和数量进行自动检测。

5) 滤膜(网)堵塞法

通过检测颗粒物对滤膜(网)堵塞而引起的流量或压差的变化来确定油液的污染度。

6）扫描电子显微镜法

利用扫描电子显微镜和统计学方法对收集在滤膜上的颗粒物进行尺寸和数量的测定。

7）图像分析法

利用摄像机将滤膜上收集的颗粒物或直接将液流中的颗粒物转换为显示屏上的影像，并利用计算机进行图像分析。

2. 污染测定的标准

我国制定的液压油液颗粒污染度等级标准采用 ISO4406。在 1987 年颁布的国际标准 ISO4406 中规定，固体颗粒污染度等级代码按照颗粒含量划分为 26 个等级，有 0.9,0,1, …,24。根据液压油分析的颗粒计数结果，用不小于 5 μm 和不小于 15 μm 的两个尺寸的颗粒含量等级代码表示液压油的污染度。前面的数码代表 1 mL 液压油中尺寸不小于 5 μm 的颗粒数等级，后面的数码代表 1 mL 液压油中不小于 15 μm 的颗粒数等级，两个数码用一斜线分隔。例如污染度等级为 18/15 的液压油，表示在每毫升液压油内不小于 5 μm 的颗粒数在 1 300～2 500 之间，不小于 15 μm 的颗粒数在 160～320 之间。其具体数据如表 2-3 所示。

表 2-3 ISO4406 污染度等级

每毫升颗粒数		等级数码	每毫升颗粒数		等级数码
大于	上限值		大于	上限值	
80 000	160 000	24	10	20	11
40 000	80 000	23	5	10	10
20 000	40 000	22	2.5	5	9
10 000	20 000	21	1.3	2.5	8
5 000	10 000	20	0.64	1.3	7
2 500	5 000	19	0.32	0.64	6
1 300	2 500	18	0.16	0.32	5
640	1 300	17	0.08	0.16	4
320	640	16	0.04	0.08	3
160	320	15	0.02	0.04	2
80	160	14	0.01	0.02	1
40	80	13	0.005	0.01	0
20	40	12	0.002 5	0.005	0.9

ISO4406 在 1999 年进行了修订，修订后的标准规定：对于颗粒计数器计数采用不小于 4 μm、不小于 6 μm、不小于 14 μm 三个尺寸的颗粒含量等级代码表示液压油的污染度，还增加了 25、26、27、28、>28 五个等级代码。

2.1.4　防止污染的措施

为了延长液压元件的使用寿命，保证液压传动系统的正常工作，应将油的污染控制在规定范围内，一般采用以下一些措施。

1. 使用前严格清洗元件和系统

液压元件在加工的每道工序后都应净化，液压系统在装配前后必须严格清洗，用机械的方法除去残渣和表面氧化物，最好用系统工作时使用的油液清洗，不能用煤油、汽油、酒精和蒸汽等作为清洗介质，以免腐蚀元件。清洗时要用绸布或乙烯树脂海绵等，不能用棉布或棉纱。

2. 防止污染物从外界侵入

在储存、搬运和加注的各个阶段都应防止液压油被污染。给油箱加油时要用过滤器，油箱通气孔要加装空气过滤器，对外露件应进行防尘密封，保持系统所有部位具有良好的密封性，并经常检查，定期更换损坏件，防止运行时尘土、颗粒和冷却物侵入系统中。

3. 用合适的过滤器

这是控制液压油污染的重要手段。根据系统的不同使用要求选用不同过滤精度、不同结构的过滤器，并定期检查、清洗或更换滤芯。

4. 控制液压油的工作温度

液压油的工作温度过高对液压装置将产生不利影响，也会加速油液的氧化变质，产生各种生成物，缩短它的使用期限。所以，液压装置必须具有良好的散热条件，限制液压油的最高使用温度。

5. 定期检查和更换液压油

每隔一定时间，对系统中的液压油进行抽样检查、分析，如发现污染度超过标准，必须立即更换，更换液压油时也必须清洗整个系统。

2.3 液体静力学

液体静力学是研究液体处于静止状态下的力学规律。实际上物质世界是在不停运动的，没有绝对静止的东西。这里所谓的静止液体，是指液体宏观质点之间没有相对运动，达到了相对的平衡。在这种相对平衡状态下，液体的黏性在力学问题中不起作用。

2.3.1 液体静压力（压强）的性质和单位

作用在液体上的力有两种，即质量力和表面力。质量力是作用于液体内部任何一个质点上的力，与质量成正比，由加速度引起，如重力、惯性力、离心力等。单位质量力就是加速度，垂直方向的单位质量力就是重力加速度。表面力是作用在所研究液体的外表面上的力，与所受液体作用的表面积成正比，单位面积上作用的表面力称为应力。表面力有两种，即法向表面力和切向表面力。切向表面力与液体表面相切。流体黏性引起的内摩擦力即为切向表面力。静止液体质点间没有相对运动，不存在摩擦力，所以静止液体没有切向表面力。法向表面力总是指向液体表面的内法线方向。

单位面积上所受的法向力称为静压力。静压力在液体传动中简称压力，在物理学中称为压强。本书以后只用"压力"一词。静止液体中某点处微小面积 ΔA 上作用有法线力 ΔF，

则该点的压力定义为

$$p = \lim_{\Delta A \to 0} \frac{\Delta F}{\Delta A} \quad (2-9)$$

若法向作用力 F 均匀地作用在面积 ΔA 上，则压力可表示为

$$p = \frac{F}{A} \quad (2-10)$$

1. 压力的单位

(1) 国际单位制单位 国际单位制单位为 Pa(帕)、N/m^2(我国法定计量单位)或 MPa(兆帕)，$1\ MPa = 10^6\ Pa$。

(2) 工程制单位 工程制单位为 kgf/cm^2。国外也有用 bar(巴)，$1\ bar = 10^5\ Pa$。

(3) 标准大气压 1 标准大气压 $atm = 101\ 325\ Pa$。

(4) 液体柱高度 $h = p/(\rho g)$，常用的有水柱、汞柱等，如 1 个标准大气压约等于 10 m 水柱高产生的压力。

2. 液体静压力的几个重要特性

(1) 液体静压力的作用方向始终指向作用面的内法线方向。由于液体质点间的内聚力很小，液体不能受拉只能受压。

(2) 静止液体中，任何一点所受到的各个方向的液体静压力都相等。如果在液体中某点受到各个方向的压力不等，那么，液体就要运动，这就破坏了静止的条件。所以，任意一点处的液体静压力，其大小与作用面在空间的方向无关，而与该点在空间的位置有关。

(3) 在密封容器内，施加于静止液体上的压力将以等值传递到液体中所有各点，这就是帕斯卡原理，或者称为静压传递原理。

2.3.2 液体压力的表示方法

压力根据度量基准的不同有两种表示方法：以绝对零压力为基准所表示的压力，称为绝对压力；以当地大气压力为基准所表示的压力，称为相对压力。

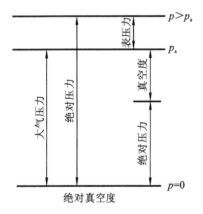

图 2-3 相对压力与绝对压力间的关系

绝大多数测压仪表，因其外部均受大气压力作用，大气压力并不能使仪表指针回转，即在大气压力下指针指在零点，所以仪表指示的压力是相对压力或表压力(指示压力)，即高于大气压力的那部分压力。在液压传动中，如不特别指明，所提到的压力均为相对压力。如果某点的绝对压力比大气压力低，说明该点具有真空，把该点的绝对压力比大气压力小的那部分压力值称为真空度。绝对压力总是正的，相对压力可正可负，负的相对压力就是真空度。它们的关系如图 2-3 所示，可用下列式子表示：

$$\text{绝对压力} = \text{表压力} + \text{大气压力} \quad (2-11)$$

$$\text{真空度} = \text{大气压力} - \text{绝对压力} \quad (2-12)$$

2.3.3 静压力方程及其物理本质

1. 静压力方程

在一容器中放着连续均质且绝对静止的液体,上表面受到压力 p_0 的作用。在液体中取出一个高为 h,上表面与自由液面相重合,上下底面积均为 ΔA 的垂直微元柱体作为研究对象,如图 2-4 所示。这个柱体除了在上表面受到压力 p_0 作用,下底面上受到 p 作用,侧面受到垂直于液柱侧面大小相等、方向相反的液体静压力作用外,还有作用于液柱重心上的重力 G,如液体的密度为 ρ,则 $G=\rho gh\Delta A$。

该微液柱在重力及周围液体的压力作用下处于平衡状态,其在垂直方向上的力平衡方程式为

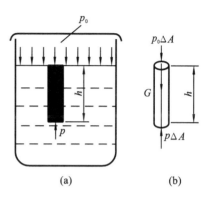

图 2-4 重力作用下的静止液体

$$p\Delta A = p_0 \Delta A + \rho gh \Delta A \tag{2-13}$$

式(2-13)简化后得

$$p = p_0 + \rho gh \tag{2-14}$$

如上表面受到大气压力 p_a 的作用,则

$$p = p_a + \rho gh \tag{2-15}$$

式(2-14)即为静压力基本方程。

由式(2-14)可以看出:静止液体在自重作用下任何一点的压力随着液体深度呈线性规律递增。液体中压力相等的液面称为等压面,静止液体的等压面是一水平面。

当不计自重时,液体静压力可认为是处处相等的。在一般情况下,液体自重产生的压力与液体传递压力相比要小得多,所以在液压传动中常常忽略不计。

2. 静压力方程的物理本质

如将图 2-5 中盛有液体的容器放在 xOz 基准水平面上,则静压力基本方程可写成

$$p = p_0 + \rho gh = p_0 + \rho g(z_0 - z) \tag{2-16}$$

式中:z_0——液面与基准面之间的距离;

z——离液面高为 h 的点与基准面之间的距离。

将式(2-16)整理后可得

$$z + \frac{p}{\rho g} = z_0 + \frac{p_0}{\rho g} = 常数 \tag{2-17}$$

式中:z——单位质量液体的位能,常称为位置水头;

$p/(\rho g)$——单位重力液体的压力能,常称为压力水头。

式(2-17)是液体静压力基本方程的另一种表示形式。

静压力基本方程的物理本质为:静止液体内任何一点具有位能和压力能两种能量形式,且其总和在任意位置保持不变,但两种能量形式之间可以互相转换。

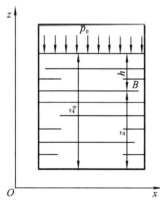

图 2-5 静压力方程的物理本质

2.3.4 液体静压力对固体壁面的作用力

静止液体与固体壁面接触时,固体壁面将受到由静止液体的静压力所产生的作用力。要计算这个作用力的大小,须分两种情况考虑(不计重力作用,即忽略 $\rho g h$ 项)。当固体壁面为平面时,作用在该平面上的静压力大小相等,方向垂直于该平面,故作用在该平面上的总力 F 等于液压力 p 与承压面积 A 的乘积,即

$$F = pA \tag{2-18}$$

当固体壁面是曲面时,由于作用在曲面上各点的压力的作用线彼此不平行,所以求作用总力时要说明是沿哪一方向,对于任何曲面通过证明(略)可以得到如下结论:静压力在曲面某一方向上的总力 F_1 等于压力 p 与曲面在该方向投影面积 A_1 的乘积,即

$$F_1 = pA_1 \tag{2-19}$$

下面以液压缸缸筒为例加以说明。

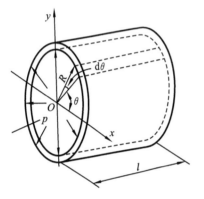

图 2-6 静压力作用在液压缸内壁面上的力

例 2-1 已知有一液压缸两端封闭,缸中充满压力为 p 的油液,缸筒半径为 R,长度为 l,如图 2-6 所示。求在 x 方向上压力油作用在液压缸右半壁上的总力 F_x。

解 液压力作用于整个缸筒内表面上的力是平衡的,液压力作用于内壁上各点的静压力大小相等,都为 p,但方向不平行。现在液压缸壁上取一狭长条微小面积,即

$$dA = lds = lRd\theta \tag{2-20}$$

压力油作用在这微小面积上的力为

$$dF = plRd\theta \tag{2-21}$$

dF 在 x 方向上的分力为

$$dF_x = dF\cos\theta = plR\cos\theta d\theta \tag{2-22}$$

压力油在 x 方向上作用在液压缸右半壁上的总力 F_x 可由式(2-22)积分后求得

$$F_x = \int_{-\frac{\pi}{2}}^{\frac{\pi}{2}} plR\cos\theta d\theta = 2lRp = pA_x \tag{2-23}$$

上述计算结果与式(2-19)的结论完全相符。

2.4 液体动力学

本节主要讨论液体在流动时的运动规律、能量转换和流动液体对固体壁面作用力等问题。重点研究三个基本方程:连续方程、能量方程(伯努利方程)、动量方程及其应用。

在液体的动力学研究中,由于重力、惯性力、黏性摩擦力的影响,液体中不同质点的运动状态是变化的,同一质点的运动状态也随时间、空间的不同而不同,速度、压力、密度等都是时间、空间位置的函数,即 $u=u(x,y,z,t)$,$p=p(x,y,z,t)$,$\rho=\rho(x,y,z,t)$。但在液压技术研究中,研究的是整个液体在空间某特定点处或特定区域内的平均运动情况。另外,液体流

动的状态还与液体的温度、黏度等参数有关。为了便于分析,往往简化条件,假定温度为常量,以及不考虑惯性力、黏性摩擦力的影响。并且在研究时,通常取某一部分液体为控制体作为研究对象。

2.4.1 基本概念

1. 理想液体

既无黏性又不可压缩的假想液体称为理想液体。在实际生活中,理想液体几乎是没有的。某些液体黏性很小,也只是近似于理想液体。对于液压传动的油液来说,黏性往往较大,更不能作为理想液体。但由于液体运动的复杂性,如果一开始就把所有因素都考虑在内,会使问题非常复杂。为了使问题简化,在研究中往往假设液体没有黏性,之后再考虑黏性的作用并通过实验验证等办法对理想化的结论进行补充或修正。

2. 恒定流动、非恒定流动、一维流动、二维流动、三维流动

液体中任何一点的速度、压力、密度等参数都不随时间变化而变化的流动称为恒定流动。

液体中任何一点的速度、压力、密度等,有一个参数随时间变化而变化的流动称为非恒定流动。非恒定流动研究比较复杂,有些非恒定流动的液体可以近似地当做恒定流动来考虑。通常,在研究液压系统静态性能时,认为液体作恒定流动;在研究其动态性能时,则必须按非恒定流动来考虑。

液体在管道中整个地做线形流动时,称为一维流动。

液体在管道中整个地做平面流动时,称为二维流动。

液体在管道中整个地做空间流动时,称为三维流动。

一维流动在实际中很少见,一般断面用平均流速来描述时,可用一维流动来处理,然后再用实验数据修正。

3. 流线、流管、流束、平行流动、缓变流动、通流截面

流线是指某一瞬时液流中一条条标志其各处质点运动状态的曲线。在流线上各点处的瞬时液流方向与该点的切线方向重合,在恒定流动状态下流线的形状不随时间变化而变化。对于非恒定流动来说,由于液流通过空间点的速度随时间变化而变化,因而流线形状也随时间变化而变化。液体中的某个质点在同一时刻只能有一个速度,所以流线不能相交,不能转折,但可相切,是一条条光滑的曲线,如图 2-7(a)所示。

在流场的空间划出一任意封闭曲线,此封闭曲线本身不是流线,则经过该封闭曲线上每一点作流线,这些流线组合成一表面,称为流管,如图 2-7(b)所示。

流管内的流线群称为流束,如图 2-7(c)所示。流管是流束的几何外形。根据流线不会相交的性质,流线不能穿越流管表面,所以流管与真实管道相似,在恒定流动时流管与真实管道一样。如果将流管的断面无限缩小趋近于零,就获得微小流管或流束。微小流束截面上各点处的流速可以认为是相等的。流线彼此平行的流动称为平行流动。流线间的夹角很小或流线曲率半径很大的流动称为缓变流动。平行流动和缓变流动都可以算是一维流动。流束中与所有流线垂直的横截面称为通流截面,可能是平面或曲面,如图 2-7(c)所示。

(a) 流线　　　　　　　(b) 流管　　　　　(c) 流束和通流截面

图 2-7　流线、流管、流束和通流截面

2.4.2 连续性方程

1. 流量与平均流速

流量可分为质量流量和体积流量。在液压传动中,一般把单位时间内流过某通流截面的液体体积称为流量,常用 q 表示,即

$$q = \frac{V}{t} \tag{2-24}$$

式中：q——流量,在液压传动中流量常用单位为 m^3/s 或 L/min；

V——液体的体积；

t——流过液体体积 V 所需的时间。

由于实际液体具有黏度,液体在某一通流截面流动时截面上各点的流速可能是不相等的。比如液体在管道内流动时,管壁处的流速为零,管道中心处流速最大。对微小流束而言,其通流截面 dA 很小,可以认为在此截面上流速是均匀的。如每点的流速均等于 u,则通过其截面上的流量为

$$dq = u dA \tag{2-25}$$

通过整个通流截面 A 的总流量为

$$q = \int_A u dA \tag{2-26}$$

即使在稳定流动时,同一通流截面内不同点处的流速大小也可能是不同的,并且在截面内的分布规律并非都是已知的,所以按式(2-26)来求流量 q 就有很大困难。为方便起见,在液压传动中用平均流速 v 来求流量,并且认为以平均流速流过通流截面 A 的流量与以实际流速流过通流截面 A 的流量相等,即

$$q = \int_A u dA = vA \tag{2-27}$$

所以

$$v = \frac{q}{A} \tag{2-28}$$

2. 连续性方程

在两端通流截面面积为 A_1、A_2 的管中取一微小流束,如图 2-8 所示,其两端的截面面积为 dA_1、dA_2,通过这两个微小截面的流速和密度分别为 u_1、ρ_1 和 u_2、ρ_2,在 dt 时间内经过这两个通流截面的液体质量分别为 $\rho_1 u_1 dA_1 dt$ 和 $\rho_2 u_2 dA_2 dt$。

考虑到下列所述的几个因素：

(1) 液流是恒定流动,所以流束形状将不随时间变化而变化;

(2) 不可能有液体经过微小流束的侧面流入或流出;

(3) 假设液体是不可压缩的,即 $\rho_1 = \rho_2 = \rho$,并且在液体内部不形成空隙。

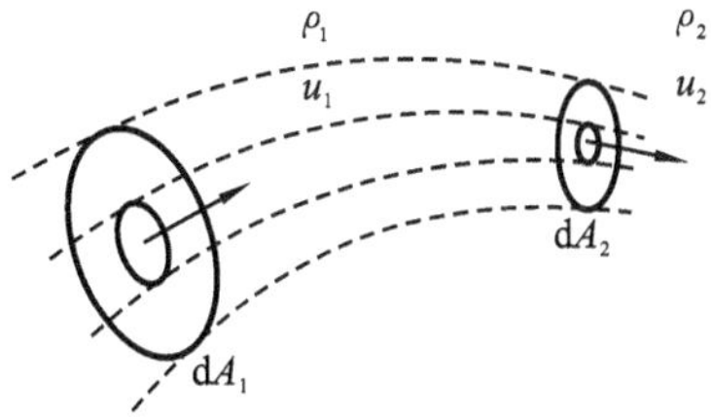

图 2-8 连续性方程推导简图

在上述条件下,根据质量守恒定律,有如下关系式:

$$\rho_1 u_1 \mathrm{d}A_1 \mathrm{d}t = \rho_2 u_2 \mathrm{d}A_2 \mathrm{d}t \tag{2-29}$$

因为 $\rho_1 = \rho_2$,故式(2-29)可简化为

$$u_1 \mathrm{d}A_1 = u_2 \mathrm{d}A_2 \tag{2-30}$$

对式(2-30)等号两端进行积分,则

$$\int_{A_1} u_1 \mathrm{d}A_1 = \int_{A_2} u_2 \mathrm{d}A_2 \tag{2-31}$$

根据式(2-27),式(2-31)可写成

$$q_1 = q_2 \tag{2-32}$$

或

$$v_1 A_1 = v_2 A_2 \tag{2-33}$$

式中: q_1、q_2——液体流经通流截面 A_1、A_2 的流量;

v_1、v_2——液体在通流截面 A_1、A_2 上的平均速度。

因为两通流截面的选取是任意的,故有

$$q = Av = 常数 \tag{2-34}$$

这就是液流的流量连续性方程,是质量守恒定律的另一种表示形式。式(2-34)表明,不管平均流速和液流通流截面面积沿着流程怎样变化,流过不同截面的液体流量仍然相同。在液压传动设计计算时,连续性方程可作为一个已知条件进行计算。

2.4.3 伯努利方程

由于在液压传动系统中是利用有压力的流动液体来传递能量的,故伯努利方程也称为能量方程,它实际上是流动液体的能量守恒定律。由于流动液体的能量问题比较复杂,为了理论上研究的方便,可把液体看成理想液体处理,然后再对实际液体进行修正,得出实际液体的能量方程。

1. 理想液体的伯努利方程

假设从理想液流中沿流束方向取出一段长度为 ds、面积为 dA 的微元体,如图 2-9 所示,在一维流动情况下,作用在此微元体上的力有:两截面上所受的压力 $p\mathrm{d}A$ 和 $\left(p + \frac{\partial p}{\partial s}\mathrm{d}s\right)\mathrm{d}A$,它们的方向为垂直于端面的内法线方向;重力为 mg。上述各力在 ds 方向上的分力产生加速度。由牛顿第二定律 $\Sigma F = ma$ 得

$$p\mathrm{d}A - \left(p + \frac{\partial p}{\partial s}\mathrm{d}s\right)\mathrm{d}A - mg\cos\theta = ma = m\frac{\mathrm{d}u}{\mathrm{d}t} \tag{2-35}$$

因为速度 u 是时间和空间的函数,所以

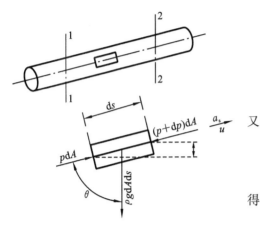

图 2-9 理想液体的伯努利方程推导简图

$$\frac{\mathrm{d}u}{\mathrm{d}t} = \frac{\partial u}{\partial s}\frac{\mathrm{d}s}{\mathrm{d}t} + \frac{\partial u}{\partial t}\frac{\mathrm{d}t}{\mathrm{d}t} = u\frac{\partial u}{\partial s} + \frac{\partial u}{\partial t} \quad (2\text{-}36)$$

因为是恒定流动,所以 $\frac{\partial u}{\partial t}=0$,式(2-36)变成

$$\frac{\mathrm{d}u}{\mathrm{d}t} = u\frac{\partial z}{\partial s} \quad (2\text{-}37)$$

又因为

$$\cos\theta = \frac{\partial z}{\partial s}, \quad m = \rho\mathrm{d}s\mathrm{d}A \quad (2\text{-}38)$$

把式(2-37)、式(2-38)代入式(2-35)后整理得

$$-\frac{1}{\rho}\frac{\partial p}{\partial s} - g\frac{\partial z}{\partial s} = u\frac{\partial u}{\partial s} \quad (2\text{-}39)$$

将式(2-39)沿流线 s 从截面 1 到截面 2 进行积分,得

$$\int_1^2 \left(-\frac{1}{\rho}\frac{\partial p}{\partial s} - g\frac{\partial z}{\partial s}\right)\mathrm{d}s = \int_1^2 \frac{\partial u}{\partial s}\left(\frac{u^2}{2}\right)\mathrm{d}s \quad (2\text{-}40)$$

式(2-40)两边同除以 g,移项后整理得

$$z_1 + \frac{p_1}{\rho g} + \frac{u_1^2}{2g} = z_2 + \frac{p_2}{\rho g} + \frac{u_2^2}{2g} \quad (2\text{-}41)$$

因为截面 1、截面 2 是任意取的,故上式也可写成

$$z + \frac{p}{\rho g} + \frac{u^2}{2g} = 常数 \quad (2\text{-}42)$$

式(2-41)或式(2-42)就是只受重力作用的理想液体作恒定流动时的伯努利方程。

2. 理想液体伯努利方程的物理本质

只受重力作用下的理想液体作恒定流动时具有压力能、位能和动能三种能量形式,在任一截面上这三种能量形式之间可以互相转换,但这三种能量在任意截面上的形式之和为一定值,即能量守恒。将 z 称为比位能,$\frac{p}{\gamma}$ 称为比压能,$\frac{u^2}{2g}$ 称为比动能。

3. 实际液体的伯努利方程

实际液体流动时,要克服由于黏性所产生的摩擦阻力,存在能量损失,所以当液体沿着流束方向流动时,液体的总能量在不断减少。

设 h'_w 为图 2-9 中的微元体从截面 1 流到截面 2 因黏性而损耗的能量,则实际液体微小流束作恒定流动时的能量方程为

$$z_1 + \frac{p_1}{\rho g} + \frac{u_1^2}{2g} = z_2 + \frac{p_2}{\rho g} + \frac{u_2^2}{2g} + h'_w \quad (2\text{-}43)$$

式(2-43)中的 h'_w 常被称为阻力水头,它是单位质量的实际液体由截面 1 到截面 2 运动过程中克服阻力所做的功。

工程实际中要解决总流(即管道或其他有一定大小通流截面的液体流动)的运动情况,需要将微小流束的伯努利方程式扩展到实际液体的整个截面中去,必须应用缓变流动和动能修正系数等概念。

1) 缓变流动

对于缓变流动,液体的流线几乎是平行的,液流的通流截面近似是平面。在这些通流截面上除重力外无其他质量力,因而通流截面上各点处的压力具有与液体静压力相同的分布规律,即 $z+\dfrac{p}{\rho g}=$ 常数。

2) 动能修正系数

由于液体的黏性和液体与管壁之间的附着力的影响,当实际液体沿着管道壁流动时,接触管壁一层的流速为零;随着与管壁的距离增大,流速也逐渐增大,到管子中心达到最大流速,其实际流速呈抛物线分布规律。假设用平均流速动能来代替真实流速的动能计算,将引起一定的误差。可以用动能修正系数来纠正这一偏差。动能修正系数 α 是指单位时间内通流截面 A 处液流的实际动能和平均动能之比,即

$$\alpha=\dfrac{\int_A \dfrac{1}{2}u^2 \mathrm{d}m}{\dfrac{1}{2}v^2 m}=\dfrac{\dfrac{1}{2}\int_A u^2 \rho u \mathrm{d}A}{\dfrac{1}{2}v^2 \rho v A}=\dfrac{\int_A u^3 \mathrm{d}A}{v^3 A} \tag{2-44}$$

如图 2-10 所示,通过微流束取一流管,上、下截面分别为 A_1、A_2,微流束两端的截面分别为 $\mathrm{d}A_1$、$\mathrm{d}A_2$,两截面相应的压力、速度、离基准面的位置分别为 p_1、u_1、z_1 和 p_2、u_2、z_2。将式(2-43)的两端乘以相应的微小流量 $\mathrm{d}q(\mathrm{d}q=u_1\mathrm{d}A_1=u_2\mathrm{d}A_2)$,然后方程两边在 A_1 和 A_2 面上进行积分,得

$$\int_{A_1}\left(z_1+\dfrac{p_1}{\rho g}\right)u_1 \mathrm{d}A_1+\int_{A_1}\dfrac{u_1^2}{2g}u_1\mathrm{d}A_1$$
$$=\int_{A_2}\left(z_2+\dfrac{p_2}{\rho g}\right)u_2 \mathrm{d}A_2+\int_{A_2}\dfrac{u_2^2}{2g}u_2\mathrm{d}A_2+\int_q h'_w \mathrm{d}q \tag{2-45}$$

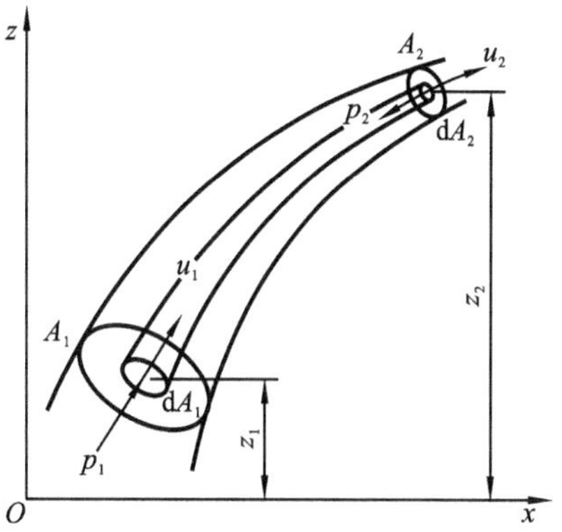

图 2-10 实际液体的能量方程推导简图

因为 $z+\dfrac{p}{\rho g}=$ 常数,因此式(2-45)左右两边的第一项积分中这个常数值可从积分符号内取出来,即

$$\int_{A_1}\left(z_1+\dfrac{p_1}{\rho g}\right)u_1 \mathrm{d}A_1=\left(z_1+\dfrac{p_1}{\rho g}\right)\int_{A_1}u_1\mathrm{d}A_1=\left(z_1+\dfrac{p_1}{\rho g}\right)q \tag{2-46}$$

同理

$$\int_{A_2}\left(z_2+\dfrac{p_2}{\rho g}\right)u_2 \mathrm{d}A_2=\left(z_2+\dfrac{p_2}{\rho g}\right)q \tag{2-47}$$

将式(2-45)左右两边的第二项积分,并运用式(2-44)得

$$\int_{A_1}\dfrac{u_1^2}{2g}u_1 \mathrm{d}A_1=\dfrac{1}{2g}\int_{A_1}u_1^3\mathrm{d}A_1=\dfrac{\alpha_1 v_1^3 A}{2g}=\dfrac{\alpha_1 v_1^2}{2g}q \tag{2-48}$$

同理

$$\int_{A_2}\dfrac{u_2^2}{2g}u_2 \mathrm{d}A_2=\dfrac{\alpha_2 v_2^2}{2g}q \tag{2-49}$$

式(2-45)右边的第三项积分代表着总流中各微小流束在截面 1 与截面 2 之间的流段上能量损失的总和,直接积分比较困难。设 h_w 代表总流量在这一流段上的单位质量液体的平均能量损失,则有

$$\int_q h'_w \mathrm{d}q = h_w q \tag{2-50}$$

把上面计算的各式代入式(2-45),整理后可得

$$z_1 + \frac{p_1}{\rho g} + \frac{\alpha_1 v_1^2}{2g} = z_2 + \frac{p_2}{\rho g} + \frac{\alpha_2 v_2^2}{2g} + h_w \tag{2-51}$$

式中:α_1、α_2——截面 A_1、截面 A_2 上的动能修正系数。

式(2-51)就是仅受重力作用的实际液体在流管中作平行(或缓变)流动时的能量方程,它是单位质量液体的能量守恒方程。其中 h_w 为单位质量液体从截面 A_1 流到截面 A_2 过程中的能量损耗。在应用式(2-51)时必须注意以下几点。

(1) 液流是只受重力作用和不可压缩的,密度在流动中保持不变。

(2) 液流是恒定流动,如不是恒定流动,则要加入惯性项。

(3) 选取点要取在平行流或缓变流上,至于两截面是什么流动没有关系,只影响能量损失的多少,并且 $z + \frac{p}{\rho g} = $ 常数,p 和 z 为通流截面的同一点上的两个参数,通常把这两个参数都取在通流截面的轴心处,公式中的速度取平均速度。

(4) 因为是单位质量液体的能量方程,所以有分流时,伯努利方程要分别列写,不能错误地认为总流等于各分流之和。

(5) 方程两边的压力要同一种形式,即要么都取相对压力,要么都取绝对压力。

(6) 方程中的动能修正系数 α,在层流时为 2(可计算),在紊流时约为 1(实验测定)。

例 2-2 如图 2-11 所示,液体在管道内作连续流动,截面 1—1 和截面 2—2 处的通流面积分别为 A_1 和 A_2,在截面 1—1 和截面 2—2 处接一水银测压计,其读数差为 Δh,液体密度为 ρ,水银的密度为 ρ',若不考虑管路内能量损失,试求:①截面 1—1 和截面 2—2 哪一处压力大?为什么?②通过管路的流量 q 为多少?

解 ①截面 1—1 处的压力比截面 2—2 处大。理由如下:由伯努利方程的物理意义可知,在密闭管道中作稳定流动的理想液体的位能、动能和压力能之和是一个常数,但互相之间可以转换,因管道水平放置,位置水头(位能)相等,所以各截面的动能与压力能可以互相转换。因

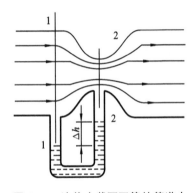

图 2-11 液体在截面不等的管道内作连续流动

截面 1—1 的面积大于截面 2—2 的面积,根据连续性方程可知,截面 1—1 的平均速度小于截面 2—2 的平均速度,所以截面 2—2 的动能大,压力能小,截面 1—1 的动能小,压力能大。

② 以截面 1—1 和截面 2—2 的中心为基准列出伯努利方程。

由于 $z_1 = z_2 = 0$,所以

$$\frac{p_1}{\rho g} + \frac{v_1^2}{2g} = \frac{p_2}{\rho g} + \frac{v_2^2}{2g} \tag{2-52}$$

根据连续性方程可得

$$A_1 v_1 = A_2 v_2 = q \tag{2-53}$$

U 形管内的压力平衡方程为

$$p_1 + \rho g h = p_2 + \rho' g h \tag{2-54}$$

将上述三个方程联立求解,则得

$$q = A_2 v_2 = \frac{A_2}{\sqrt{1-\left(\frac{A_2}{A_1}\right)^2}} \sqrt{\frac{2}{\rho}(p_1 - p_2)}$$

$$= \frac{A_2}{\sqrt{1-\left(\frac{A_2}{A_1}\right)^2}} \sqrt{\frac{2g(\rho' - \rho)}{\rho}h} = k\sqrt{h} \quad (2\text{-}55)$$

例 2-3 如图 2-12 所示,液压泵的流量 $q=32$ L/min,吸油管通道宽 $d=20$ mm,液压泵吸油口距离液面高度 $h=500$ mm,液压泵的运动黏度 $\nu=20\times10^{-6}$ m²/s,密度 $\rho=900$ kg/m³。不计压力损失,求液压泵吸油口的真空度。

解 吸油管的平均速度为

$$v_2 = \frac{q}{A} = \frac{4q}{\pi d^2} = 1.7 \text{ m/s}$$

油液运动黏度为

$$\nu = 20\times10^{-6} \text{ m}^2/\text{s} = 0.2 \text{ cm}^2/\text{s}$$

油液在吸油管中流动的雷诺数为

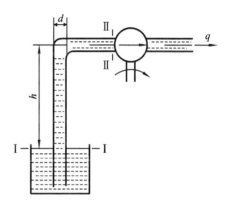

图 2-12 泵从油池中吸油

$$Re = \frac{vd}{\nu} = \frac{2 \times 170}{0.2} = 1\ 700$$

由手册可查得液体在吸油管中的运动为层流状态。选取自由截面Ⅰ—Ⅰ和靠近吸油口的截面Ⅱ—Ⅱ列伯努利方程,以Ⅰ—Ⅰ截面为基准面,因此 $z_1=0, v_1 \approx 0$(截面大,油箱下降速度相对于管道流动速度要小得多), $p_1 = p_a$(液面受大气压力的作用),即得如下伯努利方程

$$\frac{p_a}{\rho g} = z_2 + \frac{p_2}{\rho g} + \frac{v_2^2}{2g} \quad (2\text{-}56)$$

因 $z_2 = h$,所以泵吸油口(Ⅱ—Ⅱ截面)的真空度为

$$p_a - p_2 = \rho g h + \frac{\rho v_2^2}{2} = 0.057 \text{ MPa}$$

2.4.4 动量方程

流动液体的动量方程式是用来研究液体动量变化与作用在液体上的外力之间关系的,它是动量定理在流体力学中的具体应用。动量定理认为:作用在物体上的合力的大小应等于物体在力作用方向上的动量变化率,即

$$\Sigma \boldsymbol{F} = \frac{\mathrm{d}I}{\mathrm{d}t} = \frac{\mathrm{d}(m\boldsymbol{u})}{\mathrm{d}t} \quad (2\text{-}57)$$

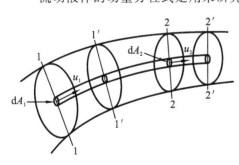

图 2-13 动量定律推导简图

如图 2-13 所示,设在时间 t 内,有一液体作稳定流动,从总流中取出一个由通流截面 A_1 和 A_2 围起来的控制体,A_1 的通流截面为 1—1,A_2 的通流截面为 2—2,在此控制体内取一微小流束,其通

流截面为 dA_1、dA_2，流速为 u_1、u_2。过了一段时间 dt 后，1—2 段的流束移动到 $1'—2'$ 段，因此动量发生了变化。这样，动量的增量为

$$d(m\boldsymbol{u}) = (m\boldsymbol{u})_{1'2'} - (m\boldsymbol{u})_{12} \tag{2-58}$$

式中：
$$(m\boldsymbol{u})_{1'2'} = (m\boldsymbol{u})_{1'2} + (m\boldsymbol{u})_{22'} \tag{2-59}$$
$$(m\boldsymbol{u})_{12} = (m\boldsymbol{u})_{11'} + (m\boldsymbol{u})_{1'2} \tag{2-60}$$

所以
$$d(m\boldsymbol{u}) = (m\boldsymbol{u})_{22'} - (m\boldsymbol{u})_{11'} \tag{2-61}$$

动量的增量等于流束段 $2—2'$ 与 $1—1'$ 动量的矢量差。因此，通过微小流束的动量的变化可写成

$$d(m\boldsymbol{u}) = (m\boldsymbol{u})_{22'} - (m\boldsymbol{u})_{11'} = dm\boldsymbol{u}_2 - dm\boldsymbol{u}_1 = \rho dq_2 dt \boldsymbol{u}_2 - \rho dq_1 dt \boldsymbol{u}_1 \tag{2-62}$$

根据液体的连续性方程得
$$q_1 = q_2 = q$$

则通过总流的动量差为
$$\Sigma d(m\boldsymbol{u}) = \int_{A_2} \rho dq_2 dt \boldsymbol{u}_2 - \int_{A_1} \rho dq_1 dt \boldsymbol{u}_1 = \rho dt \left(\int_{A_2} u_2 \boldsymbol{u}_2 dA - \int_{A_1} u_1 \boldsymbol{u}_1 dA \right) \tag{2-63}$$

在计算总流的动量方程时，假设用通流截面上的平均速度来代替真实流速的动量计算，将会引起一定的误差，需采用动量修正系数 β 进行修正。动量修正系数 β 为实际动量与平均动量之比，即

$$\beta = \frac{\int_A \boldsymbol{u} dm}{m\boldsymbol{v}} = \frac{\int_A \boldsymbol{u}(\rho u dA)}{(\rho v A)\boldsymbol{v}} = \frac{\int_A uu dA}{v\boldsymbol{v}A} \tag{2-64}$$

所以式(2-63)可变为如下形式
$$\Sigma d(m\boldsymbol{u}) = \rho dt \left(\int_{A_2} u_2 \boldsymbol{u}_2 dA - \int_{A_1} u_1 \boldsymbol{u}_1 dA \right)$$
$$= \rho dt (\beta_2 v_2 \boldsymbol{v}_2 A_2 - \beta_1 v_1 \boldsymbol{v}_1 A_1) = \rho q dt (\beta_2 \boldsymbol{v}_2 - \beta_1 \boldsymbol{v}_1) \tag{2-65}$$

式(2-65)再结合式(2-57)得
$$\Sigma \boldsymbol{F} = \rho q (\beta_2 \boldsymbol{v}_2 - \beta_1 \boldsymbol{v}_1) \tag{2-66}$$

在应用式(2-66)时必须注意以下几点。

(1) 选取适当的控制体。

(2) 式中 $\boldsymbol{F}$、$\boldsymbol{v}_2$、$\boldsymbol{v}_1$ 均为向量，计算时应根据具体情况转化为指定方向上的投影，即列出指定方向上的动量方程。

(3) 等式左边的力是作用在被研究的流体段上的所有外力，如控制体内的液体只有与固体壁面间的相互作用力，则需求作用在固体壁面上的力时，要应用作用力与反作用力。

(4) 等式右边的 $\boldsymbol{v}_2$ 为流出的速度，$\boldsymbol{v}_1$ 为流入的速度，应注意其方向。

例 2-4 有一股流量为 q，密度为 ρ 的油流，以速度 v_1 垂直射向平板，之后分为两股平行射流从平板射出，如图 2-14 所示。求射流对平板的作用力。

解 运用动量方程求作用力问题的关键是正确选用控制体。本题中以截面 1—1、截面 2—2、截面 3—3 所划出的区域为控制体积，这三个截面上的压力都为大气压力，相对压力为零。设平板对射流的作用力为 F，方向向左，不考虑其他力的作用，由动量方程可得

$$-F = \rho q(0 - v_1)$$
$$F = \rho q v_1 \tag{2-67}$$

因此,射流对平板的作用力 $F' = -F = -\rho q v_1$,方向向右。

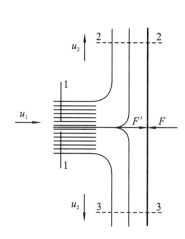

图 2-14 射流对平板的作用力

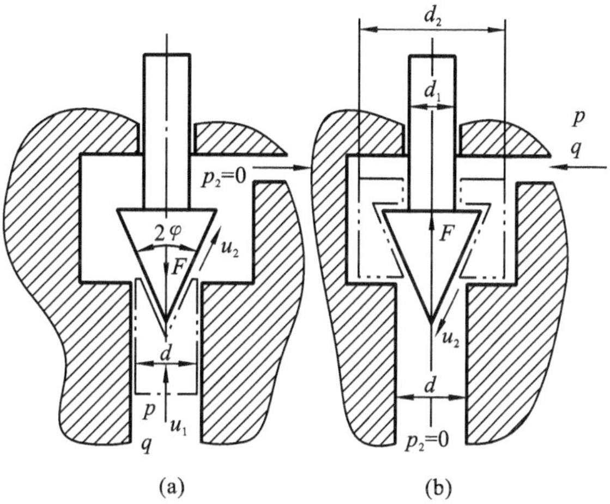

图 2-15 锥阀上的液动力

例 2-5 有一锥阀,锥阀的锥角为 2φ,如图 2-15 所示。当液体在相对压力 p 的作用下以流量 q 流经锥阀时,液流通过阀口处的速度为 u_2,出口处的压力为大气压。求作用在锥阀上的力的大小和方向。

解 在图 2-15(a)所示的情况下,取锥阀阀芯下面的双点画线部分的液体为控制体;在图 2-15(b)所示的情况下,取锥阀阀芯上面的双点画线部分的液体为控制体。设锥阀作用在控制体上的力为 F,方向如图所示,沿液流方向对控制体列出动量方程。

对图 2-15(a)有

$$p\frac{\pi}{4}d^2 - F = \rho q(\beta_2 u_2 \cos\varphi - \beta_1 u_1) \tag{2-68}$$

取 $\beta_1 = \beta_2 \approx 1$,因管道流速相对于阀口流速来说很小,即 $u_1 \ll u_2$,所以可忽略 u_1,故得

$$F = p\frac{\pi}{4}d^2 - \rho q u_2 \cos\varphi \tag{2-69}$$

对图 2-15(b)有

$$p\frac{\pi}{4}(d_2^2 - d_1^2) - p\frac{\pi}{4}(d_2^2 - d^2) - F = \rho q(\beta_2 u_2 \cos\varphi - \beta_1 u_1) \tag{2-70}$$

同样,取 $\beta_1 = \beta_2 \approx 1$,$u_1 \ll u_2$,忽略 u_1,故得

$$F = p\frac{\pi}{4}(d^2 - d_1^2) - \rho q u_2 \cos\varphi \tag{2-71}$$

上述两种情况,液流对锥阀的作用力大小都等于 F,而作用方向各自与图示方向相反。

2.5 管道中液流的特性

19 世纪末,英国物理学家雷诺通过实验发现,液体在管道中流动时,有两种完全不同的

流动状态:层流和紊流。流动状态的不同直接影响液流的各种特性。下面介绍液流的两种流态及判断两种流态的方法。

2.5.1 液体的两种流态及雷诺数判断

1. 层流和紊流

层流:液体流动时,液体质点间没有横向运动,且不混杂,作线状或层状的流动。

紊流:液体流动时,液体质点有横向运动或产生小旋涡,作杂乱无章的运动。

2. 雷诺数判断

液体的流动状态是层流还是紊流,可以通过无量纲值雷诺数 Re 来判断。实验证明,液体在圆管中的流动状态可用下式来表示:

$$Re = \frac{vd}{\nu} \tag{2-72}$$

式中:v——管道的平均速度;

ν——液体的运动黏度;

d——管道内径。

在雷诺实验中发现,液流由层流转变为紊流和由紊流转变为层流时的雷诺数是不同的,前者比后者的雷诺数要大。因为由杂乱无章的运动转变为有序的运动更慢、更不易。在理论计算中,一般都用小的雷诺数作为判断流动状态的依据,称之为临界雷诺数,计作 Re_{cr}。当雷诺数小于临界雷诺数时,看做是层流;反之,则为紊流。

对于非圆截面的管道来说,雷诺数可用下式表示:

$$Re = \frac{vd_k}{\nu} \tag{2-73}$$

式中:d_k——通流截面的水力直径;

v、ν 的意义与式(2-73)中的相同。

水力直径 d_k 可用下式来表示:

$$d_k = \frac{4A}{x} \tag{2-74}$$

式中:A——管道的通流截面积;

x——湿周,即流体与固体壁面相接触的周长。

水力直径的大小直接影响液体在管道中的通流能力。水力直径大,说明液流与管壁接触少,阻力小,通流能力大,即使通流截面小也不易堵塞。在相同的通流截面面积情况下,一般圆形管道的水力直径比其他形状管道的水力直径大。

雷诺数的物理意义:由雷诺数 Re 的数学表达式可知,惯性力与黏性力的无因次比值是雷诺数;而影响液体流动的力主要是惯性力和黏性力。所以雷诺数大就说明惯性力起主导作用,这样的液流呈紊流状态;若雷诺数小就说明黏性力起主导作用,这样的液流呈层流状态。

2.5.2 沿程压力损失

实际上液体是有黏性的,当液体流动时,这种黏性表现为阻力。要克服这个阻力,就必须消耗一定能量。这种能量消耗表现为压力损失。损耗的能量转变为热能,使液压系统温度升高,性能变差。因此,在设计液压系统时,应尽量减少压力损失。

沿程压力损失,是指液体在直径不变的直管中流动时克服摩擦阻力的作用而产生的能量消耗。因为液体流动有层流和紊流两种状态,所以沿程压力损失也有层流沿程压力损失和紊流沿程压力损失两种。下面分别来讨论。

1. 层流沿程压力损失

在液压系统中,液体在管道中的流动速度相对比较低,所以圆管中的层流是液压传动中最常见的现象。在设计和使用液压系统时,希望管道中的液流保持这种状态。

如图 2-16 所示,有一直径为 d 的圆管,液体自左向右地作层流流动。在管内取出一段半径为 r,长为 l,中心与管道轴心相重合的小圆柱体,作用在其两端的压力为 p_1、p_2,作用在侧面上的内摩擦力为 F_f。根据条件可知每一同心圆上的流速相等,通流截面上自中心向管壁的流速不等。中心位置的液流速度最大,靠近管壁位置的液流速度最小,为零。小圆柱受力平衡方程式为

$$(p_1 - p_2)\pi r^2 = F_f \tag{2-75}$$

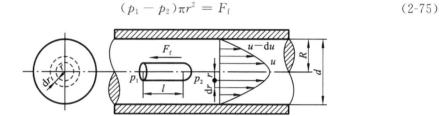

图 2-16 液体在圆管中作层流时的简图

由式(2-4)可知,内摩擦力 $F_f = -\mu A \dfrac{du}{dr} = -\mu 2\pi r l \dfrac{du}{dr}$(因管中流速 u 随 r 增大而减小,故 $\dfrac{du}{dr}$ 为负值,为使 F_f 为正值,前面加一负号)。

令

$$\Delta p = p_1 - p_2 \tag{2-76}$$

所以

$$\Delta p \pi r^2 = -2\pi r l \mu \dfrac{du}{dr} \tag{2-77}$$

将式(2-77)整理后可得

$$du = -\dfrac{\Delta p}{2\mu l} r\, dr \tag{2-78}$$

对式(2-78)等号两边进行积分,并利用边界条件,当 $r = R$ 时,$u = 0$,最后得

$$u = \dfrac{\Delta p}{4\mu l}(R^2 - r^2) \tag{2-79}$$

由式(2-79)可见,在通流截面中,流速相等的点至圆心的距离 r 相等,整个速度分布呈抛物面形状。当 $r = 0$ 时,速度达到最大,$u_{max} = \dfrac{\Delta p R^2}{4\mu l}$;当 $r = R$ 时,速度为最小(u_{min})。在半径为 r 的圆柱上取一微小圆环 dr,此面积为 $dA = 2\pi r dr$,通过此圆环面积的流量为

$$dq = u\, dA = 2\pi r u\, dr \tag{2-80}$$

对式(2-80)进行积分得

$$q = \int_0^R 2\pi u r\,\mathrm{d}r = \int 2\pi \frac{\Delta p}{4\mu l}(R^2-r^2)r\,\mathrm{d}r = \frac{\pi R^4}{8\mu l}\Delta p = \frac{\pi d^4}{128\mu l}\Delta p \tag{2-81}$$

即

$$q = \frac{\pi d^4}{128\mu l}\Delta p \tag{2-82}$$

式(2-82)就是计算液流通过圆管层流时的流量公式,说明液体在作层流运动时,通过直管中的流量与管道直径的 4 次方、两端的压差成正比,与动力黏度、管道长度成反比。也就是说,要使黏度为 μ 的液体在直径为 d、长度为 l 的直管中以流量 q 流过,则其两端必须有 Δp 的压力降。

根据平均速度的定义,可求出通过圆管的平均速度:

$$v = \frac{q}{A} = \frac{1}{\pi R^2}\frac{\pi R^4}{8\mu l}\Delta p = \frac{R^2}{8\mu l}\Delta p = \frac{d^2}{32\mu l}\Delta p \tag{2-83}$$

用 v 与 $u_{\max}$ 比较可知,平均流速是最大流速的一半。

在式(2-82)中,$\Delta p = p_1 - p_2$ 就是液流通过直管时的压力损失,把式(2-82)进行变换可得

$$\Delta p = \frac{128\mu l}{\pi d^4}q \tag{2-84}$$

实际计算系统的压力损失时,为了与局部压力损失有相同的形式,常将式(2-84)改写为如下形式。

把 $\mu = \nu\rho$,$Re = \dfrac{vd}{\nu}$,$q = \dfrac{\pi d^2}{4}v$,代入式(2-84),经整理后得

$$\Delta p = \frac{64}{Re}\frac{l}{d}\frac{\rho v^2}{2} = \lambda\frac{l}{d}\frac{\rho v^2}{2} \tag{2-85}$$

式中:Δp——层流沿程损失,单位为 Pa;

ρ——液体的密度,单位为 kg/m³;

Re——雷诺数;

v——液体流动的平均速度,单位为 m/s;

d——管子直径,单位为 m;

λ——沿程阻力系数,理论值为 $\lambda = \dfrac{64}{Re}$。

考虑到实际流动时存在截面不圆、温度变化等因素,试验证明,液体在金属管道中流动时宜取 $\lambda = \dfrac{75}{Re}$,在橡胶软管中流动时取 $\lambda = \dfrac{80}{Re}$。另外,在实际计算压力损失时,应注意单位要统一,并且都要用常用单位。式(2-85)也可用水头来表示:

$$h = \frac{\Delta p}{\gamma} = \lambda\frac{l}{d}\frac{v^2}{2g} \tag{2-86}$$

到此,我们前面提到过的动能修正系数和动量修正系数也可以求出。将式(2-79)、式(2-83)的计算公式代入 α 和 β 的表达式中,通过积分计算,可得在层流时动能修正系数 $\alpha = 2$,动量修正系数 $\beta = \dfrac{4}{3}$。

2. 紊流沿程压力损失

紊流状态时液体质点除作轴向流动外，还有横向流动，这会引起质点之间的碰撞，并形成旋涡。因此，液体作紊流运动时的能量损失比层流时大得多。紊流运动时液体的运动参数（压力 p 和流速 u）随时间变化而变化，因此，它是一种非稳定流动。通过实验发现，其运动参数总是在某一平均值上下波动。所以可用平均值来研究紊流，把紊流简化为稳定流动。

液体在直管中作紊流运动时，其沿程压力损失的计算公式与层流时相同，即为

$$\Delta p = \lambda \frac{l}{d} \frac{\rho v^2}{2} \tag{2-87}$$

但是式(2-87)中的沿程阻力系数 λ 有所不同。由于紊流时管壁附近有一层层流边界层，它在 Re 较低时厚度较大，把管壁的表面粗糙度掩盖住，使之不影响液体的流动，液体像流过一根光滑管一样（称为水力光滑管）。这时的 λ 仅和 Re 有关，和表面粗糙度无关，即 $\lambda = f(Re)$。当 Re 增大时，层流边界层厚度变薄，当它小于管壁表面粗糙度时，管壁表面就突出在层流边界层之外（称为水力粗糙管），对液体的压力产生影响。这时 λ 将和 Re 及管壁的相对表面粗糙度 Δ/d（Δ 为管壁的绝对表面粗糙度，d 为管子内径）有关，即 $\lambda = f(Re, \Delta/d)$。当液体流速进一步加快，$Re$ 再进一步增大时，λ 将仅与相对表面粗糙度 Δ/d 有关，即 $\lambda = f(\Delta/d)$，这时就称管流进入了阻力平方区。

圆管的沿程阻力系数 λ 的计算公式列于表 2-4 中。

表 2-4　圆管的沿程阻力系数 λ 的计算公式

流动区域		雷诺数范围	λ 计算公式
层流		$Re < 2\,320$	$\lambda = \dfrac{64}{Re}$（理论）
紊流	水力光滑管区	$Re < 22\left(\dfrac{d}{\Delta}\right)^{\frac{8}{7}}$ $\quad 2\,320 < Re \leqslant 10^5$	$\lambda = 0.316\,4\,Re^{-0.25}$
		$10^5 \leqslant Re \leqslant 10^8$	$\lambda = 0.38 \times (0.842 - \lg Re)^{-2}$
	水力粗糙管区	$22\left(\dfrac{d}{\Delta}\right)^{\frac{8}{7}} < Re \leqslant 597\left(\dfrac{d}{\Delta}\right)^{\frac{9}{8}}$	$\lambda = \left[1.14 - 2\lg\left(\dfrac{\Delta}{d} + \dfrac{21.25}{Re^{0.9}}\right)\right]^{-2}$
	阻力平方区	$Re > 597\left(\dfrac{d}{\Delta}\right)^{\frac{9}{8}}$	$\lambda > 0.11\left(\dfrac{d}{\Delta}\right)^{0.25}$

注：管壁绝对表面粗糙度 Δ 的值，在粗估时，钢管取 0.04 mm，铜管取 0.001 5～0.01 mm，铝管取 0.001 5～0.06 mm，橡胶软管取 0.03 mm，铸铁管取 0.25 mm。

2.5.3　局部压力损失

局部压力损失，就是液体流经管道的弯头、接头、阀口，以及突然变化的截面等处时，因流速或流向发生急剧变化而在局部区域产生流动阻力所造成的压力损失。由于液流在这些局部阻碍处的流动状态相当复杂，影响因素较多，因此，除少数（比如液流流经突然扩大或突然缩小的截面时）能在理论上作一定的分析外，其他情况都必须通过实验来测定。

局部压力损失的计算公式为

$$\Delta p = \zeta \frac{\rho v^2}{2} \tag{2-88}$$

式中：ζ——局部阻力系数，由实验求得，也可查阅有关手册获得；

v——液体的平均流速，一般情况下均指局部阻力下游处的流速。

但是对于阀和过滤器等液压元件，往往并不能用式(2-88)来计算其局部压力损失，因为液流情况比较复杂，难以计算。这些局部压力损失可以根据产品样本上提供的在额定流量 q_r 下的压力损失 Δp_r，通过换算得到。设实际通过的流量为 q，则实际的局部压力损失可用下式计算：

$$\Delta p_\xi = \Delta p_r \left(\frac{q}{q_r}\right)^2 \tag{2-89}$$

2.5.4 管路中总的压力损失

液压系统的管路由若干段直管和一些弯管、阀、过滤器、管接头等元件组成，因此，管路总的压力损失就等于所有直管中的沿程压力损失之和与所有局部压力损失之和的叠加。

即

$$\Delta p = \sum \lambda \frac{l}{d} \frac{\rho v^2}{2} + \sum \zeta \frac{\rho v^2}{2} \tag{2-90}$$

必须指出，式(2-90)仅在两相邻局部压力损失之间的距离大于管道内径 10~20 倍时才是正确的。因为液流经过局部阻力区域后受到很大的扰动，要经过一段距离才能稳定下来。如果距离太短，液流还未稳定就又要经历后一个局部阻力，它所受到的扰动将更为严重，这时的阻力系数可能会比正常值大好几倍，按式(2-90)算出的压力损失值会比实际数值要小。

通常情况下，液压系统的管路并不长，所以沿程压力损失比较小，而阀、过滤器等元件的局部压力损失却较大，总的压力损失只包括局部压力损失和长管的沿程损失。

液压系统的压力损失绝大部分转换为热能，使油液温度升高、泄漏增多、传动效率降低。为了减少压力损失，常采用下列措施。

（1）尽量缩短管道，减少截面变化和管道弯曲。

（2）管道内壁尽量做得光滑，选用的油液黏度应适当。

（3）由于流速的影响较大，应将油液的流速限制在适当的范围内。

例 2-6 如图 2-12 所示，有一液压泵，它的流量 $q_p = 25$ L/min，吸油管内径 $d = 30$ mm，长度 $l = 10$ m，油液的运动黏度 $\nu = 20 \times 10^{-6}$ m²/s，密度 $\rho = 900$ kg/m³，泵入口处的真空度 p_b 不大于 0.04 MPa。求泵的吸油高度（不考虑局部压力损失）。

解 油液在管内的流动速度为

$$v_2 = \frac{4q_p}{\pi d^2} = 0.6 \text{ m/s}$$

油液的雷诺数为

$$Re = \frac{vd}{\nu} = \frac{0.6 \times 0.03}{20 \times 10^{-6}} = 900$$

因金属管的 $Re_{cr} = 2\,320$，由于 $Re = 900 < 2\,320$，为层流，故 $\alpha = 2$。

吸油管的沿程压力损失为

$$h_w = \frac{\Delta p}{\rho g} = \lambda \frac{l}{d} \frac{v^2}{2g} = \frac{75}{Re} \frac{l}{d} \frac{v^2}{2g} = 0.51 \text{ m}$$

对截面Ⅰ—Ⅰ和截面Ⅱ—Ⅱ列伯努利方程:

$$z_1 + \frac{p_a}{\rho g} + \frac{\alpha_1 v_1^2}{2g} = z_2 + \frac{p_2}{\rho g} + \frac{\alpha_2 v_2^2}{2g} + h_w \qquad (2\text{-}91)$$

因

$$p_b = p_a - p_2 = 0.04 \text{ MPa}$$
$$v_1 \ll v_2$$

所以

$$h = z_2 - z_1 = \frac{p_a - p_2}{\rho g} - \frac{\alpha_2 v^2}{2g} - h_w \approx 4 \text{ m}$$

2.6 液体流经小孔和缝隙的流量压力特性

小孔在液压与气压传动中的应用非常广泛。本节主要根据液体经过薄壁小孔、厚壁小孔和细长小孔的流动情况,分析它们的流量压力特性,为以后学习节流调速及伺服系统工作原理打下理论基础。

2.6.1 液体流经小孔的流量压力特性

1. 薄壁小孔的流量压力特性

在图 2-17 中,如小孔的长度为 l,小孔直径为 d,当长径之比 $l/d \leqslant 0.5$ 时,这种小孔称为薄壁小孔。一般孔口边缘做成刀刃口形式。各种结构形式阀口一般都属于薄壁小孔类型。

液体流过小孔时,因 $D \gg d$,相比之下,流过截面 1—1 时的速度较低。当液流流过小孔时,在流体惯性力作用下,使通过小孔后的流体形成一个收缩截面 A_2,然后再扩大,这一收缩和扩大的过程便产生了局部能量损失,并以热量的形式散发。当管道直径与小孔直径之比 $D/d \geqslant 7$ 时,流体的收缩作用不受孔前管道内壁的影响,这时称流体为完全收缩;当 $D/d < 7$ 时,孔前管道内壁对流体进入小孔有导向作用,这时称流体为不完全收缩。

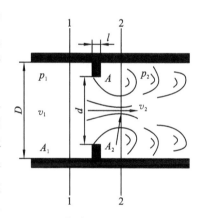

图 2-17 薄壁小孔的流量推导简图

设收缩截面 $A_2 = \frac{\pi}{4} d_2^2$ 与孔口截面 $A = \frac{\pi}{4} d^2$ 的比值称为截面收缩系数 C_c。

即

$$C_c = \frac{A_2}{A} = \frac{d_2^2}{d^2} \qquad (2\text{-}92)$$

在图 2-17 中,在截面 1—1 及截面 2—2 上列出伯努利方程。
由于 $D \gg d, v_1 \ll v_2$,故 v_1 可忽略不计,得

$$\frac{p_1}{\rho g} = \frac{p_2}{\rho g} + \frac{\alpha_2 v_2^2}{2g} + \zeta \frac{v_2^2}{2g} \qquad (2\text{-}93)$$

化简后得

$$v_2 = \frac{1}{\sqrt{\alpha_2+\zeta}}\sqrt{\frac{2}{\rho}(p_1-p_2)} = C_v\sqrt{\frac{2}{\rho}\Delta p} \tag{2-94}$$

式中：Δp——小孔前后压差，$\Delta p = p_1 - p_2$；

α_2——收缩截面 2—2 上的动能修正系数；

ζ——在收缩截面处按平均流速计算的局部阻力损失系数。

令 $C_v = \frac{1}{\sqrt{\alpha_2+\zeta}}$，称为速度系数，对薄壁小孔来说，收缩截面处的流速是均匀的，$\alpha_2 = 1$，故

$$C_v = \frac{1}{\sqrt{1+\zeta}} \tag{2-95}$$

由此可得通过薄壁小孔的流量为

$$q = A_2 v_2 = C_v\sqrt{\frac{2}{\rho}\Delta p}\,C_c A = C_d A\sqrt{\frac{2}{\rho}\Delta p} \tag{2-96}$$

式中：C_d——流量系数，$C_d = C_c C_v$；

A——小孔的截面面积。

通常，C_c 的值可根据雷诺数的大小查有关手册获得。而液体的流量系数 C_d 的值一般由实验测定。在液流完全收缩的情况下，对常用的液压油，流量系数可取 $C_d = 0.62$；在液流不完全收缩时，因管壁离小孔较近，管壁对液流进入小孔起导向作用，流量系数 C_d 可增大至 $0.7 \sim 0.8$；当小孔不是刃口形式而是带棱边或小倒角的孔时，C_d 值将更大。

2. 厚壁小孔和细长小孔的流量压力特性

1) 厚壁小孔的流量压力特性

当小孔的长度和直径之比为 $0.5 < l/d \leqslant 4$ 时，此小孔称为厚壁小孔，它的孔长 l 影响液体流动情况，出口流体不再收缩，因液流经过厚壁孔时的沿程压力损失仍然很小，可以略去不计。厚壁小孔的流量计算公式仍然使用式(2-96)，只是流量系数 C_d 较薄壁小孔大，它的数值可查有关图表获得，一般取 0.8 左右。厚壁小孔加工比薄壁小孔容易得多，因此特别适合要求不高的固定节流器使用。

2) 细长小孔的流量压力特性

当小孔的长度和直径之比为 $l/d > 4$ 时，此小孔称为细长小孔。由于油液流经细长小孔时一般都是层流状态，所以细长小孔的流量公式可以应用前面推导的式(2-82)，即

$$q = \frac{\pi d^4}{128\mu l}\Delta p \tag{2-97}$$

由式(2-97)可知，液流流经细长小孔的流量和孔前后压力差 Δp 的一次方成正比，而流经薄壁小孔的流量和小孔前后压力差的平方根成正比，所以细长小孔相对薄壁小孔而言，压力差对流量的影响要大些；同时流经薄壁小孔的流量和液体动力黏度 μ 成反比，当温度升高时，油的黏度降低，因此，流量受液体温度变化的影响较大，这一点和薄壁小孔、短孔的特性明显不同。它一般局限于用做阻尼器或用在流量调节程度要求低的场合。

3. 液体经小孔流动时流量压力的统一公式

由上述三种小孔的流量公式，可以综合地用以下公式表示

$$q = KA\Delta p^m \tag{2-98}$$

式中：K——由流经小孔的油液性质所决定的系数；

A——小孔的通流截面积；

Δp——通过小孔前后的压力差；

m——由小孔形状所决定的指数，薄壁小孔 $m=0.5$，厚壁小孔 $0.5<m<1$，细长小孔 $m=1$。

2.6.2 液体流经缝隙的流量压力特性

在液压系统中的阀、泵、马达、液压缸等部件中存在着大量的缝隙，这些缝隙构成了泄漏的主要原因，造成这些液压元件容积效率降低、功率损失加大、系统发热增加，另外，缝隙过小也会造成相对运动表面之间的摩擦阻力增大。因此，适当的间隙是保证液压元件能正常工作的必要条件。

在液压系统中常见的缝隙形式有两种：一种是由两平行平面形成的平面缝隙；另一种是由内、外两个圆柱面形成的环状缝隙。

1. 液体平行平板缝隙流动的流量压力特性

有两块平行平板，其间充满了液体，设缝隙高度为 h，宽度为 b，长度为 l，且一般有 $b \gg h$ 和 $l \gg h$。若考虑液体通过平行平板缝隙时的一般流动情况，即缝隙两端既存在压力差 $\Delta p = p_1 - p_2$ 作用，又受到平行平板间相对运动的作用。

在液流中取一微小的平行六面体，平行于三个坐标方向的长度分别为 dx、dy、dz，如图 2-18 所示。此微小六面体在 x 方向作用于左右两端面的压力为 p 和 $p+dp$，以及作用于上下两表面上的切应力为 $\tau+d\tau$ 和 τ，则此微元体的受力平衡方程为

$$pdydz + (\tau+d\tau)dxdz = (p+dp)dydz + \tau dxdz \tag{2-99}$$

整理后得

$$\frac{d\tau}{dy} = \frac{dp}{dx} \tag{2-100}$$

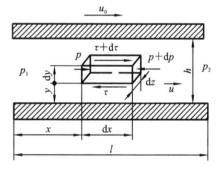

图 2-18　平行平板的流量推导简图

把 $\tau = \mu \dfrac{du}{dy}$ 代入式(2-100)得

$$\frac{d^2 u}{dy^2} = \frac{1}{\mu}\frac{dp}{dx} \tag{2-101}$$

将式(2-101)对 y 求两次积分得

$$u = \frac{1}{2\mu}\frac{dp}{dx}y^2 + c_1 y + c_2 \tag{2-102}$$

式中：c_1、c_2——积分常数。

c_1、c_2 可利用边界条件求出，当 $y=0$ 时，$u=0$；当 $y=h$ 时，$u=u_0$。则得 $c_1 = \dfrac{u_0}{h} - \dfrac{1}{2\mu}\dfrac{dp}{dx}h$，$c_2 = 0$。

另外，当液流作层流时，p 只是 x 的线性函数，即

$$\frac{dp}{dx} = \frac{p_2 - p_1}{l} = -\frac{\Delta p}{l} \tag{2-103}$$

则式(2-102)经整理后可得

$$u = \frac{y(h-y)}{2\mu l}\Delta p + \frac{u_0}{h}y \tag{2-104}$$

由此可求得通过平行平板缝隙的流量，设间隙沿 z 方向的总宽度为 b，则厚为 dy 的液体层的微元流量为

$$dq = ub\,dy \tag{2-105}$$

则

$$q = \int_0^h ub\,dy = \int_0^h \left[\frac{y(h-y)}{2\mu l}\Delta p + \frac{u_0}{h}y\right]b\,dy = \frac{bh^3}{12\mu l}\Delta p + \frac{bh}{2}u_0 \tag{2-106}$$

即

$$q = \frac{bh^3}{12\mu l}\Delta p + \frac{bh}{2}u_0 \tag{2-107}$$

当平行平板间没有相对运动，即 $u_0 = 0$ 时，通过平板的缝隙液流完全由压力差引起，其值为

$$q = \frac{bh^3}{12\mu l}\Delta p \tag{2-108}$$

当平行平板两端不存在压力差，仅有平板运动时，经缝隙的液体流量为

$$q = \frac{bh}{2}u_0 \tag{2-109}$$

当平板的运动方向与压力差方向相反时，则通过平行平板缝隙的流量为

$$q = \frac{bh^3}{12\mu l}\Delta p - \frac{bh}{2}u_0 \tag{2-110}$$

综合以上情况，可得通过平行平板缝隙的流量为

$$q = \frac{bh^3}{12\mu l}\Delta p \pm \frac{bh}{2}u_0 \tag{2-111}$$

由式(2-111)可知，通过平行平板缝隙的流量与缝隙值的三次方成正比，说明元件内缝隙的大小对其泄漏量的影响是很大的。

2. 液体同心圆环和偏心圆环的流量压力特性

液压和气动各零件间的配合间隙大多是圆环形间隙，例如缸筒和活塞之间的间隙、滑阀和阀套之间的间隙等。所有这些情况在理想状况下皆为同心环形缝隙，但在实际中，可能为偏心环形缝隙，下面分别予以讨论。

1) 同心圆环缝隙的流量

同心圆环如果间隙 h 和半径之比很小时，则上述所得平行平板缝隙流动的结论都适用于这种流动。若将环形断面管顺着轴向割开，展开成平面，此流动与平行平板缝隙流动变得完全相似。所以只要在平行平板缝隙的流量计算公式中将宽度 b 用圆周长 πd 代替并代入式(2-107)即可。

2) 偏心圆环缝隙的流量

图 2-19 所示为偏心圆环缝隙间的流量推导简图。设内外圆间的偏心距为 e，在任意角

度 θ 处的缝隙为 h,h 沿着圆周方向是个变量。因缝隙很小,$R \approx r$,可以把微元圆弧 db 所对应的圆环缝隙间的流动近似看做是平行平板缝隙间的流动。将 $db = rd\theta$ 代入式(2-107)得

$$dq = \frac{rd\theta h^3}{12\mu l}\Delta p + \frac{rd\theta h}{2}u_0 \qquad (2-112)$$

由图 2-19 中的几何关系,可得

$$h = R - (e\cos\theta + r\cos d\theta) \approx R - r - e\cos\theta$$
$$= h_0(1 - \varepsilon\cos\theta) \qquad (2-113)$$

即

$$h = h_0(1 - \varepsilon\cos\theta) \qquad (2-114)$$

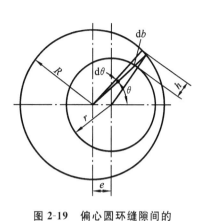

图 2-19 偏心圆环缝隙间的流量推导简图

式中:ε——相对偏心率,$\varepsilon = e/h_0$;

　　　h_0——内外圆同心时的半径差,$h_0 = R - r$。

将式(2-114)代入式(2-112)并积分,得其流量公式为

$$q = \frac{\pi d h_0^3 \Delta p}{12\mu l}(1 + 1.5\varepsilon^2) + \frac{\pi d h_0 u_0}{2} \qquad (2-115)$$

当内外圆相互间没有轴向相对移动时,即 $u_0 = 0$,其流量为

$$q = \frac{\pi d h_0^3 \Delta p}{12\mu l}(1 + 1.5\varepsilon^2) \qquad (2-116)$$

由式(2-116)可以看出,当 $\varepsilon = 0$ 时,它就是同心圆环缝隙的流量公式。当 $\varepsilon = 1$ 时,为最大偏心状态,理论上其流量为同心圆环缝隙的流量的 2.5 倍。所以在液压元件的制造装配过程中,为了减少流经缝隙的泄漏量,应尽量使配合件处于同心状态。

3. 泄漏功率

液压元件中相对运动零件间存在着配合间隙,因而就产生了间隙泄漏引起的功率损失。当然也存在由油液的黏性摩擦引起的摩擦功率损失。

如间隙增大将会使漏泄增加,间隙减小将会使黏性摩擦力增大,因而间隙与漏泄流量及黏性摩擦力之间存在着矛盾,这里只讨论漏泄的问题。

液流在平板间运动时,既有泄漏损失,又有摩擦损失。

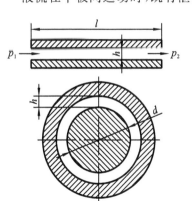

图 2-20 例 2-7 的计算简图

由泄漏引起的功率损失为

$$N = q\Delta p = \left(\frac{h^3 \Delta p}{12\mu l} \pm \frac{u_0 h}{2}\right)b\Delta p \qquad (2-117)$$

正号表示两端压力差作用方向与平板运动方向相同;负号表示两端压力差作用方向与平板运动方向相反。同心圆环和偏心圆环也有同样的形式。

例 2-7 有一同心圆环缝隙,如图 2-20 所示,直径 $d = 1$ cm,缝隙 $h = 0.01$ mm,缝隙长度 $l = 2$ mm,缝隙两端压力差 $\Delta p = 21$ MPa,油的运动黏度 $\nu = 4 \times 10^{-5}$ m²/s,油的密度 $\rho = 900$ kg/m³,求其泄漏量。

解 只在压力差作用下,流经环形缝隙流量公式为

$q=\dfrac{\pi d h_0^3 \Delta p}{12\mu l}$,其中:$d=0.01$ m;$\Delta p=21\times10^6$ Pa;$h=1\times10^{-5}$ m;$l=0.002$ m;$\mu=\rho\nu=900\times 40\times10^{-6}$ Pa·s$=36\times10^{-3}$ Pa·s;所以

$$q=\dfrac{\pi\times0.01\times21\times10^6\times(1\times10^{-5})^3}{12\times36\times10^{-3}\times0.002}\text{ m}^3/\text{s}=0.76\text{ cm}^3/\text{s}$$

2.7 液压冲击和气蚀现象

2.7.1 液压冲击

在液压系统中,由于某种原因引起油液的压力在某一瞬间突然急剧升高,形成较大的压力峰值,这种现象称为液压冲击。

1. 液压冲击产生的原因及危害

产生液压冲击的原因主要有以下几个方面。

(1) 液压冲击多发生在液流突然停止运动的时候,如迅速关闭阀门时,液体的流动速度突然降为零,液体受到挤压,使液体的动能转换为液体的压力能,造成液体的压力急剧升高而引起液压冲击。

(2) 在液压系统中,高速运动的工作部件的惯性力也会引起液压冲击。如工作部件换向或制动时,与液压缸连接的排油管路上常有一个控制阀关闭油路,油液不能从油缸中排出,但此时运动部件因惯性的作用还不能立即停止运动,这样,也会引起液压缸和管路中局部油压急剧升高而产生液压冲击。

(3) 由于液压系统中某些元件反应动作不够灵敏,也会造成液压冲击。例如,溢流阀在超压时不能迅速打开,形成压力的超调;限压式变量液压泵在油压升高时不能及时减少输油量等,都会造成液压冲击。

液压冲击的危害:产生液压冲击时,系统的瞬时压力峰值有时比正常工作压力高好几倍,会引起设备振动和噪声,大大降低了液压传动的精度和寿命。液压冲击还会损坏液压元件、密封装置,甚至会使管子爆裂。由于压力增高,还会使系统中的某些元件,如顺序阀和压力继电器等产生误动作,影响系统正常工作,可能会造成工作中的事故。

2. 液体突然停止运动时产生的液压冲击

有一液面恒定并能保持液面压力不变的容器,如图2-21所示。容器底部连一管道,在管道的输出端装有一个阀门。管道内的液体经阀门2流出。若将阀门突然关闭,则紧靠阀门的这部分液体立即停止运动,液体的动能瞬时转变为压力能,产生冲击压力,接着后面的液体依次停止运动,依次将动能转变为压力能,在管道内形成压力冲击波,并以速度 c 从阀门2向容器1传播。

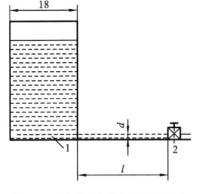

图2-21 速度突变引起的液压冲击

1—容器;2—阀门

设图 2-21 中管道的截面面积和长度分别为 A 和 l，管道中液体的流速为 v，密度为 ρ，则根据能量守恒定律，液体的动能转化为液体的压力能，即

$$\frac{1}{2}\rho A l v^2 = \frac{1}{2}\frac{Al}{K'}\Delta p_{\max}^2 \tag{2-118}$$

所以

$$\Delta p_{\max} = \rho\sqrt{\frac{K'}{\rho}}\cdot v = \rho c v \tag{2-119}$$

式中：$\Delta p_{\max}$——液压冲击时压力的升高值；

K'——考虑管道弹性变形后液体的等效体积模量；

c——压力冲击波在管道中的传播速度，$c=\sqrt{K'/\rho}$。c 一般与油液的体积模量、油管材料的弹性模量、油管直径和壁厚等因素有关。对选定的油液和管道来说，c 为定值。压力冲击波在管道中液压油内的传播速度 c 一般在 890～1 270 m/s 范围内。

式(2-119)适用于阀门迅速关闭的特点条件。实际工作中，阀门关闭总需要一定时间，液压冲击也会因阀门关闭的迅速程度不同而有所差异。设阀门完成关闭所需时间为 t，从冲击发生起，到液压冲击波又返回到容腔所需要的时间为 T，则 $T=2l/c$。如果阀门不是全部关闭，而是部分关闭，则液体的流速从 v 降到 v'。则只要在式(2-119)中以 $(v-v')$ 代替 v，便可求得在这种情况下的压力升高值。即

$$\Delta p_\mathrm{r} = \rho c(v-v') = \rho c\Delta v \tag{2-120}$$

一般情况下，依据阀门关闭时间常把液压冲击分为以下两种。

(1) 当阀门关闭时间 $t<T$ 时，称为直接液压冲击(又称完全冲击)。

(2) 当阀门关闭时间 $t>T$ 时，称为间接液压冲击(又称不完全冲击)。此时压力升高值比直接冲击时小，它可以近似地按下式计算

$$\Delta p'_{\max} = \rho c\Delta v\frac{T}{t} \tag{2-121}$$

不论是哪一种情况，知道了液压冲击的压力升高值 Δp 后，便可求得出现液压冲击时管道中的最高压力

$$p_{\max} = p + \Delta p \tag{2-122}$$

式中：p——正常工作压力。

3. 运动部件制动时引起的液压冲击

运动部件的惯性也是引起液压冲击的重要原因之一。如图 2-22 所示，设活塞以速度 v 驱动负载 m 向左运动，活塞和负载的总质量为 Σm。当突然关闭出口通道时，液体被封闭在右腔中。但由于运动部件的惯性，它仍会向前运动一小段距离，使腔内油液受到挤压，引起液体压力急剧上升。运动部件则因受到右腔内液体压力产生的阻力而制动。

设运动部件在制动时的减速时间为 Δt，速度减小值为 Δv，则根据动量定律，可近似地求得右腔内的冲击压力值 Δp 为

$$\Delta p A\Delta t = \Sigma m\Delta v \tag{2-123}$$

故有

$$\Delta p = \frac{\Sigma m\Delta v}{A\Delta t} \tag{2-124}$$

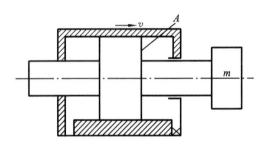

图 2-22 运动部件阀门突然关闭引起的液压冲击

式中：Σm——被制动的运动部件(包括活塞和负载)的总质量；

A——液压缸的有效工作面积；

Δt——运动部件制动或减慢 Δv 所需的时间；

Δv——运动部件速度的减少值，$\Delta v = v - v'$；

v——运动部件制动前的速度；

v'——运动部件经过 Δt 时间后的速度。

式(2-124)的计算忽略了阻尼、泄漏等因素，其值比实际的要大，因而是安全的。

4. 减少液压冲击的措施

因液压冲击有较多的危害，所以可针对上述影响冲击压力 Δp 的因素，采取以下措施来减小液压冲击。

(1) 适当加大管径，限制管道流速 v，一般在液压系统中把 v 控制在 4.5 m/s 以内，使 Δp_{max} 不超过 5 MPa 就可以认为是安全的。

(2) 正确设计阀口或设置缓冲装置(如阻尼孔)，使运动部件制动时速度变化比较均匀。

(3) 缓慢开关阀门，可采用换向时间可调的换向阀。

(4) 尽可能缩短管长，以减小压力冲击波的传播时间，变直接冲击为间接冲击。

(5) 在容易发生液压冲击的部位采用橡胶软管或设置蓄能器，以吸收冲击压力；也可以在这些部位安装安全阀，以限制压力的升高。

2.7.2 空穴现象

1. 空穴、气蚀的概念及空穴、气蚀的危害

1) 空穴

在液压系统的工作介质中，不可避免地混有一定量的空气，当流动液体某处的压力低于空气分离压时，正常溶解于液体中的空气就成为过饱和状态，从而会从油液中迅速分离出来，使液体产生大量气泡。此外，当油液中某一点处的压力低于当时温度下的蒸气压时，油液将沸腾汽化，也会在油液中形成气泡。上述两种情况都会使气泡混杂在液体中，使原来充满在管道或元件中的液体成为不连续状态，这种现象一般称为空穴现象。

2) 气蚀

当气泡随着液流进入高压区时，在高压作用下迅速破裂或急剧缩小，又凝结成液体，原来气泡所占据的空间形成了局部真空，周围液体质点以极高速度涌来，填补这一空间，质点间相互碰撞而产生局部高压，形成液压冲击。这个局部液压冲击作用在零件的金属表面上，使金属表面腐蚀。这种因空穴产生的腐蚀称为气蚀。

3) 空穴、气蚀的危害

如果在液流中产生了空穴现象,会使系统中的局部区域产生非常高的温度和冲击压力,引起噪声和振动,再加上气泡中有氧气,在高温、高压和氧化的作用下会使工作介质变质,使零件表面疲劳,还对金属产生气蚀作用,从而使液压元件表面产生腐蚀、剥落的现象,出现海绵状的小洞穴,甚至会造成元件失灵。尤其是当液压泵发生空穴现象时,除了会产生噪声和振动外,还会由于液体的连续性被破坏,降低吸油能力,以致造成流量和压力的波动,使液压泵零件承受冲击载荷,缩短液压泵的使用寿命。

2. 液体的空气分离压和饱和蒸气压

液体中的空气含量用液体中所含空气的体积分数来衡量。空气在液体中存在有两种形式:一种是溶解在液体中;另一种是以气泡的形式混合在液体中。前一种的空气对液体的体积模量没有影响。但当液体的压力降低时,溶解在油液中的空气会从液体中分离出来,如图 2-23(a)所示。空气在液体中的溶解度与液体的绝对压力成正比,如图 2-23(b)所示。油液中能溶解的空气量比水中能溶解的要多。在常温常压下,石油型液压油的空气溶解度等于 6%~12%;水中的空气溶解度约等于 2%。

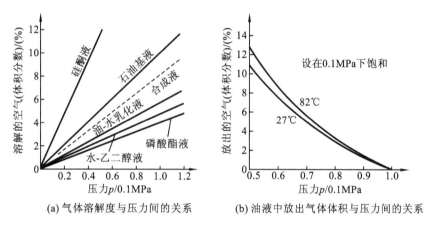

(a) 气体溶解度与压力间的关系　　(b) 油液中放出气体体积与压力间的关系

图 2-23　气体溶解度以及从油液中放出的气体体积与压力间的关系

在一定温度下,当液体压力低于某数值时,溶解在液体中的空气将会突然地迅速从液体中分离出来,产生大量气泡,这个压力称为液体在该温度下的空气分离压。有气泡的液体其体积模量将明显减小。气泡越多,液体的体积模量就越小。

当液体在某一温度下其压力继续下降而低于一定数值时,液体本身会迅速汽化,产生大量蒸气,这时的压力称为液体在该温度下的饱和蒸气压。一般来说,液体的饱和蒸气压比空气分离压要小得多。而饱和蒸气压与温度的关系如图 2-24 所示。

3. 节流气穴

当液体流到如图 2-25 所示的水平放置管道节流口的喉部时,因 $q=Av$,通流截面面积小,流速变得很快。又根据能量方程 $\dfrac{p_1}{\rho g}+\dfrac{v_1^2}{2g}=\dfrac{p_2}{\rho g}+\dfrac{v_2^2}{2g}$,所以该处的压力会很低。如该处的压力低于液体工作温度下的空气分离压,就会出现气穴现象。同样,在液压泵的自吸过程中,如果泵的吸油管太细、阻力太大、滤网堵塞,或者泵安装位置过高、转速过快等,也会使其

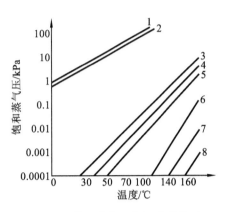

图 2-24 饱和蒸气压与温度的关系
1—油-水乳化液；2—水-乙二醇液；
3—氯化烃液；4—合成液；5—石油基液；
6—硅酸酯液；7—磷酸酯液；8—硅酮液

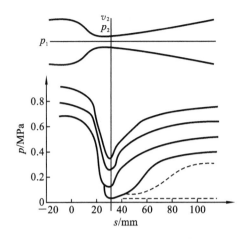

图 2-25 节流口的气穴现象

吸油腔的压力低于工作温度下的空气分离压,从而出现气穴现象。

当液压系统出现气穴现象时,大量的气泡使液流的流动特性变坏,造成流量不连续、流动不稳、噪声骤增。特别是当带有气泡的液流进入下游高压区时,气泡受到周围高压的作用,迅速破灭,使局部产生非常高的液压冲击。例如,在 38 ℃ 温度下工作的液压泵,当泵的输出压力分别为 6.8 MPa、13.6 MPa、20.4 MPa 时,气泡破灭处的局部温度可高达 766 ℃、993 ℃、1 149 ℃,冲击压力会达到几百兆帕。这样的局部高温和冲击压力,会产生气蚀。气蚀会严重损伤元件表面质量,大大缩短液压元件的使用寿命。

4. 减少空穴的措施

在液压系统中,只要液体压力低于空气分离压,就会产生气穴现象。如要想完全消除空穴现象是十分困难的,但可尽力加以防止空穴现象的产生。必须从设计、结构、材料的选用上来考虑,具体可采取以下一些措施。

(1) 保持液压系统中的油压高于空气分离压。对于管道来说,要求油管要有足够的管径,并尽量避免有狭窄处或急剧转弯处；对于阀来说,正确设计阀口,减小液体通过阀孔前后的压差；对于液压泵,离油面的高度不得过高,以保证液压泵吸油管路中各处的油压都不低于空气分离压。

(2) 降低液体中气体的含量。例如管路的密封性要好,不要漏气,以防空气侵入。

(3) 对液压元件应选用抗腐蚀能力较强的金属材料,并进行合理的结构设计,适当提高零件的机械强度,减小表面粗糙度,以提高液压元件的抗气蚀能力。

习 题 2

2-1 油液的压缩性为什么在液压系统计算时常常被忽略？

2-2 什么是液压油的黏性？如何衡量液压油的黏性？液压油选用的基本依据是什么？

2-3 油液为什么会污染？如何减小与防止其污染？

2-4 如何计算静止液体某点的压力?

2-5 何谓大气压力、相对压力、绝对压力和真空度? 它们之间有什么关系? 液压系统中的表压力指的是什么压力?

2-6 液压系统中的压力是怎样形成的? 其大小是由什么决定的?

2-7 什么是流量、流速和平均速度? 液体在管道中的流速指的是什么速度?

2-8 什么是理想液体的能量方程? 它的物理意义是什么? 在液压传动中的计算一般只考虑油液的什么能量?

2-9 必须具备什么条件才能应用伯努利方程解决实际问题?

2-10 液体有几种流动状态? 用什么来判断液体的流动状态? 雷诺数的物理意义是什么?

2-11 压力损失有哪两种形式? 如何计算它们?

2-12 什么是空穴现象? 有何危害? 怎样防止?

2-13 什么是液压冲击? 产生的原因是什么? 有何危害? 怎样减小液压冲击?

2-14 20 ℃时 200 mL 的蒸馏水从恩氏黏度计中流尽所需的时间为 51 s,若 200 mL 的某液压油(ρ=900 kg/m³)在 40 ℃时从恩氏黏度计中流尽所需的时间为 229.5 s,求该液体的恩氏黏度°E、运动黏度 ν、动力黏度 μ 的值。

2-15 如图 2-26 所示的黏度计,若 D=100 mm,d=98 mm,l=200 mm,外筒转速 n=480 r/min,测得的转矩 M=40 N·m,求油液的动力黏度。

2-16 如图 2-27 所示,密封容器中装有水,液面高 h=50 cm,容器上部充满压力为 p 的气体,水管内液柱高 H=1.2 m,其上端与大气相通,问容器中的绝对压力、相对压力各为多少?

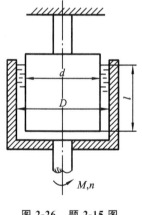

图 2-26 题 2-15 图

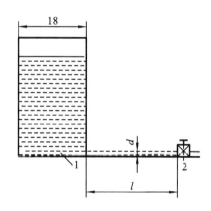

图 2-27 题 2-16 图

2-17 如图 2-28 所示,两种液体的密度分别为 ρ_1 和 ρ_2,在大气压 p_a 作用下上升高度分别为 h_1 和 h_2,求球形体内的真空度和绝对压力。

2-18 如图 2-29 所示,容器 1 中的液体密度 ρ_1=900 kg/m³,容器 2 中液体的密度 ρ_2=1200 kg/m³,h_1=200 mm,h_2=180 mm,h_3=60 mm,U 形管中的测压介质为汞,求容器 1、容器 2 之间的压力差。

2-19 如图 2-30 所示,已知水深 h=10 m,截面 A_1=400 cm²,A_2=200 cm²,求孔口的

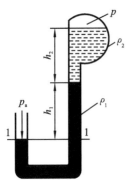

图 2-28 题 2-17 图

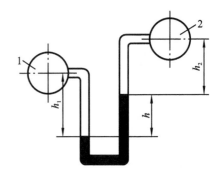

图 2-29 题 2-18 图

1、2—容器

出流流量及点 1 处的表压力(取 $\alpha=1$,不计损失)。

2-20 如图 2-31 所示,管道截面 1—1 和截面 2—2 的内径 $d_1=0.02$ m,$d_2=0.01$ m,液体流经截面 1—1 的流量 $q=10$ L/min,求两截面的流速各是多少?

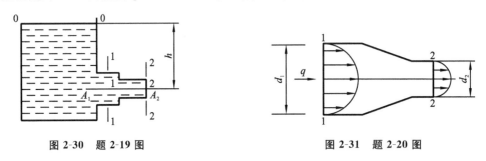

图 2-30 题 2-19 图　　　　　　　　图 2-31 题 2-20 图

2-21 如图 2-32 所示,有一水深 1 m,水平截面积为 2 m×2 m 的水箱,底部接一直径 $d=200$ mm、长为 2 m 的竖直管,在水箱进水量等于出水量下作恒定流动,求 2 点的压力及出流速度。

2-22 如图 2-33 所示为一与水平成 $\alpha=30°$、放置倾斜的固定平板,有一股流量 $q=20$ L/min,速度 $v=10$ m/s 的射流射到平板后,射流分成两股,两股流量分别为 $q_1=11$ L/min,$q_2=9$ L/min,求射流作用于平板上的力 F(令动能修正系数为 1)。

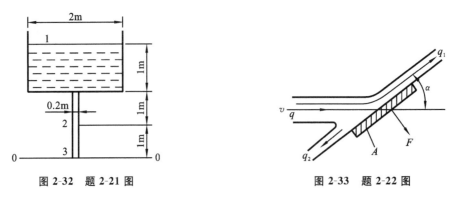

图 2-32 题 2-21 图　　　　　　　　图 2-33 题 2-22 图

2-23 如图 2-34 所示,泵从一油池中吸油,流量 $q=150$ L/min,油液的运动黏度 $\nu=34\times10^{-6}$ m²/s,油液密度 $\rho=900$ kg/m³。吸油管直径 $d=60$ mm,并设泵吸油弯管处的局部

阻尼系数 $\zeta=0.2$,吸油口粗滤网处的压力损失 $\Delta p=0.0178$ MPa,希望泵入口处的真空度不大于 0.04 MPa,求泵的吸油高度 h(不考虑液面到滤网之间的管路沿程压力损失)。

2-24 如图 2-35 所示,柱塞直径 $d=19.9$ mm,缸套直径 $D=20$ mm,高度 $h=70$ mm,柱塞上面在力 $F=40$ N 的作用下向下作用,并将油液从缝隙中挤出,若柱塞与缸筒同心,油液的动力黏度 $\mu=0.784\times10^{-3}$ Pa·s,问柱塞下落 0.1 m 所需的时间。

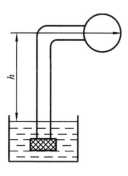

图 2-34 题 2-23 图

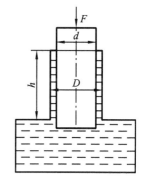

图 2-35 题 2-24 图

第3章 液压动力元件

本章主要讲述液压动力元件,主要是指各种容积式液压泵,包括各种泵的结构、工作原理、应用及选用等,通过本章的学习,使学生能够掌握容积式液压泵的工作原理和性能参数的计算,掌握齿轮泵、叶片泵、柱塞泵及液压马达的工作原理和结构,了解液压泵的选用。

3.1 液压动力元件概述

液压泵是液压系统中的动力元件,是能量转换元件。动力元件的作用是向系统提供液压油。它把驱动它的原动机(一般为电动机)的机械能转换成输送到系统中去的油液的压力能。液压泵性能的好坏将直接影响液压系统的可靠性和稳定性。

3.1.1 液压泵的基本工作原理

图 3-1 所示为单柱塞液压泵的工作原理。偏心轮 1 旋转时,柱塞 2 在偏心轮 1 和弹簧 a 的作用下在泵体 3 中左右移动。柱塞右移时,泵体中的油腔(密封工作腔)容积变大,产生真空,油液便通过吸油阀 4 吸入;柱塞左移时,泵体中的油腔容积变小,已吸入的油液便通过压油阀 5 输出到系统中去。由此可见,泵是靠密封工作腔的容积变化进行工作的,故一般称之为容积式液压泵。而输出流量的大小是由密封工作腔的容积变化大小来决定的。

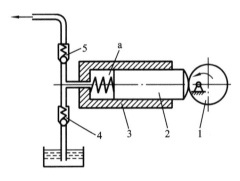

图 3-1 单柱塞液压泵的工作原理
1—偏心轮;2—柱塞;3—泵体;4—吸油阀;5—压油阀

综上所述,液压泵工作的基本条件如下。

(1) 在结构上能形成密封的工作容积。

(2) 密封工作容积能实现周期性的变化,密封工作容积由小变大时与吸油腔相通,完成吸油过程;密封工作容积由大变小时与排油腔相通,完成排油过程。

(3) 吸油腔与排油腔必须相互隔开,也就是说有一个配流机构。

3.1.2 液压泵的分类和职能符号

液压泵按其在单位时间内所能输出(所需输入)油液体积可否调节而分为定量泵和变量泵两类;按结构形式可以分为齿轮泵、叶片泵、柱塞泵、螺杆泵。液压泵的职能符号如图 3-2 所示。

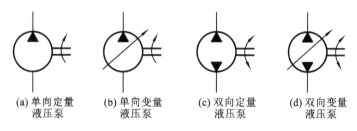

(a) 单向定量 液压泵 (b) 单向变量 液压泵 (c) 双向定量 液压泵 (d) 双向变量 液压泵

图 3-2 液压泵的职能符号

3.1.3 液压泵的性能参数

1. 工作压力、额定压力、最高压力

液压泵的工作压力是指泵实际工作时输出油液的压力。工作压力由系统负载决定,若负载增加,泵的工作压力随之升高;负载减少,泵的工作压力随之降低。

液压泵的额定压力是指液压泵在正常工作条件下,按试验标准规定连续运转正常工作的最高工作压力,即在液压泵铭牌或产品样本上标出的压力。

液压泵的最高压力是指按试验标准规定,允许短暂运行的最高压力。液压泵的工作压力随负载的增加而增加,当工作压力增加到液压泵本身的强度允许值和允许的最大泄漏量时,液压泵的工作压力就不能再增加了,这时液压泵的工作压力为最高工作压力。

考虑液压泵在工作中应有一定的压力储备,并有一定的使用寿命和容积效率,通常它的工作压力应低于额定压力。

2. 排量和流量

排量是指在不考虑泄漏的情况下,泵轴每转一转所排出油液的体积,用 V_p 表示,单位为 m^3/r,实际应用中的单位为 mL/r。液压泵的排量取决于液压泵密封腔的几何尺寸,不同的泵因结构参数不同,排量也不一样。

理论流量是指在不考虑泄漏的情况下,液压泵在单位时间内所排出的油液体积,用 q_t 表示,单位为 m^3/s,实际应用中的单位为 L/min。排量和理论流量之间的关系为

$$q_t = Vn \tag{3-1}$$

式中:n——液压泵的转速;

V——液压泵的排量。

实际流量是指液压泵在实际工作时,在单位时间内所排出的油液体积,用 q 表示。由于液压泵在工作中存在泄漏损失,所以液压泵的实际流量总是小于理论流量。即

$$q = q_t - \Delta q \tag{3-2}$$

式中：Δq——泵的泄漏量。Δq 与泵的工作压力 p 有关,随工作压力 p 的增高而加大。

泵的流量与压力之间的关系为

$$\Delta q = k_1 p \tag{3-3}$$

额定流量是指液压泵在额定转速和额定压力下工作时实际输出的流量,用 q_0 表示。泵的产品样本或铭牌上标出的流量即为泵的额定流量。

3. 功率和效率

液压泵由电机驱动,输入量是转矩和转速(角速度),输出量是液体的压力和流量。

1) 输入功率

液压泵的输入功率是电机驱动液压泵轴的机械功率,它等于输入转矩乘以角速度。即

$$P_i = T\omega = T \cdot 2\pi n \tag{3-4}$$

式中：T——液压泵的输入转矩,单位为 N·m;

ω——液压泵的角速度,单位为 rad/s;

n——液压泵的转速,单位为 r/s。

2) 输出功率

液压泵输出的是液压油,所以输出功率等于液压泵输出的压力乘以流量。即

$$P_o = pq \tag{3-5}$$

式中：p——液压泵的输出压力,单位为 Pa;

q——液压泵的实际输出流量,单位为 m³/s。

如果不考虑液压泵在能量转换过程中的损失,则输出功率等于输入功率,也就是它们的理论功率为

$$P_t = pq_t = pVn = T_t\omega = T_t \cdot 2\pi n \tag{3-6}$$

式中：T_t——液压泵的理论转矩；

n——液压泵的转速。

3) 功率损失和效率

实际上,液压泵在能量转换过程中是有损失的,因此输出功率小于输入功率。两者之间的差值即为功率损失,功率损失可以分为容积损失和机械损失两部分。

容积损失是指因内泄漏、气穴和油液在高压下的压缩(主要是内泄漏)而造成的流量上的损失。输出压力增大时,泵实际输出的流量 q 减小。泵的容积损失可用容积效率 η_v 来表示,有

$$\eta_v = \frac{q}{q_t} = \frac{q_t - \Delta q}{q_t} = 1 - \frac{\Delta q}{q} \tag{3-7}$$

机械损失是指因摩擦而造成的转矩上的损失。对液压泵来说,驱动泵的转矩总是大于其理论上需要的转矩,设转矩损失为 ΔT,则泵实际输入转矩为 $T = T_t + \Delta T$,用机械效率 η_m 来表示泵的机械损失时,有

$$\eta_m = \frac{T_t}{T} = \frac{T_t}{T_t + \Delta T} = \frac{1}{1 + \frac{\Delta T}{T_t}} \tag{3-8}$$

液压泵的总效率 η 是其输出功率与输入功率之比,有

$$\eta = \frac{P_o}{P_i} = \frac{pq}{T \cdot 2\pi n} = \frac{pV}{2\pi T} \times \frac{q}{Vn} = \eta_m \eta_v \tag{3-9}$$

一般情况下,在液压系统的设计计算中,常常需要计算液压泵的输入功率以确定所需电动机的功率。根据前面的公式可以推导出液压泵的输入功率,可用下式计算

$$P_i = \frac{P_o}{\eta} = \frac{pq}{\eta} = \frac{pVn}{\eta_m} \tag{3-10}$$

3.1.4 液压泵的性能及检测

液压泵的性能是衡量液压泵优劣的技术指标。性能指标主要包括液压泵的压力-流量特性、泵的容积效率曲线、泵的总效率曲线等。

检测液压泵性能的系统原理图如图 3-3 所示,首先将溢流阀置于额定压力下,再将节流阀全部打开,使泵的负载为零(此时,由于管路的压力损失,压力表的显示并不一定为零),在流量计上读出流量值,以此空载流量值作为液压泵的理论流量 q_t。然后通过调节节流阀阀口逐渐升高压力值,读出每次调定压力后的流量值 q。根据上述数据可绘制被测泵的压力-流量曲线,根据式(3-7)可算出各调定压力点的容积效率 η_v。如果在输入轴上测得转矩和转速,即可利用式(3-4)计算泵的输入功率 P_i,再利用式(3-5)计算泵的输出功率 P_o,即可算出液压泵的总效率。根据上述数据绘出如图 3-4 所示的液压泵性能曲线。

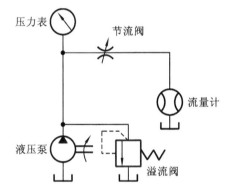

图 3-3 液压泵性能检测原理图

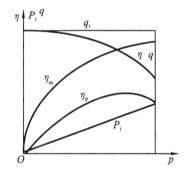

图 3-4 液压泵性能曲线

例 3-1 某液压泵的输出压力 $p=10$ MPa,泵转速 $n=1\,450$ r/min,排量 $V=50$ mL/r,容积效率 $\eta_v=0.95$,总效率 $\eta=0.9$。求液压泵的输出功率和驱动液压泵的电动机功率。

解 (1) 求液压泵的输出功率。

液压泵输出的实际流量为

$$q = q_t \eta_v = Vn\eta_v = 50 \times 10^{-3} \times 1\,450 \times 0.95 \text{ L/min} = 67.425 \text{ L/min}$$

则液压泵的输出功率为

$$P_o = pq = \frac{10 \times 10^6 \times 67.425 \times 10^{-3}}{60} \text{ W} = 11.23 \text{ kW}$$

(2) 求电动机的功率。

电动机的功率即泵的输入功率,即

$$P_i = \frac{P_o}{\eta} = \frac{11.23}{0.9} \text{ kW} = 12.48 \text{ kW}$$

3.2 齿轮泵

齿轮泵是液压系统中常用的液压泵,在结构上可分为外啮合齿轮泵和内啮合齿轮泵两类。

3.2.1 外啮合齿轮泵的工作原理

图 3-5 所示为外啮合齿轮泵的工作原理图。在泵的壳体内有一对外啮合齿轮,齿轮两

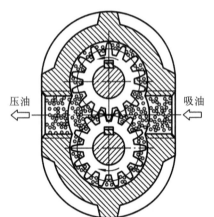

图 3-5 齿轮泵的工作原理图

侧有端盖罩住。壳体、端盖和齿轮的各个齿槽组成了许多密封工作腔。当齿轮按图 3-5 所示方向旋转时,右侧吸油腔由于相互啮合的轮齿逐渐脱开,密封工作腔容积逐渐增大,形成部分真空,油箱中的油液被吸进来,将齿槽充满,并随着齿轮旋转,把油液带到左侧压油腔去。在压油区一侧,由于轮齿在这里逐渐进入啮合阶段,密封工作腔容积不断减小,油液便被挤出去。吸油区和压油区是由相互啮合的轮齿及泵体分隔开的。

综合齿轮泵的结构,对齿轮泵的工作原理归纳如下。

(1) 由齿轮泵的前后盖、泵体和两个齿轮组成若干个密封工作腔。

(2) 当两齿轮脱离啮合时,齿间密封容积由小变大,形成局部真空,油箱中的油被吸入齿间,为吸油过程;当啮合时,齿间密封容积由大变小,齿间油液被挤出,为压油过程。

(3) 两轮齿的啮合线把吸、压油腔严格分开,起配油作用。

3.2.2 排量、流量计算和流量脉动

外啮合齿轮泵的排量的精确计算应依据啮合原理来进行,近似计算时可认为排量等于它的两个齿轮的齿间槽容积之总和。

设齿间槽的容积等于轮齿的体积,则当齿轮齿数为 z、节圆直径为 D、齿高为 h(应为扣除顶隙部分后的有效齿高)、模数为 m、齿宽为 b 时,泵的排量 V 为

$$V = \pi D h b = 2\pi z m^2 b V \tag{3-11}$$

考虑到齿间槽容积比轮齿的体积稍大些,所以通常取

$$V = 6.66 z m^2 b \tag{3-12}$$

齿轮泵的实际输出流量为

$$q = 6.66\pi z m^2 b n \eta_v \tag{3-13}$$

式中：n——液压泵的转速，单位为 r/min；

η_V——泵的容积效率。

式(3-13)所表示的流量是齿轮泵的平均流量。实际上，由于齿轮啮合过程中压油腔的容积变化率是不均匀的，因此齿轮泵的瞬时流量是脉动的。

3.2.3 CB-B 型齿轮泵存在的问题和结构特点

1. 困油现象

齿轮泵一般用的是渐开线齿轮，为了使齿轮泵能连续平稳工作，必须使齿轮啮合的重合系数 ε>1，以保证工作的任一瞬间至少有一对轮齿在啮合，于是总会出现两对轮齿同时啮合的情况。这时，就在两对啮合的轮齿之间产生一个和吸、压油腔均不相通的闭死容积，称之为困油区，使留在这两对轮齿之间的油液困在这个封闭的容积内。随着齿轮的转动，困油区的容积大小会发生变化，如图 3-6 所示。当容积缩小时，由图 3-6(a)所示的位置过渡到图 3-6(b)所示的位置，由于无法排油，困油区内的油液受到挤压，压力急剧升高；随着齿轮的继续转动，由图 3-6(b)所示的位置过渡到图 3-6(c)所示的位置，困油区容积又逐渐变大，由于无法补油，困油区形成局部真空状态。这种需要排油时无处可排，而需要被充油时又无法补充的现象就称为困油现象。

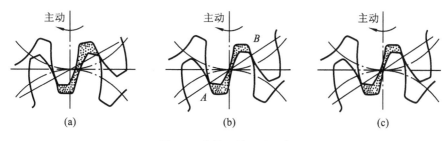

图 3-6 齿轮泵的困油现象

齿轮泵的困油现象对泵的工作有很大危害。由于油液的压缩性很小，而且困油区又是一个密封区域，所以被困油液受到挤压后，就会从零件配合表面的缝隙中被强行挤出，使齿轮和轴承受到很大的附加载荷，同时产生功率损失，还会使油温升高。当困油区容积变大时，困油区形成局部真空状态，油液中的气体被析出，以及油液会汽化产生气泡，进入液压系统，引起振动和噪声。此外，还使泵的流量减少，造成瞬时流量的波动性增加。

困油现象的本质原因是因为困油区是密封的、容积是变化的，若能设法使困油区的密封容积在变化其大小的过程中能与吸油腔或压油腔相通，便可消除困油现象。

消除困油的方法通常是在齿轮泵两侧盖板上开卸荷槽(见图 3-7 中的虚线)。当困油区容积变小时，使困油容积与通向排油腔的卸荷槽相通，将困油区中的油液排出；当困油容积变大时，则通过另一卸荷槽，使困油容积与吸油腔相通，实现补油。

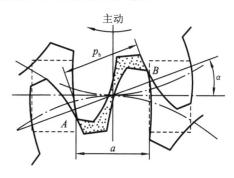

图 3-7 齿轮泵困油卸荷槽

一般齿轮泵的两个卸荷槽是非对称开设的,往往向吸油腔偏移,但无论怎样,两槽间的距离 a 必须保证在任何时候都不能使吸油腔和压油腔相互串通,对于分度圆压力角 $\alpha=20°$、模数为 m 的标准渐开线齿轮,$a=2.78m$,卸荷槽宽 $C>2.5m$,卸荷槽深 $h \geqslant 0.8m$(图中未标注)。

2. 泄漏

外啮合齿轮高压腔的压力油,可通过三条途径泄漏到低压腔。

(1) 通过齿轮两端面和侧盖板之间的轴向间隙泄漏。通过这种端面间隙的泄漏量最大,其泄漏量占总泄漏量的 70%~80%,压力越高,泄漏就越严重,这是目前影响齿轮泵压力提高的主要原因。

(2) 通过泵体内孔和齿顶圆间的径向间隙泄漏。其泄漏量占总泄漏量的 15%~20%。

(3) 通过齿轮啮合线处的间隙泄漏,这种泄漏量较小。

通过端面间隙的泄漏量,最大可占总泄漏量的 70%~80%。因此,普通齿轮泵的容积效率较低,输出压力也不容易提高。要提高齿轮泵的压力,首要的问题是要减小端面泄漏。一般采用齿轮端面间隙自动补偿的方法。图 3-8 所示为端面间隙的补偿原理示意图。利用特制的通道把泵内压油腔的压力油引到轴套外侧,产生液压作用力,使轴套压向齿轮端面。这个力必须大于齿轮端面作用在轴套内侧的作用力,才能保证在各种压力下,轴套始终自动贴紧齿轮端面,减小泵内通过端面的泄漏,达到提高压力的目的。

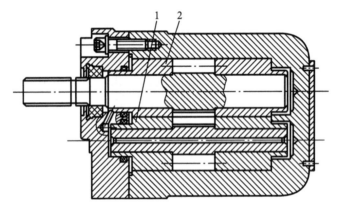

图 3-8 端面间隙的补偿原理示意图

3. 径向压力不平衡问题

齿轮泵传动轴上主要受两个力的作用,一个是由齿轮啮合产生的力,它决定传递力矩的大小,另一个是油液压力产生的总径向压力。后者要比前者大得多,对轴承受力起主要作用。如图 3-9(a)所示,泵的右侧为吸油腔,左侧为压油腔。从吸油腔到压油腔,压力沿齿轮旋转方向逐齿递增,因此齿轮和轴受到径向不平衡力的作用。工作压力越高,径向不平衡力也越大。其结果加速了轴承磨损,降低了轴承的寿命,甚至使轴变形,造成齿顶与泵体内壁的摩擦等。

为了解决径向压力不平衡的问题,CB-B 型齿轮泵采用缩小压油腔的办法,以缩小液压力对齿顶部分的作用面积来减小径向不平衡力,所以泵的吸油口径比压油口径大。

也有的齿轮泵采用如图 3-9(b)所示的结构,在泵体上开 A 腔和 B 腔,A 腔和高压腔相通,用来和高压腔形成压力平衡。B 腔与低压腔相通,它的作用是把经过 A 腔的齿间中的高压油卸压和把高压油泄漏过来的油卸压。如果没有B腔,齿轮的径向力不平衡力的问题仍是不能解决的。A、B两腔的位置是对称布置的,当液压泵反转时,A腔和B腔的作用恰好相反。开了径向压力平衡槽后,作用在齿轮泵上的径向力大大减小,但泄漏增大,容积效率会降低。

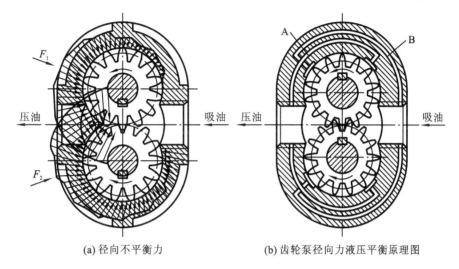

(a) 径向不平衡力　　　　(b) 齿轮泵径向力液压平衡原理图

图 3-9　齿轮泵的径向力

3.2.4　内啮合齿轮泵

内啮合齿轮泵有渐开线齿形和摆线齿形两种类型。图 3-10(a)所示为内啮合渐开线齿轮泵的工作原理图。相互啮合的小齿轮 1 和内齿轮 2 之间有一块月牙形隔离板 3。当齿轮转动时,在上半部分两齿轮之间形成变化的密封容积,该容积被月牙隔板 3 分割成互不相通的吸油腔和压油腔,下半部分的工作容积并不变化,只起过渡作用。

图 3-10(b)所示为内啮合摆线齿轮泵的工作原理图。在内啮合摆线齿轮泵中,外齿轮 1 和内啮合齿轮 2 只相差一个齿,中间没有月牙形隔板,内、外齿轮的轴心线有一偏心量,外齿轮为主动轮,内外齿轮与两侧配油板间形成密封容积,内、外齿轮的啮合线又将密封容积分为吸油腔和压油腔。当外齿轮按图 3-10(b)所示方向转动时,左侧密封容积逐渐变大,是吸油腔;右侧密封容积逐渐变小,是压油腔。

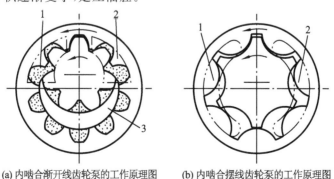

(a) 内啮合渐开线齿轮泵的工作原理图　　(b) 内啮合摆线齿轮泵的工作原理图

图 3-10　内啮合齿轮泵的工作原理图

3.3.5 齿轮泵的优缺点

外啮合齿轮泵的优点是结构简单、质量轻、尺寸小、制造容易、成本低、工作可靠、维护方便、自吸能力强、对油液污染不敏感、可广泛应用于压力要求不高的场合。它的缺点是内泄漏大、轴承承受不平衡力、磨损严重、压力脉动和噪声大。

内啮合齿轮泵的优点是结构紧凑、质量轻、尺寸小。由于内外齿轮转向相同，相对滑移速度小，因而磨损小，寿命长，流量脉动和噪声都比内啮合齿轮泵小。内啮合齿轮泵的缺点是齿形复杂，特别是摆线齿轮泵，因其加工精度要求高，所以造价高。

3.3 叶片泵

叶片泵分为单作用叶片泵和双作用叶片泵两种，前者用做变量泵，后者用做定量泵。

3.3.1 单作用叶片泵

1. 单作用叶片泵工作原理

单作用叶片泵的工作原理如图 3-11 所示。泵由转子 1、定子 2、叶片 3、泵体 4、配油盘 5 和端盖（图中未注）等部件所组成。定子的内表面是圆柱形孔。转子和定子之间存在着偏心。叶片在转子的槽内可灵活滑动，在转子转动时的离心力及通入叶片根部压力油的作用下，叶片顶部贴紧在定子内表面上，于是两相邻叶片、配油盘、定子和转子间便形成了一个个密封的工作腔。当转子按图示方向旋转时，图右侧的叶片向外伸出，密封工作腔容积逐渐增大，产生真空，于是通过吸油口和配油盘上窗口将油吸入。而在图的左侧，叶片往里缩进，密封腔的容积逐渐缩小，密封腔中的油液往配油盘另一窗口和压油口被压出而输到系统中去。这种泵在转子转一转的过程中，吸油和压油各一次，故称单作用泵；转子上受单方向的液压不平衡作用力作用，故又称非平衡式泵，其轴承负载较大。改变定子和转子间偏心的大小，便可改变泵的排量，故这种泵是变量泵。

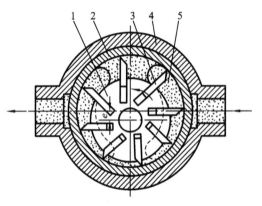

图 3-11 单作用叶片泵工作原理
1—转子；2—定子；3—叶片；4—泵体；5—配油盘

2. 流量计算

如图 3-12 所示，当单作用叶片泵的转子每转一周时，每两相邻叶片间的密封容积变化量为 $V_1 - V_2$，其近似计算为

$$V_1 = \pi\left[\left(\frac{D}{2}+e\right)^2 - \left(\frac{d}{2}\right)^2\right]\frac{\beta}{2\pi}b \tag{3-14}$$

$$V_2 = \pi\left[\left(\frac{D}{2}-e\right)^2 - \left(\frac{d}{2}\right)^2\right]\frac{\beta}{2\pi}b \quad (3\text{-}15)$$

$$\beta = \frac{2\pi}{Z} \quad (3\text{-}16)$$

由上面三式可得出泵的排量 V 计算式为

$$V = V_1 - V_2 = 2\pi beD \quad (3\text{-}17)$$

实际流量为

$$q = 2\pi beDn\eta_V \quad (3\text{-}18)$$

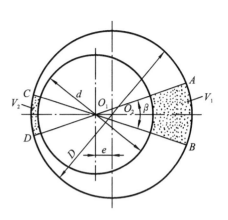

图 3-12 单作用叶片泵排量

式中：q——输出流量；

b——转子宽度；

e——偏心距；

D——定子直径；

n——转子的转速；

η_V——叶片泵的容积效率。

由式(3-18)可知,单作用叶片泵的流量与偏心距成正比,调节偏心距 e 便可调节其输出流量。由于定子和转子偏心安置,运转时其容积变化是不均匀的,因此有流量脉动。理论计算可以证明,叶片数为奇数时流量脉动较小,故单作用叶片泵的叶片数总取奇数,一般为 13 片或 15 片。

3. 结构特点

单作用叶片泵的结构特点如下。

(1) 定子和转子相互偏置可改变其偏心距来调节输出流量。

(2) 径向液压力不平衡。由于单作用叶片泵的这一特点,使泵的工作压力受到限制,所以这种泵不适于高压条件。

(3) 叶片后倾。叶片底部油槽在压油区是与压油腔相通、在吸油区与吸油腔相通的。为了使叶片能顺利地向外运动并始终紧贴定子,必须使叶片所受的惯性力与叶片的离心力等的合力方向尽量与转子中叶片槽的方向一致,为此转子中叶片槽应向后倾斜一定的角度(一般为 20°~30°)。

例 3-2 某单作用叶片泵转子外径 $d=80$ mm,定子内径 $D=85$ mm,叶片宽度 $b=28$ mm。调节变量时定子和转子之间的最小调整间隙为 $\delta=0.5$ mm。求：

(1) 该泵排量 $V=15$ mL/r 时的偏心距 e;

(2) 该泵最大可能的排量 V_{max}。

解 (1) 根据 $V=2\pi eDb$,故

$$e = \frac{V}{2\pi Db} = \frac{15 \times 10^{-6}}{2\pi \times 85 \times 28 \times 10^{-6}} \text{ m} = 1.00 \text{ mm}$$

(2) 叶片泵变量时最小调整间隙为 $\delta=0.5$ mm,所以定子与转子最大偏心距为

$$e_{max} = \frac{D-d}{2} - \delta = \left(\frac{85-80}{2} - 0.5\right) \text{ mm} = 2 \text{ mm}$$

该泵最大可能的排量 V_{max} 为

$$V_{max} = 2\pi e_{max}Db = 2\pi \times 2 \times 85 \times 28 \times 10^{-9} \text{ m}^3/\text{r} = 29.9 \text{ mL/r}$$

4. 变量叶片泵的典型结构——限压式变量叶片泵

图 3-13 所示为外反馈限压式变量叶片泵的结构图。图 3-14 为简化工作原理图。它是利用排油压力的反馈作用来实现流量自动调节的。转子的中心是固定的,定子可以左右移动,在限压弹簧 2 的作用下,定子被推向右侧,使定子中心和转子中心之间有一初始偏心距,它决定了泵的最大流量。设活塞的有效面积为 A,泵的压力为 p,则活塞对定子施向右侧的反馈力为 pA。当 $pA < F_0$(弹簧预压缩力)时,定子不动,仍保持最大的偏心距,泵的流量也保持最大值;当泵的压力升高到某一值 p_B 时,使 $p_B A = F_0$,p_B 称为泵的限定压力(p_B 可通过调节弹簧预紧力设定),这也是泵保持最大流量的最高压力;当泵的压力升高到 $pA > F_0$ 时,反馈力克服弹簧力把定子推向左侧,偏心距减小,泵的流量也随之减小。压力越高,偏心距越小,泵的流量也越小。当泵的压力达到某一值时,反馈力把弹簧压缩到最短,定子移动到最右端位置,偏心距减到最小,泵的实际输出流量为零,不管外负载再如何增大,泵的输出压力不再升高,故称之为外反馈限压式变量叶片泵。

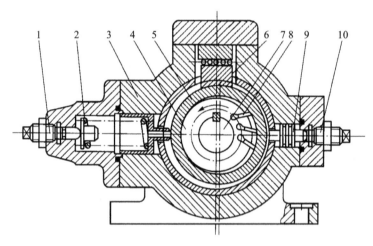

图 3-13 外反馈限压式变量叶片泵
1—预紧力调整螺钉;2—限压弹簧;3—泵体;4—转子;5—定子;
6—滑块;7—泵轴;8—叶片;9—反馈柱塞;10—最大偏心调整螺钉

图 3-15 所示为限压式变量叶片泵流量-压力特性曲线。该曲线表示了泵工作时流量和压力的变化关系。当泵的工作压力小于 p_B 时,其流量 q 按斜线 AB 变化,在该阶段变量泵相当于定量泵,图中 B 点为曲线的拐点,其对应的压力就是限定压力 p_B。它表示泵在原始偏心量时可达到的最大工作压力。当泵的工作压力 p 超过 p_B 时,偏心量减小,输出流量随压力的升高而急剧减少,流量按 BC 曲线变化,C 点所对应的压力 p_C 为最大压力。当更换不同刚度的弹簧时,可以改变 BC 曲线的斜率,弹簧的刚度越小(越软),BC 曲线越陡,p_C 值越小。反之,弹簧的刚度越大(越硬),BC 曲线越平缓,p_C 值越大。调节弹簧螺钉 5(见图 3-14)可以改变泵的最大流量,使特性曲线 AB 上下平移;调节限压弹簧 2 的预紧力可以改变限定压力 p_B 的大小,使特性曲线 BC 左右平移。

从以上讨论可以看出,限压式变量泵特别适用于工作机构有快、慢速进给要求的场合,例如组合机床的动力滑台等。当需要有快速进给运动时,需要流量最大,正好应用曲线 AB 段;当转为工作进给时,负载较大,速度要求不高,所需的流量也较小,正好应用曲线的 BC

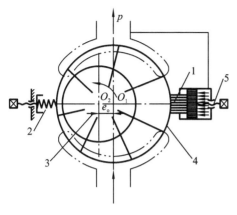

图 3-14 外反馈限压式变量叶片泵的工作原理
1—反馈液压缸;2—限压弹簧;
3—转子;4—定子;5—弹簧螺钉

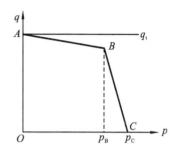

图 3-15 限压式变量叶片泵流量-
压力特性曲线

段。这样可以有效利用系统功率,降低功率损耗,减少系统发热。

3.3.2 双作用叶片泵

1. 工作原理

图 3-16 所示为双作用叶片泵的工作原理图。其工作原理与单作用叶片泵相似,不同之处在于双作用叶片泵的定子内表面类似椭圆,由两大半径 R 圆弧、两小半径 r 圆弧和四段过渡曲线组成,且定子和转子同心。配油盘上开两个吸油窗口和两个压油窗口。当转子按图示方向转动时,叶片由小半径 r 处向大半径 R 处移动时,两叶片间容积增大,通过吸油窗口吸油;当叶片由大半径 R 处向小半径 r 处移动时,两叶片间容积减小,油液压力升高,通过压油窗口压油。转子每转一周,每一叶片往复运动两次,故这种泵称为双作用叶片泵。双作用叶片泵的排量不可调,是定量泵。

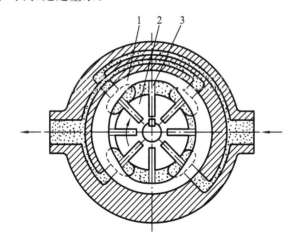

图 3-16 双作用叶片泵的工作原理图
1—定子;2—转子;3—叶片

2. 排量和流量的计算

由泵的工作原理可知,叶片泵每转一周,两叶片组成的工作腔由最小到最大变化两次。因此,叶片泵每转一周,两叶片间的油液排出量为大圆弧段 R 处的容积与小圆弧段 r 处的容积的差值的两倍。当不计叶片本身的体积时,通过计算可得双作用叶片泵的排量为

$$V = 2\pi(R^2 - r^2)b \tag{3-19}$$

泵的流量为

$$q = 2\pi(R^2 - r^2)bn\eta_V \tag{3-20}$$

式中:R——定子的长半径;

r——定子的短半径;

其余符号意义同前。

双作用叶片泵的流量不能调节,是定量泵。如果不考虑叶片厚度的影响,其瞬时流量应该是均匀的。但实际上,叶片具有一定的厚度,长半径圆弧和短半径圆弧也不可能完全同心,泵的瞬时流量仍将出现微小的脉动,但其脉动率较其他形式的泵要小得多,只要合理选择定子的过渡曲线及与其相适应的叶片数(为 4 的倍数,通常为 12 片或 16 片),理论上可以做到瞬时流量无脉动。

3. 结构特点

1)定子曲线

定子内表面的曲线由四段圆弧和四段过渡曲线所组成。理想的过渡曲线不仅应使叶片在槽中滑动时的径向速度和加速度变化均匀,而且应使叶片转到过渡曲线和圆弧交接点处的加速度突变不大,以减小冲击和噪声。目前,双作用叶片泵一般都使用综合性能较好的"等加速-等减速"曲线作为过渡曲线。

2)径向作用力平衡

由于双作用叶片泵的吸、压油口对称分布,所以转子和轴承上所承受的径向作用力是平衡的。

3)叶片倾角

目前大多数双作用叶片泵的转子叶片槽沿转子的旋转方向向前倾斜一个角度 θ(θ 一般取 13°),采取这一措施的初衷是为了减小叶片与定子曲线法线之间的夹角,从而减少定子过渡曲线内表面和叶片顶部接触反力的垂直分力,以减少叶片与叶片槽侧壁之间的摩擦力,保证叶片的自由滑动。后来实践表明,叶片倾角并非完全必要,因此为简化加工工艺,有的转子叶片槽采用了径向布置。

3.3.3 双联叶片泵

1. 双级叶片泵

双级叶片泵是由两个普通压力的单级双作用叶片泵装在一个泵体内,在油路上串联而组成,目的是可以得到更高的压力。如图 3-17 所示,在双级叶片泵中,两个单级的叶片泵的转子装在同一根传动轴上,随传动轴一起转动,第一级泵吸油管直接从油箱中吸油,输出的油液送到第二级泵的吸油口,第二级泵的输出油液经油管送到工作系统中。设第一级泵的输出压力为 p_1,第二级泵的输出压力为 p_2,该泵工作时应使 $p_1 = 0.5 p_2$。为了使在泵体内的两个泵的载荷平衡,在两个泵的中间装有载荷平衡阀1,其面积比是 1:2。工作时,当第一级泵的流量大于第二级泵时,油压 p_1 就会增加,推动平衡阀左移,第一级泵输出的多余的油液就会流回吸油

口,从而油压 p_1 就会降低;同理,当第二级泵的流量大于第一级泵时,会使平衡阀右移,第二级泵输出的多余的油液流回第二级泵的吸油口,从而保证两个泵的载荷达到平衡。

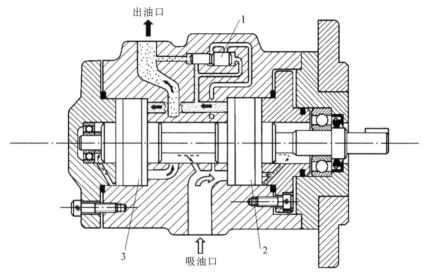

图 3-17 双级叶片泵
1—载荷平衡阀(活塞面积比 1∶2);2、3—叶片泵内部组件

2. 双联叶片泵

双联叶片泵是两个独立的双作用叶片泵并联装在一个泵体内,两泵共用一个吸油口,各自有自己的输出油口。两泵的流量可以相同也可以不同,一般常用于机床上需要不同的流量的场合。图 3-18 所示为采用复合泵的双泵供油系统,很多厂家将这种泵和控制阀做成一体,称为复合泵。复合泵具有结构紧凑、回路简单等特点。

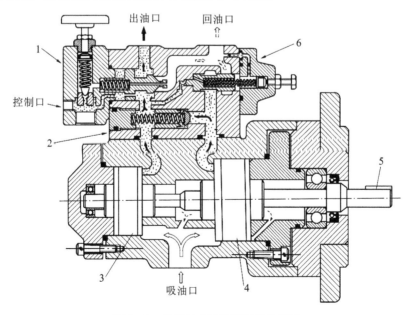

图 3-18 采用复合泵的双泵供油系统
1—溢流阀;2—单向阀;3—小流量泵组件;4—大流量泵组件;5—轴;6—卸荷阀

该复合泵的组成,下部分小流量泵组件 3 为高压小流量泵,大流量泵组件 4 为低压泵,左上部有溢流阀 1 控制系统最高压力,右上部 6 为卸荷阀,中间还有防止油液逆流的单向阀 2。其工作过程如下:液压泵启动后,当系统压力小于卸荷阀 6 的弹簧调整压力时,卸荷阀关闭,小流量泵和大流量泵同时向系统供油,流量大,系统快速工作;当系统压力升高,达到卸荷阀 6 的弹簧调整压力时,卸荷阀 6 的阀口打开,大流量泵的油液经卸荷阀 6 流回油口,实现卸荷,此时由小流量泵供油,实现慢速工作进给。

3.4 柱塞泵

柱塞泵是依靠柱塞在其缸体内往复运动时密封工作腔的容积变化来实现吸油和压油的。由于柱塞与缸体内孔均为圆柱表面,容易得到高精度的配合,所以这类泵的特点是泄漏小、容积效率高、可以在高压下工作。

柱塞泵按柱塞排列方向不同,可分为径向柱塞泵和轴向柱塞泵两大类。轴向柱塞泵又分为斜盘式和斜轴式两类。

3.4.1 径向柱塞泵

1. 结构和工作原理

图 3-19 所示为径向柱塞泵的工作原理图。柱塞 5 均匀地排列安装在转子 4 的径向孔中,并随同转子 4 旋转,衬套 3 和转子 4 紧密配合,并套装在配油轴 1 上,配油轴固定不动,每个柱塞底部形成密封工作容积。转子在电动机带动下连同柱塞一起旋转,柱塞靠离心力(或在低压油作用下)紧压在定子 2 的内表面上。由于转子和定子间有一偏心距 e,所以当转子按图示箭头方向旋转时,柱塞在上半周内向外伸出,柱塞底部的密封工作容积逐渐增大,产生局部真空,通过配油轴上的孔 a 和半槽 b 吸油,如图 3-19(b)所示。当柱塞旋转到下半周时,各柱塞底部的密封工作容积逐渐减小,通过半槽 c 和孔 d 排油。转子每旋转一周,每个柱塞各吸、压油一次。

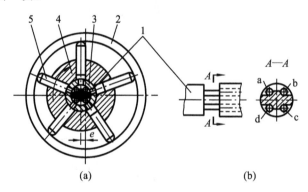

图 3-19 径向柱塞泵的工作原理图

1—配油轴;2—定子;3—衬套;4—转子;5—柱塞

综上所述,径向柱塞泵的工作原理可归纳如下。

(1) 由转子 4、柱塞 5、衬套 3 和配油轴 1 在各柱塞底部形成若干个密封工作容积。

(2) 由于转子 4 与定子 2 之间存在偏心距 e,当转子旋转时,柱塞向外伸,密封工作容积由小变大,形成局部真空,为吸油过程;当柱塞往里缩,容积由大到小,为压油过程。

(3) 配油轴把吸、压油腔严格分开,起配油装置作用。

(4) 若改变定子和转子的偏心距 e,就可改变排量;若把正偏心距改变成负偏心距,可改变液流方向,变单向变量泵为双向变量泵。

2. 径向柱塞泵的排量和流量

泵的排量为

$$V = \frac{\pi d^2}{4} \cdot 2e \cdot z = \frac{\pi d^2}{2} ez \tag{3-21}$$

泵的实际输出流量为

$$q = \frac{\pi d^2}{2} ezn\eta_V \tag{3-22}$$

式中:d——柱塞直径;
  e——偏心距;
  z——柱塞数;
  n——转子的转速;
  η_V——容积效率。

由于径向柱塞泵中的柱塞在缸体中移动速度是变化的,因此泵的输出流量是有脉动的,当柱塞较多且为奇数时,流量脉动也较小。

3. 径向柱塞泵的优缺点

径向柱塞泵的优点是工作压力较高、流量大、轴向尺寸小,缺点是径向尺寸大、结构复杂;配油轴受到很大径向力的作用,易于磨损;自吸能力差。

3.4.2 轴向柱塞泵

1. 工作原理

图 3-20 为斜盘式轴向柱塞泵的工作原理图,它主要由传动轴 1、斜盘 2、柱塞 3、缸体 4 和配油盘 5、弹簧 6 等组成。柱塞 3 的轴线与缸体 4 的轴线平行,并均匀地分布在缸体的圆周上。斜盘与传动轴有一夹角 θ。柱塞在弹簧或液压力的作用下保持头部和斜盘紧密接触。当缸体旋转时,由于斜盘、弹簧或液压力的作用,使柱塞在缸体内做往复运动,通过配油

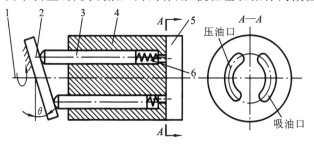

图 3-20 斜盘式轴向柱塞泵的工作原理图
1—传动轴;2—斜盘;3—柱塞;4—缸体;5—配油盘;6—弹簧

盘上的腰形配油口进行吸油和压油。缸体按图示方向旋转时,当转向前半周时,柱塞向外伸,其底部密封工作容积增大,形成局部真空,通过配油盘的右腰形孔进行吸油;当转向后半周时,柱塞被斜盘逐渐压入缸体,柱塞底部密封工作容积减小,通过配油盘左腰形孔压油。

综上所述,轴向柱塞泵的工作原理可归纳如下。

(1) 由柱塞 3、缸体 4 和配油盘 5 组成若干个密封工作容积。

(2) 由于斜盘相对传动轴有一个倾角,所以当缸体旋转时,柱塞向外伸。密封工作容积由小变大,形成局部真空,为吸油过程;柱塞向里缩,密封工作容积由大变小,为压油过程。

(3) 配油盘把吸、压油腔严格区分开,起配油装置作用。

(4) 若改变斜盘倾角,就可改变排量;若把倾角方向改变,即可改变液流方向,变单向变量泵为双向变量泵。

2. 轴向柱塞泵的排量和流量计算

泵的排量为

$$V = z\frac{\pi d^2}{4}D\tan\theta \tag{3-23}$$

泵的流量为

$$q = z\frac{\pi d^2}{4}D\tan\theta n\eta_V \tag{3-24}$$

式中:z——柱塞数;

d——柱塞直径;

D——柱塞孔的分布圆直径;

θ——斜盘倾角;

n——泵的转速;

η_V——容积效率。

实际上,柱塞泵的输油量是脉动的,具有不同柱塞数目,其输出流量的脉动是不同的,一般情况下,柱塞数较多并为奇数时,脉动率较小。故柱塞泵的柱塞数一般都为奇数,从结构和工艺上考虑,常取 $z=7$ 或 $z=9$。

3. 轴向柱塞泵的结构特点

1) 结构

图 3-21 所示为 SCY14-1 手动变量斜盘式轴向柱塞泵的结构图。该泵由主体部分(图中中间及右半部)和变量部分(图中左半部)组成。中间泵体 1 和前泵体 5 组成主体部分。在主体部分中,泵轴 6 通过花键带动缸体 3 转动,使均匀分布在缸体上的柱塞 7 绕泵轴轴线旋转,由于每个柱塞 7 的头部都装有滑履 9,滑履和柱塞是球铰连接可以任意转动。弹簧 2 以缸体 3 为支撑通过内套和钢球推压在回程盘 10 上,回程盘 10 的孔套在滑履 9 上,通过滑履上的台肩使滑履紧贴斜盘 11 的表面,从而使柱塞左移完成回程吸油动作。柱塞压油过程是由斜盘斜面通过滑履推动柱塞右移完成的,圆柱滚子轴承 8 用来承受缸体的径向力。缸体的轴向力由缸体右面的配油盘 4 承受。配油盘 4 上开有吸油、压油窗口,分别与前泵体 5 上的吸、压油口相通。随着泵轴的转动,液压泵就连续地吸油和压油。

2) 变量机构

如图 3-21 左半部分所示,变量时转动手轮 15,螺杆 14 随之转动,带动变量活塞 13 上下

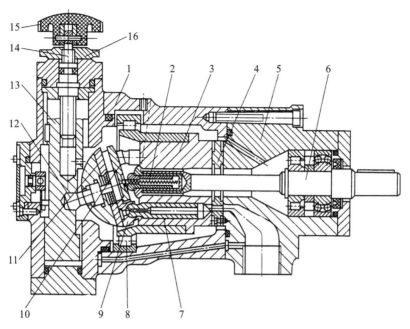

图 3-21　SCY14-1 手动变量斜盘式轴向柱塞泵的结构图

1—中间泵体；2—弹簧；3—缸体；4—配油盘；5—前泵体；6—泵轴；7—柱塞；
8—圆柱滚子轴承；9—滑履；10—回程盘；11—斜盘；12—销轴；13—变量活塞；
14—螺杆；15—手轮；16—锁紧螺母

移动,变量活塞 13 通过销轴 12 带动斜盘 11,使斜盘 11 转动,从而改变斜盘倾角 γ。γ 的变化范围一般为 $0°\sim20°$。这种手动变量机构的特点是结构简单,但手动操纵力较大,通常只能在停机或泵压力较低的情况下才能实现变量。除此结构以外,变量方式还有压力补偿变量(恒功率变量)、恒流量变量、手动伺服变量、电液比例变量等多种变量形式。

4. 轴向柱塞泵的优缺点

轴向柱塞泵的优点是工作压力高、流量范围大,因而功率大,且结构紧凑、质量轻、容易实现变量。其缺点是结构复杂、材料及加工精度要求高、加工量大、价格昂贵。

3.5　液压泵性能比较和选用

在设计液压系统时,应根据所要求的工作情况合理选择液压泵。表 3-1 列出液压系统常用液压泵的性能。

当液压泵的输出流量和工作压力确定后,就可以选择泵的具体结构形式了。把已确定的 p 和 q 值,与要选择的液压泵铭牌上的额定压力和额定流量进行比较,使铭牌上的数值小于或稍大于 p 和 q 的值即可(注意不要大得太多)。一般情况下,额定压力为 2.5 MPa 时,选用齿轮泵;额定压力为 6.3 MPa 时,应选用叶片泵;若工作压力更高时,就选择柱塞泵;在负载较大,并有快速和慢速工作行程时,可选用限压式变量叶片泵或双联叶片泵;应用于机床辅助装置,如送料和夹紧等不重要的场合,可选用价格低廉的齿轮泵;采用节流调速选用定量泵;如果是大功率场合,为容积调速或容积节流调速时,均要选用变量泵;中、低压系统采用叶片变量泵;中、高压系统采用柱塞变量泵;在特殊精密的场合,如镜面磨床等,要求供油脉动很小,可采用螺杆泵。

表 3-1 常用的液压泵性能比较

性　　能	外啮合齿轮泵	双作用叶片泵	限压式变量叶片泵	径向柱塞泵	轴向柱塞泵	螺杆泵
输出压力	低压	中压	中压	高压	高压	低压
流量调节	不能	不能	能	能	能	能
效率	低	较高	较高	高	高	较高
输出流量脉动	很大	很小	一般	一般	一般	最小
自吸特性	好	较差	较差	差	差	好
对油污染的敏感性	不敏感	较敏感	较敏感	很敏感	很敏感	不敏感
噪声	大	小	较大	大	大	最小

习 题 3

3-1 什么是容积式液压泵?容积式液压泵必须满足什么条件?

3-2 已知液压泵的额定压力和额定流量,若不计管道内压力损失,试说明图 3-22 所示各种工况下液压泵出口处的工作压力值。

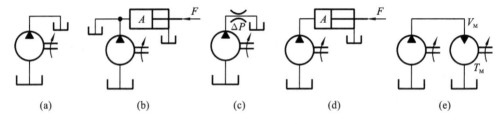

图 3-22 题 3-2 图

3-3 图 3-23 所示液压系统,液压缸活塞的面积 $A_1=A_2=A_3=20\times10^{-4}$ m^2,所受的负载 $F_1=4\,000$ N,$F_2=6\,000$ N,$F_3=8\,000$ N,液压泵的流量 $q=10$ L/min,试分析:

(1) 三个缸是怎样动作的?

(2) 液压泵的工作压力有何变化?

(3) 各液压缸的运动速度。

3-4 液压泵的额定流量为 100 L/min,额定压力为 2.5 MPa,当转速为 1 450 r/min 时,机械效率为 0.9。由实验测得,当泵出口压力为零时,流量为 106 L/min;压力为 2.5 MPa 时,流量为 100.7 L/min,试求:

(1) 泵的容积效率。

(2) 如泵的转速下降到 500 r/min,在额定压力下工作时,计算泵的流量为多少?

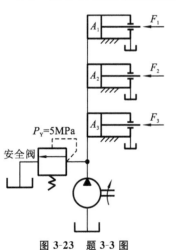

图 3-23 题 3-3 图

(3) 上述两种转速下泵的驱动功率。

3-5 液压泵的输出压力为 5 MPa,排量为 10 mL/r,机械效率为 0.95,容积效率为 0.9,当转速为 1 200 r/min 时,泵的输出功率和驱动泵的电动机功率等于多少?

3-6 设液压泵转速为 950 r/min,排量为 168 mL/r,在额定压力 29.5 MPa 和同样转速下,测得的实际流量为 150 L/min,额定工况下的总效率为 0.87,试求:

(1) 泵的理论流量。

(2) 泵的容积效率。

(3) 泵的机械效率。

(4) 泵在额定工况下,所需的电动机驱动功率。

(5) 驱动泵的转矩。

3-7 已知齿轮泵齿轮模数 $m=3$,$z=15$,齿宽 $b=25$ mm,转速 $n=1\,450$ r/min,额定压力下输出流量 $q=25$ L/min,求容积效率。

3-8 某组合机床动力滑台采用双联叶片泵 YB-40/6,如图 3-24 所示,快速进给时两泵同时供油。工作压力为 1 MPa,工作进给时大流量泵卸荷,卸荷压力为 0.3 MPa(注:大流量泵输出的油通过左方的卸荷阀 3 流回油箱),由小流量泵供油,压力为 4.5 MPa。若泵的总效率为 0.8,试求该双联泵所需的电动机功率为多少?

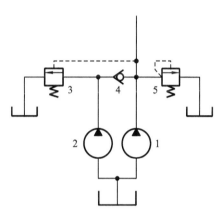

图 3-24 题 3-8 图

3-9 双作用叶片液压泵两叶片之间夹角为 $\dfrac{2\pi}{z}$,配油盘上封油区夹角为 ε,定子内表面曲线圆弧段的夹角为 β(见图 3-25),它们之间应满足怎样的关系?为什么?

3-10 分析如图 3-26 所示的外反馈限压式变量叶片泵 q-p 特性曲线,并叙述改变 AB 段上下位置、BC 段的斜率和拐点 B 的位置的调节方法。

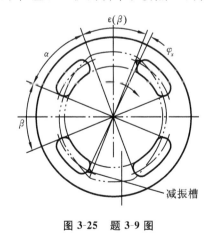

图 3-25 题 3-9 图 图 3-26 题 3-10 图

3-11 什么是齿轮泵的困油现象?应如何解决?其他泵是否存在困油现象?

3-12 有一轴向柱塞泵,其柱塞直径为 16 mm,柱塞数为 9 个,柱塞在缸体上的分布圆直径为 68 mm,斜盘倾角为 22°,泵的输出压力为 10 MPa,转速为 1 000 r/min,容积效率为 0.9,机械效率为 0.9。试求:

(1) 泵的理论流量。

(2) 泵的实际流量。

(3) 泵所需的驱动力。

第4章 液压执行元件

　　液压执行元件包括液压缸和液压马达,其功能是将液体的压力能转变为机械能输出,驱动工作机构做功。两者的不同在于液压马达是实现连续的旋转运动,输出扭矩和转速;液压缸是实现往复直线运动(或往复摆动),输出力和速度(或扭矩和角速度)。本章主要介绍各类液压马达和液压缸的性能参数、结构特点和在系统中的应用等。通过本章的学习,要求学生掌握液压马达和液压缸的性能参数、结构特点;了解液压缸的设计过程。

4.1 液压马达

4.1.1 液压马达的工作原理及分类

　　液压马达和液压泵在结构原理上基本相同,也是靠工作腔密封容积的变化而工作的。以转速、转矩的范围分类,可分为高速液压马达和低速大扭矩液压马达。一般认为,额定转速在 500 r/min 以上的为高速液压马达,额定转速在 500 r/min 以下的为低速大扭矩液压马达。高速液压马达有齿轮马达、叶片马达、轴向柱塞马达、螺杆马达等。低速大扭矩液压马达有曲柄连杆马达、静力平衡马达和多作用内曲线马达等。

　　与液压泵类似,液压马达按排量能否改变可分为定量马达和变量马达。液压马达一般多为双向旋转,也可以用做单向旋转。马达和泵在工作原理上是互逆的,当向泵输入压力油时,其轴输出转速和转矩就成为马达。但由于两者的任务和要求有所不同,故在实际结构上只有少数泵能作为马达使用。

4.1.2 液压马达的性能参数

1. 工作压力和额定压力

　　马达入口油液的实际压力称为马达的工作压力,其大小取决于马达的负载。马达入口压力和出口压力的差值称为马达的压差。在马达出口直接接油箱的情况下,为便于定性分析问题,通常近似地认为马达的工作压力等于工作压力差。

　　马达在正常工作条件下,按试验标准规定连续正常运转的最高压力称为马达的额定压力。

2．流量和排量

马达入口处的流量称为马达的实际流量 q_M。马达密封腔容积变化所需要的流量称为马达的理论流量 q_{Mt}。实际流量和理论流量之差即为马达的泄漏量 Δq_{Ml}，则 $\Delta q_{Ml} = q_M - q_{Mt}$。

马达的排量 V_M 是指在没有泄漏的情况下，马达轴每转一周，由其密封容腔几何尺寸变化所计算得到的排出液体体积。

3．容积效率和转速

液压马达的理论流量 q_{Mt} 与实际流量 q_M 之比为马达的容积效率 η_{MV}，即

$$\eta_{MV} = \frac{q_{Mt}}{q_M} = 1 - \frac{q_{Ml}}{q_M} \tag{4-1}$$

马达的输出转速 n 等于理论流量 q_{Mt} 与排量 V_M 的比值，即

$$n = \frac{q_{Mt}}{V_M} = \frac{q_M}{V_M}\eta_{MV} \tag{4-2}$$

4．转矩和机械效率

马达的输出转矩称为实际输出转矩 T_M，由于马达中存在机械摩擦，使马达的实际输出转矩 T_M 小于理论转矩 T_{Mt}，若液压马达的转矩损失为 T_{Mf}，则 $T_{Mf} = T_{Mt} - T_M$。

马达的实际输出转矩 T_M 与理论转矩 T_{Mt} 之比称为马达的机械效率 η_{Mm}，即

$$\eta_{Mm} = \frac{T_M}{T_{Mt}} = 1 - \frac{T_{Mf}}{T_{Mt}} \tag{4-3}$$

设马达的进、出口压力差为 Δp，排量为 V_M，则马达的理论输出转矩与泵有相同的表达形式，即

$$T_{Mt} = \frac{\Delta p V_M}{2\pi} \tag{4-4}$$

马达的实际输出转矩为

$$T_M = \frac{\Delta p V_M}{2\pi}\eta_{Mm} \tag{4-5}$$

5．功率和总效率

马达的输入功率 P_{Mi} 为

$$P_{Mi} = \Delta p q_M \tag{4-6}$$

马达的输出功率 P_{Mo} 为

$$P_{Mo} = 2\pi n T_M \tag{4-7}$$

马达的总效率等于马达的输出功率 P_{Mo} 与输入功率 P_{Mi} 之比，即

$$\eta_M = \frac{P_{Mo}}{P_{Mi}} = \frac{2\pi n T_M}{\Delta p q_M} = \eta_{Mv}\eta_{Mm} \tag{4-8}$$

由式(4-8)可见，液压马达的总效率在形式上等同于液压泵的总效率，都等于机械效率与容积效率的乘积。图 4-1 所示为液压马达的特性曲线。

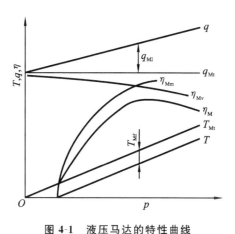

图 4-1 液压马达的特性曲线

4.1.3 高速液压马达

1. 叶片液压马达

图 4-2 所示为双作用式叶片液压马达工作原理图。处于工作区段(即圆弧区段)的叶片 1 和叶片 3 都作用有液压推力,但因叶片 3 的承压面积及其合力中心的半径都比叶片 1 大,故产生驱动转矩(其方向如图中箭头所示),同时叶片 7 和 5 也产生相同的驱动转矩。处于高压窗口上的叶片 2 和 6,其两侧作用的液压力相同,对它无转矩作用,但通往叶片底部的压力油会产生一定的压紧力,在过渡区段此力的理论反力在定子曲线的法线方向,其分力会对转子体有一转矩作用,而且低压区叶片与高压区叶片的转矩方向相反。考虑到高压区叶片顶部也作用有高压油(其合力比底部略小),压力基本平衡,故高压由压紧力产生的转矩可以忽略。而低压区的这一转矩不能忽略,其方向与工作叶片 3 的转矩方向相反,马达在此转矩差的驱动下克服摩擦及轴上的负载转矩而转动。

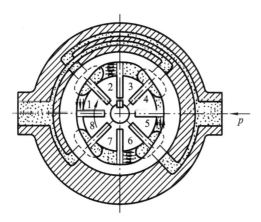

图 4-2 双作用式叶片液压马达的工作原理图

叶片液压马达的排量公式与双作用叶片泵排量公式相同,但公式中叶片槽相对于径向的倾斜角 $\theta=0°$。

为了适应马达正、反转的要求,叶片液压马达的叶片为径向放置,为了使叶片底部始终通入高压油,在高、低油腔通入叶片底部的通路上装有梭阀。为了保证叶片液压马达在压力油通入后能正常启动,在叶片底部设置了预紧弹簧——燕式弹簧。

叶片液压马达结构紧凑、转动惯量小、反应灵敏、能适应较高频率的换向,但泄漏较大,低速时不够稳定。它适用于转动惯量小、转速高、机械性能要求不严格的场合。

2. 轴向柱塞马达

轴向柱塞马达的工作原理如图 4-3 所示。当压力油输入液压马达时,处于压力腔的柱塞 2 被顶出,压在斜盘 1 上。设斜盘 1 作用在柱塞 2 上的反力为 F_N,F_N 可分解为轴向分力 F_a 和垂直于轴向的分力 F_r。其中,轴向分力 F_a 和作用在柱塞后端的液压力相平衡,垂直于轴向的分力 F_r 使缸体 3 产生转矩。当液压马达的进、出油口互换时,马达将反向转动,当改变马达斜盘倾角时,马达的排量会随之改变,从而可以调节输出转速或转矩。

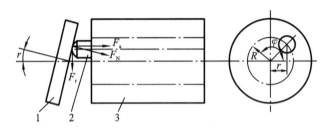

图 4-3 轴向柱塞马达的工作原理
1—斜盘;2—柱塞;3—缸体

从图 4-4 可以看出,当压力油输入液压马达后,所产生的轴向分力 F_a 为

$$F_a = \frac{\pi}{4} d^2 p \tag{4-9}$$

使缸体 3 产生转矩的垂直分力 F_r 为

$$F_r = F_a \tan\gamma = \frac{\pi}{4} d^2 p \tan\gamma \tag{4-10}$$

单个柱塞产生的瞬时转矩 T_i 为

$$T_i = F_\gamma R \sin \varphi_i = \frac{\pi}{4} d^2 pR \tan\gamma \sin \varphi_i \tag{4-11}$$

液压马达总的输出转矩 T 为

$$T = \sum_{i=1}^{N} T_i = \frac{\pi}{4} d^2 pR \tan\gamma \sum_{i=1}^{N} \sin \varphi_i \tag{4-12}$$

式中:R——柱塞在缸体的分布圆半径;
   d——柱塞直径;
   φ_i——柱塞的方位角;
   N——压力腔半圆内的柱塞数。

可以看出,液压马达总的输出转矩等于处在马达压力腔半圆内各柱塞瞬时转矩的总和。由于柱塞的瞬时方位角呈周期性变化,液压马达总的输出转矩也呈周期性变化,所以液压马达输出的转矩是脉动的,通常只计算马达的平均转矩。

轴向柱塞马达与轴向柱塞泵在原理上是互逆的。但也有一部分轴向柱塞泵为防止柱塞腔在高、低压转换时产生压力冲击而采用非对称配油盘,以及为提高泵的吸油能力而使泵的吸油口尺寸大于排油口尺寸。这些结构形式的泵就不适合做液压马达使用。因为液压马达的转向经常要求正、反转旋转,内部结构要求对称。

轴向柱塞马达的排量公式与轴向柱塞泵的排量公式完全相同。

4.1.4 低速大扭矩液压马达

低速大扭矩液压马达通常是径向柱塞式,其特点是排量大、体积大、低速稳定性好(一般可在 10 r/min 以下平稳运转),因此可以直接与工作机构连接,不需要减速装置,使传动结构大为简化。低速大扭矩液压马达输出扭矩大,可达几万牛顿米。由于上述特点,低速大扭矩液压马达广泛用于起重、运输、建筑、矿山和船舶等机械上。

低速大扭矩液压马达按其每转作用次数,可分为单作用式和多作用式。若马达每旋转一周,柱塞作一次往复运动,称为单作用式;若马达每旋转一周,柱塞作多次往复运动,称为多作用式。低速大扭矩液压马达的基本形式有三种:曲柄连杆型马达、静力平衡马达和多作用内曲线马达。

1. 曲柄连杆型马达

曲柄连杆型马达应用较早,典型代表为英国斯达发(staffa)液压马达。我国的同类型号为 JMZ 型,其额定压力为 16 MPa,最高压力为 21 MPa,理论排量最大可达 6.140 L/min。

图 4-4 所示为曲柄连杆型径向柱塞马达的工作原理。该马达由壳体、活塞、连杆、曲轴、配油轴等组成,壳体 1 内沿圆周呈放射状均匀布置了五只缸体,形成星形壳体;缸体内装有活塞 2,活塞 2 与连杆 3 通过球铰连接,连杆大端做成鞍形圆柱瓦面紧贴在曲轴 4 的偏心圆上,其圆心为 O_1,它与曲轴旋转中心 O 的偏心矩 $OO_1 = e$,液压马达的配油轴 5 与曲轴 4 通过十字键连接在一起,随曲轴一起转动,马达的压力油经过配油轴通道,由配油轴分配到对应的活塞油缸。在图中,油缸的①、②、③腔通压力油,活塞受到压力油的作用;其余的活塞油缸则与排油窗口接通;根据曲柄连杆机构运动原理,受油压作用的柱塞就通过连杆对偏心圆中心 O_1 作用一个力 F,推动曲轴绕旋转中心 O 转动,对外输出转速和扭矩。如果进、排油口对换,液压马达也就反向旋转。随着驱动轴、配油轴的转动,配流状态交替变化。在曲

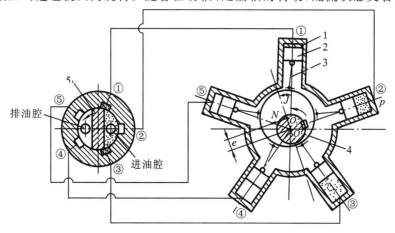

图 4-4 曲柄连杆型径向柱塞马达的工作原理

1—壳体;2—活塞;3—连杆;4—曲轴;5—配油轴

轴旋转过程中,位于高压侧的油缸容积逐渐增大,而位于低压侧的油缸的容积逐渐缩小,因此,在工作时高压油不断进入液压马达,然后由低压腔排出。

总之,由于配油轴过渡密封间隔的方位和曲轴的偏心方向一致,并且同时旋转,所以配油轴颈的进油窗口始终对着偏心线 OO_1 的一边的两只或三只油缸,吸油窗对着偏心线 OO_1 另一边的其余油缸,总的输出扭矩是所有柱塞对曲轴中心所产生扭矩的叠加,该扭矩使得旋转运动得以持续下去。

以上讨论的是壳体固定轴旋转的情况。如果将轴固定,进、排油口直接通到配油轴中,就能达到外壳旋转的目的,构成了所谓的车轮马达。

2. 静力平衡马达

静力平衡马达也称无连杆马达,是从曲柄连杆型液压马达改进、发展而来的,它的主要特点是取消了连杆,并且在主要摩擦副之间实现了油压静力平衡,所以改善了工作性能。此种马达的典型代表为英国罗斯通(ruston)马达,国内也有不少此类的产品,并已经在船舶机械、挖掘机及石油钻探机械上使用。

静力平衡马达的工作原理如图 4-5 所示,液压马达的偏心轴与曲轴的形式相类似,既是输出轴,又是配油轴,五星轮 3 套在偏心轴的凸轮上,在它的五个平面中各嵌装一个压力环 4,压力环的上平面与空心柱塞 2 的底面接触,柱塞中间装有弹簧以防止液压马达启动或空载运转时柱塞底面与压力环脱开,高压油经配油轴中心孔道通到曲轴的偏心配流部分,然后流经五星轮中的径向孔、压力环、柱塞底部的贯通孔而进入油缸的工作腔内,在图 4-6 所示位置时,配油轴上方的三个油缸通高压油,下方的两个油缸通低压油。

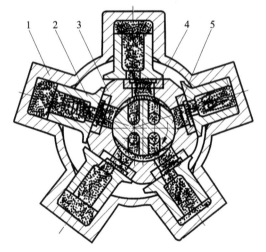

图 4-5 静力平衡马达的工作原理
1—壳体;2—空心柱塞;
3—五星轮;4—压力环;5—配油轴

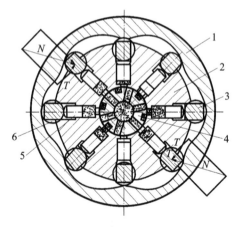

图 4-6 多作用内曲线液压马达结构原理
1—定子(凸轮环);2—转子;3—横梁;
4—配油轴;5—柱塞;6—滚轮

在这种结构中,五星轮取代了曲柄连杆型液压马达中的连杆,压力油经过配油轴和五星轮再流到空心柱塞中去。液压马达的柱塞与压力环、五星轮与曲轴之间可以大致达到静压平衡,在工作过程中,这些零件又要起密封和传力作用。由于是通过油压直接作用于偏心轴而产生输出扭矩,因此,称之为静力平衡马达。实际上,只有当五星轮上液压力达到完全平衡,使得五星轮处于"悬浮"状态时,液压马达的扭矩才是完全由液压力直接产生的;否则,五星轮与配油轴之间仍然有机械接触的作用力及相应的摩擦力矩存在。

3. 多作用内曲线马达

多作用内曲线液压马达的结构形式很多,就使用方式而言,有轴转、壳转与直接装在车轮的轮毂中的车轮式液压马达等形式。而从内部的结构来看,根据不同的传力方式、柱塞部件的结构可有多种形式,但液压马达的主要工作过程是相同的。现以图 4-6 为例来说明其基本工作原理。

液压马达由定子 1(凸轮环)、转子 2、配油轴 4 与柱塞 5 等主要部件组成,定子 1 的内壁由若干段均布的、形状完全相同的曲面组成,每一相同形状的曲面又可分为对称的两边,其中允许柱塞副向外伸的一边称为进油工作段,与它对称的另一边称为排油工作段,每个柱塞在液压马达每转中往复的次数就等于定子曲面数 x,我们将 x 称为该液压马达的作用次数;在转子的径向有 z 个均匀分布的柱塞缸孔,每个缸孔的底部都有一配油窗口,并与它的中心配油轴 4 相配合的配油孔相通。配油轴 4 中间有进油和回油的孔道,它的配油窗口的位置与导轨曲面的进油工作段和回油工作段的位置相对应,所以在配油轴圆周上有 $2x$ 个均布配油窗口。柱塞 5 沿转子 2 上的柱塞缸孔作往复运动,作用在柱塞上的液压力经滚轮传递到定子的曲面上。

来自液压泵的高压油首先进入配油轴,经配油轴窗口进入处于工作段的各柱塞缸孔中,使相应的柱塞组的滚轮顶在定子曲面上。在接触处,定子曲面给柱塞组作用一反力 N,这一个反力 N 作用在定子曲面与滚轮接触处的公法面上。此法向反力 N 可分解为径向力 F_R 和圆周力 F_a,F_R 与柱塞底面的液压力及柱塞组的离心力等相平衡,而 F_a 所产生的驱动力矩则克服负载力矩使转子 2 旋转。柱塞所作的运动为复合运动,即随转子 2 旋转的同时并在转子的柱塞缸孔内作往复运动,定子和配油轴是不转的。而对应于定子曲面回油区段的柱塞作相反方向运动,通过配油轴回油,当柱塞 5 经定子曲面工作段过渡到回油段的瞬间,供油和回油通道被闭死。

若将液压马达的进、出油方向对调,液压马达将反转;若将驱动轴固定,则定子、配油轴和壳体将旋转,通常称之为壳转工况,此时,马达将变为车轮马达。

多作用内曲线马达的排量为

$$V = \frac{\pi d^2}{4} s x y z \tag{4-13}$$

式中,d、s——柱塞直径及行程;

x——作用次数;

y——柱塞排数;

z——每排柱塞数。

多作用内曲线马达在柱塞数 z 与作用次数 x 之间存在一个大于 1 小于 z 的最大公约数 m 时,通过合理设计导轨曲面,可使径向力平衡,理论输出转矩均匀无脉动。同时马达的启动转矩大,并能在低速下稳定地运转,故普遍应用于工程、建筑、起重运输、煤矿、船舶、农业等机械中。

4.1.5 各类马达的性能比较及其选用

选择液压马达时,应根据液压系统所确定的压力、排量、设备结构尺寸、使用要求、工作环境等合理选定马达的具体类型和规格。

若工作机构速度高、负载小,宜选用齿轮马达或叶片马达;速度平稳性要求高时,选用双作用叶片马达;当负载较大时,则宜选用轴向柱塞马达。若工作机构速度低、负载大,则有两种选用方案:一种是用高速小扭矩马达,配合减速装置来驱动工作机构;另一种是选用低速大扭矩马达,直接驱动工作机构,到底选用哪种方案,要经过技术、经济比较才能确定。常用液压马达的性能比较如表 4-1 所示,供选用时参考。

表 4-1 常用液压马达性能比较

类 型	压力	排量	转速	扭矩	性能及适用工况
齿轮马达	中低	小	高	小	结构简单,价格低,抗污染性好,效率低,用于负载扭矩不大,速度平稳性要求不高,噪声限制不大及环境粉尘较大的场合
叶片马达	中	小	高	小	结构简单,噪声和流量脉动小,适于负载扭矩不大,速度平稳性和噪声要求较高的条件
轴向柱塞马达	高	小	高	较大	结构复杂,价格高,抗污染性差,效率高,可变量,用于高速运转,负载较大,速度平稳性要求较高的场合
曲柄连杆式径向柱塞马达	高	大	低	大	结构复杂,价格高,低速稳定性和启动性能较差,适用于负载扭矩大,速度低(5~10 r/min),对运动平稳性要求不高的场合
静力平衡马达	高	大	低	大	结构复杂,价格高,尺寸比曲柄连杆式径向柱塞马达小,适用于负载扭矩大,速度低(5~10 r/min),对运动平稳性要求不高的场合
内曲线径向柱塞马达	高	大	低	大	结构复杂,价格高,径向尺寸较大,低速稳定性和启动性能好,适用于负载扭矩大,速度低(0~40 r/min),对运动平稳性要求高的场合,用于直接驱动工作机构

4.2 液压缸

液压缸是液压传动系统的执行元件,它是将油液的压力能转换成机械能、实现往复直线运动或摆动的能量转换装置。液压缸结构简单、制造容易,用来实现直线往复运动尤其方便,应用范围广泛。

4.2.1 液压缸分类及计算

液压缸的种类很多,可以按工作压力、使用领域、工作特点、结构形式和作用等不同的归类方法进行分类,表 4-2 是按液压缸结构形式和作用分类的名称、符号和说明。

表 4-2 液压缸分类名称、符号和说明

分 类	名 称	符 号	说 明
单作用液压缸	单活塞杆液压缸		活塞仅单向液压驱动,返回行程是利用自重或负载将活塞推回
	双活塞杆液压缸		活塞的两侧都装有活塞杆,但只向活塞一侧供给压力油,返回行程通常利用弹簧力、重力或外力
	柱塞式液压缸		柱塞仅单向液压驱动,返回行程通常是利用自重或负载将柱塞推回
	伸缩液压缸		柱塞为多段套筒形式,它以短缸获得长行程,用压力油从大到小逐节推出,靠外力由小到大逐节缩回
双作用液压缸	单活塞杆液压缸		单边有活塞杆,双向液压驱动,双向推力和速度不等
	双活塞杆液压缸		双边有活塞杆,双向液压驱动,可实现等速往复运动
	伸缩液压缸		套筒活塞可双向液压驱动,伸出由大到小逐节推出,由小到大逐节缩回
组合液压缸	弹簧复位液压缸		单向液压驱动,由弹簧力复位
	增压缸(增压器)		由大小两油缸串联而成,由低压大缸 A 驱动,使小缸 B 获得高压油源
	齿条传动液压缸		活塞的往复运动经装在一起的齿条驱动齿轮获得往复回转运动
摆动液压缸			输出轴直接输出扭矩,往复回转角度小于 $360°$

液压缸可以看做是直线马达(或摆动马达),其单位位移排量即为液压缸的有效面积 A。当液压缸的回油压力为零且不计损失时,输出速度 v 等于输入流量 q 除以面积 A,输出推力 F 等于输入压力 p 乘以面积 A,即输入液压功率 pq 等于输出机械功率 Fv。

1. 双杆活塞式液压缸

图 4-7 所示为双杆活塞式液压缸的工作原理图,活塞两侧都有活塞杆伸出。当两活塞

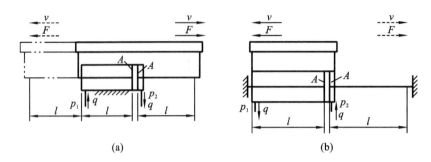

图 4-7 双杆活塞式液压缸的原理图

杆直径相同,供油压力和流量不变时,双杆活塞式液压缸在两个方向上的运动速度和推力都相等,即

$$v = \frac{q}{A} = \frac{4q\eta_v}{\pi(D^2-d^2)} \tag{4-14}$$

$$F = (p_1-p_2)A\eta_m = \frac{\pi}{4}(D^2-d^2)(p_1-p_2)\eta_m \tag{4-15}$$

式中：v——液压缸的运动速度；

F——液压缸的推力；

η_v、η_m——液压缸的容积效率和机械效率；

q——液压缸的流量；

p_1、p_2——液压缸进油压力和回油压力；

D、d——缸筒直径和活塞杆直径；

A——液压缸的有效工作面积。

这种液压缸常用于要求往返运动速度相同的场合。

图 4-7(a)所示为缸体固定式结构,当液压缸的左腔进油时,将推动活塞向右移动,右腔活塞杆向外伸出,左腔活塞杆向内缩进,液压缸右腔油液回油箱;反之,当液压缸的右腔进油时,活塞将作反向运动。图 4-7(b)所示为活塞杆固定式结构,当液压缸的左腔进油时,将推动缸体向左移动,右腔回油;反之,当液压缸的右腔进油时,缸体则向右运动。这类液压缸常用于中、小型设备中。

2. 单杆活塞式液压缸

图 4-8 所示为双作用单杆活塞式液压缸,活塞杆只从液压缸的一端伸出,液压缸的活塞在两腔的有效作用面积不相等,当向液压缸两腔分别供油,且压力和流量都不变时,活塞在两个力的方向上的运动速度和推力都不相等,即运动具有不对称性。

如图 4-8(a)所示,当无杆腔进油时,活塞的运动速度 v_1 和推力 F_1 分别为

$$v_1 = \frac{q}{A_1}\eta_v = \frac{4q\eta_v}{\pi D^2} \tag{4-16}$$

$$F_1 = (p_1A_1-p_2A_2)\eta_m = \frac{\pi}{4}[D^2p_1-(D^2-d^2)p_2]\eta_m \tag{4-17}$$

如图 4-8(b)所示,当有杆腔进油时,活塞的运动速度 v_2 和推力 F_2 分别为

$$v_2 = \frac{q}{A_2}\eta_v = \frac{4q\eta_v}{\pi(D^2-d^2)} \tag{4-18}$$

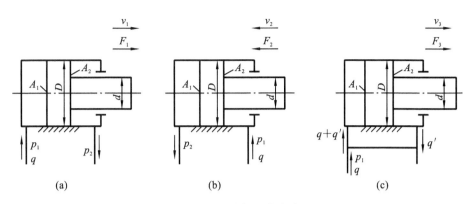

图 4-8 双作用单杆活塞式液压缸

$$F_2 = (p_2 A_2 - p_1 A_1)\eta_m = \frac{\pi}{4}[(D^2 - d^2)p_1 - D^2 p_2]\eta_m \tag{4-19}$$

比较上述各式,可以看出:$v_2 > v_1$,$F_1 > F_2$;液压缸往复运动时的速度比为

$$\lambda = \frac{v_2}{v_1} = \frac{1}{1-\left(\dfrac{d}{D}\right)^2} \tag{4-20}$$

式(4-21)表明,活塞杆直径越小,速度比越接近1,液压缸在两个方向上的速度差就越小。

如图 4-8(c)所示,液压缸差动连接时,活塞的运动速度 v_3 和推力 F_3 分别为

$$v_3 = \frac{q}{A_1 - A_2}\eta_v = \frac{4q\eta_v}{\pi d^2} \tag{4-21}$$

$$F_3 = p_1(A_1 - A_2)\eta_m = \frac{\pi}{4}d^2 p_1 \eta_m \tag{4-22}$$

当单杆活塞缸两腔同时通入压力油时,由于无杆腔有效作用面积大于有杆腔的有效作用面积,使得活塞向右的作用力大于向左的作用力,因此,活塞向右运动,活塞杆向外伸出;与此同时,又将有杆腔的油液挤出,使其流进无杆腔,从而加快了活塞杆的伸出速度,单活塞杆液压缸的这种连接方式被称为差动连接。差动连接时,液压缸的有效作用面积是活塞杆的横截面积,工作台运动速度比无杆腔进油时的速度大,而输出力则减小。差动连接是在不增加液压泵容量和功率的条件下,实现快速运动的有效办法。

3. 柱塞式液压缸

前面所讨论的活塞式液压缸的应用非常广泛,但这种液压缸由于缸孔加工精度要求很高,当行程较长时,加工难度大,使得制造成本增加。在生产实际中,某些场合所用的液压缸并不要求双向控制,柱塞式液压缸正是满足了这种使用要求的一种价格低廉的液压缸。

如图 4-9(a)所示,柱塞缸由缸筒、柱塞、导套、密封圈和压盖等零件组成,柱塞和缸筒内壁不接触,因此缸筒内孔不需精加工,工艺性好,成本低。柱塞式液压缸是单作用的,它的回程需要借助自重或弹簧等其他外力来完成,如果要获得双向运动,可将两柱塞液压缸成对使用[见图 4-9(b)]。柱塞缸的柱塞端面是受压面,其面积大小决定了柱塞缸的输出速度和推力,为保证柱塞缸有足够的推力和稳定性,一般柱塞较粗,质量较大,水平安装时易产生单边磨损,故柱塞缸适宜于垂直安装使用。为减轻柱塞的质量,有时制成空心柱塞。柱塞缸结构简单、制造方便,常用于工作行程较长的场合,如大型拉床、矿用液压支架等。

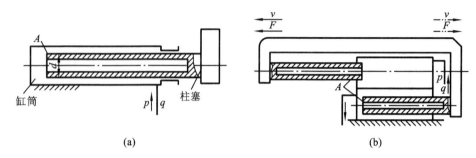

图 4-9 柱塞式液压缸

柱塞缸产生的运动速度和推力为

$$v_3 = \frac{q}{A}\eta_v = \frac{4q\eta_v}{\pi d^2} \quad (4\text{-}23)$$

$$F_3 = pA\eta_m = \frac{\pi}{4}d^2 p\eta_m \quad (4\text{-}24)$$

4. 伸缩式液压缸

伸缩式液压缸又称为多级液压缸,当安装空间受到限制而行程要求很长时可以采用这种液压缸,如某些汽车起重机液压系统中的吊臂缸。

图 4-10 所示为双作用伸缩液压缸结构图。当通入压力油时,活塞有效面积最大的缸筒以最低油压力开始伸出,当行至终点时,活塞有效面积次之的缸筒开始伸出。外伸缸筒有效面积越小,工作油液压力越高,伸出速度越快。各级压力和速度可按活塞式液压缸有关公式来计算。

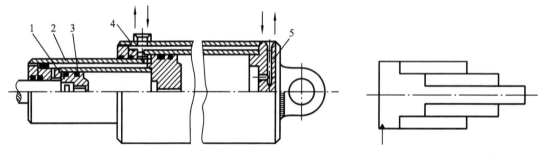

图 4-10 双作用伸缩液压缸的结构图　　　图 4-11 单作用伸缩液压缸

除双作用伸缩液压缸外,还有一种柱塞式单作用伸缩液压缸,如图 4-11 所示。当油口接通压力油时,柱塞由面积大的至面积小的逐次伸出;当油口接回油箱时,柱塞在外负载或自重的作用下,由小到大逐个缩回。在此结构中,负载与最小面积的柱塞直接相连。

综上所述,伸缩式液压缸有如下一些特点。

(1) 伸缩缸工作的行程可以相当长,不工作时整个缸的长度可以缩得较短。

(2) 伸缩缸逐个伸出时,有效工作面积逐次减小。因此,当输入流量相同时,外伸速度逐次增大;当负载恒定时,液压缸的工作压力逐次提高。

(3) 单作用伸缩缸的外伸依靠油压,内缩依靠自重或负载作用。因此,伸缩式液压缸多用于缸倾斜或垂直放置的场合。

5. 齿条活塞液压缸

齿条活塞液压缸也称为无杆液压缸,其工作原理图如图 4-12 所示。压力油进入液压缸后,推动具有齿条的双作用活塞缸作直线运动,齿条带动齿轮旋转,从而带动进刀机构动作、回转工作台转位、装载机的铲斗回转等。

传动轴输出转矩 T_M 及输出角速度 ω 分别为

$$T_M = \frac{\pi}{8}\Delta p D^2 D_i \eta_m \tag{4-25}$$

$$\omega = \frac{8q\eta_v}{\pi D^2 D_i} \tag{4-26}$$

式中:Δp——液压缸左右两腔压力差;
　　q——进入液压缸的流量;
　　D——活塞直径;
　　D_i——齿轮分度圆直径。

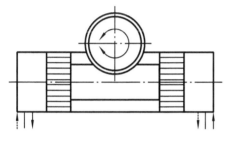

图 4-12 齿条活塞液压缸工作原理图

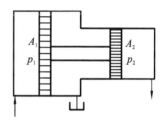

图 4-13 增压缸

6. 增压缸

增压缸也称为增压器,它能将输入的低压油转变成高压油供液压系统中的高压支路使用,增压缸如图 4-13 所示。它由有效面积为 A_1 的大液压缸和有效面积为 A_2 的小液压缸在机械上串联而成。当大液压缸输入压力为 p_1 的液压油时,小液压缸输出压力为 p_2,则有

$$p_2 = \frac{A_1}{A_2}p_1\eta_m = Kp_1\eta_m \tag{4-27}$$

式中,$K=A_1/A_2$,称为增压比,它表示增压缸的增压能力。可以看出,增压能力是在降低有效流量的基础上得到的。

7. 摆动液压缸

摆动液压缸又称为摆动液压马达,是一种输出轴能直接输出扭矩、往复回转角度小于 360°的回转式液压缸。其一般为叶片式,由于叶片与隔板有一定的厚度,因此实际能实现的最大回转角度约为 270°。

图 4-14 所示为单叶片摆动液压缸,它主要由定子块 1、缸体 2、摆动轴 3、叶片 4、左右支承盘和左右盖板等主要零件组成。两个工作腔之间的密封靠叶片和隔板外缘所嵌的框形密封件来保证,定子块固定在缸体上,叶片和摆动轴固定连接在一起,当两油口相继通压力油时,叶片即带动摆动轴作往复摆动,当考虑到机械效率时,单叶片缸的摆动轴输出转矩为

$$T = \frac{zb(D^2-d^2)\Delta p\eta_m}{4} \tag{4-28}$$

$$\omega = \frac{8q\eta_v}{zb(D^2-d^2)} \tag{4-29}$$

式中:D——缸体内孔直径;

d——摆动轴直径;

b——叶片宽度;

Δp——进出口压力差。

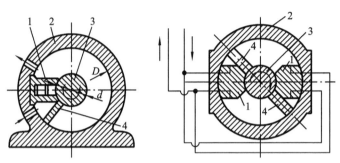

图 4-14 单叶片摆动液压缸

1—定子块;2—缸体;3—摆动轴;4—叶片

4.2.2 液压缸的结构

通常液压缸由后端盖、缸筒、活塞杆、活塞组件、前端盖等主要部分组成。为防止油液向液压缸外泄或由高压腔向低压腔泄漏,在缸筒与端盖、活塞与活塞杆、活塞与缸筒、活塞杆与前端盖之间均设置有密封装置,在前端盖外侧,还装有防尘装置;为防止活塞快速退回到行程终端时撞击后缸盖,液压缸端部还设置有缓冲装置,有时还需设置排气装置。

图 4-15 所示为双作用单活塞杆液压缸的结构图,它由缸底 2、缸筒 11、活塞 8、活塞杆 12、导向套 13 和端盖 15 等组成。此缸结构上的特点是活塞和活塞杆之间用卡环连接,因而拆装方便;活塞上的支承环由聚四氟乙烯等耐磨材料制成,摩擦力较小;导向套可使活塞杆在轴向运动中不致歪斜,从而保护了密封件;缸的两端均有缝隙式缓冲装置,可减少活塞在运动到端部时的冲击和噪声。此类缸的工作压力为 12~15 MPa。

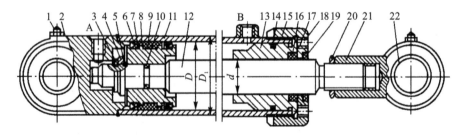

图 4-15 双作用单活塞杆液压缸的结构图

1—螺钉;2—缸底;3—弹簧卡圈;4—挡环;5—卡环;6—密封圈;7—挡圈;8—活塞;9—支承环;
10—活塞与活塞杆之间的密封圈;11—缸筒;12—活塞杆;13—导向套;14—导向套和缸筒之间的密封圈;
15—端盖;16—导向套和活塞杆之间的密封圈;17—挡圈;18—紧定螺钉;19—防尘圈;
20—锁紧螺母;21—耳环;22—耳环衬套圈

1. 缸筒和缸盖

缸筒是液压缸的主体,其内孔一般采用镗削、绞孔、滚压或珩磨等精密加工工艺制造,要求表面粗糙度在 $0.1 \sim 0.4~\mu m$,使活塞及其密封件、支承件能顺利滑动,从而保证密封效果,减少磨损;缸筒要承受很大的液压力,因此,应具有足够的强度和刚度。

端盖装在缸筒两端,与缸筒形成封闭油腔,同样承受很大的液压力,因此,端盖及其连接件都应有足够的强度。设计时既要考虑强度,又要选择工艺性较好的结构形式。

导向套对活塞杆或柱塞起导向和支承作用,有些液压缸不设导向套,直接用端盖孔导向,这种结构简单,但磨损后必须更换端盖。

缸筒、端盖和导向套的材料选择和技术要求可参考《液压工程手册》。

常见的缸体组件连接形式如图 4-16 所示。

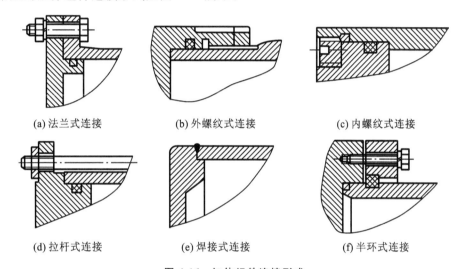

图 4-16 缸体组件连接形式

1)法兰式连接

该连接的特点是结构简单、加工方便、连接可靠,但是要求缸筒端部有足够的壁厚,用以安装螺栓或旋入螺钉。缸筒端部一般用铸造、镦粗或焊接方式制成粗大的外径。它是常用的一种连接形式。

2)螺纹式连接

螺纹式连接有外螺纹连接和内螺纹连接两种,其特点是体积小、质量轻、结构紧凑,但缸筒端部结构较复杂。这种连接形式一般用于要求外形尺寸小、质量轻的场合。

3)拉杆式连接

该连接的特点是结构简单、工艺性好、通用性强,但端盖的体积和质量较大,拉杆受力后会拉伸变长,影响密封效果。这种连接形式只适用于长度不大的中、低压液压缸。

4)焊接式连接

该连接的特点是强度高、制造简单,但焊接时易引起缸筒变形。

5)半环式连接

半环式连接分为外半环连接和内半环连接两种连接形式。半环式连接的特点是工艺性好、连接可靠、结构紧凑,但削弱了缸筒强度。半环式连接应用十分普遍,常用于无缝钢管缸筒与端盖的连接中。

2. 活塞和活塞杆

如图 4-17 所示,活塞与活塞杆的连接最常用的有螺纹连接和半环式连接形式,除此之外还有整体式结构、焊接式结构、锥销式结构等。

螺纹式连接如图 4-17(a)所示,此种连接的特点是结构简单、装拆方便,但一般需备有螺母防松装置;半环式连接如图 4-17(b)所示,此种连接的特点是连接强度高,但结构复杂、装拆不便,半环式连接多用于高压和振动较大的场合;整体式连接和焊接式连接的特点是结构简单、轴向尺寸紧凑,但损坏后需整体更换,对活塞与活塞杆比值较小、行程较短或尺寸不大的液压缸,其活塞与活塞杆可采用整体式或焊接式连接;锥销式连接的特点是加工容易、装配简单,但承载能力小,且需要有必要的防止脱落措施,在轻载情况下可采用锥销式连接。

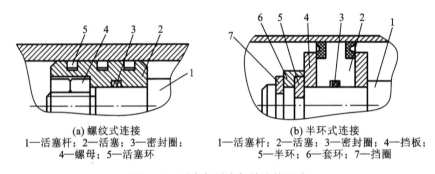

(a) 螺纹式连接
1—活塞杆;2—活塞;3—密封圈;
4—螺母;5—活塞环

(b) 半环式连接
1—活塞杆;2—活塞;3—密封圈;4—挡板;
5—半环;6—套环;7—挡圈

图 4-17 活塞与活塞杆的连接形式

3. 密封装置

液压缸的密封装置主要用来防止液压油的泄漏,良好的密封是液压缸传递动力、正常动作的保证,根据两个需要密封的配合面间有无相对运动,可把密封分为动密封和静密封两大类。设计或选用密封装置的基本要求是具有良好的密封性能,并随压力的增加能自动提高密封性能,除此以外,密封装置还要求摩擦阻力小、耐油、抗腐蚀、耐磨、使用寿命长、制造简单、拆装方便等。常见的密封方法有以下几种。

1) 间隙密封

间隙密封依靠相对运动零件配合面间的微小间隙来防止泄漏,由环形缝隙轴向流动理论可知,泄漏量与间隙的三次方成正比,因此可用减小间隙的办法来减少泄漏。一般间隙为 0.01～0.05 mm,这就要求配合面有很高的加工精度。

间隙密封的特点是结构简单、摩擦力小、耐用,但对零件的加工精度要求较高,且难以完全消除泄漏。故间隙密封只适用于低压、小直径的快速液压缸。

2) 活塞环密封

活塞环密封依靠装在活塞环形槽内的弹性金属环紧贴缸筒内壁实现密封,如图 4-18 所示。它的密封效果较间隙密封好,适用的压力和温度范围很宽,能自动补偿磨损和温度变化的影响,能在高速条件下工作,摩擦力小,工作可靠,寿命长,但不能完全密封。活塞环的加工复杂,缸筒内表面加工精度要求高,一般用于高压、高速和高温的场合。

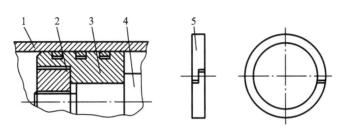

图 4-18 活塞环密封
1—缸筒；2—螺母；3—活塞；4—活塞杆；5—活塞环

3）密封圈密封

密封圈密封是液压系统中应用最广泛的一种密封形式，密封圈有 O 形、V 形、Y 形及组合式等数种，其材料为耐油橡胶、尼龙、聚氨酯等。

4. 缓冲装置

当液压缸所驱动负载的质量较大、速度较高时，一般应在液压缸中设缓冲装置，必要时还需在液压传动系统中设缓冲回路，以免在行程终端发生过大的机械碰撞，导致液压缸损坏。缓冲的原理是当活塞或缸筒接近行程终端时，在排油腔内增大回油阻力，从而降低缸的运动速度，避免活塞与缸盖相撞。液压缸中常用的缓冲装置如图 4-19 所示。

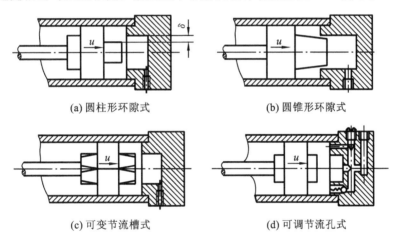

(a) 圆柱形环隙式　　(b) 圆锥形环隙式

(c) 可变节流槽式　　(d) 可调节流孔式

图 4-19 液压缸中常用的缓冲装置

图 4-19(a)所示为圆柱形环隙式缓冲装置，当缓冲柱塞进入缸盖上的内孔时，缸盖和缓冲活塞间形成缓冲油腔，被封闭油液只能从环形间隙 δ 排出，产生缓冲压力，从而实现减速缓冲的目的。这种缓冲装置在缓冲过程中，由于其节流面积不变，故缓冲开始时，产生的缓冲制动力很大，但很快就降低了。因此，其缓冲效果较差，但这种装置结构简单，便于设计和降低制造成本，所以在一般系列化的成品液压缸中多采用这种缓冲装置。

图 4-19(b)所示为圆锥形环隙式缓冲装置，由于缓冲柱塞为圆锥形，所以缓冲环形间隙 δ 随位移量的变化而改变，即节流面积随缓冲行程的增大而缩小，使机械能的吸收较均匀，其缓冲效果较好。

图 4-19(c)所示为可变节流槽式缓冲装置，在缓冲柱塞上开有由浅入深的三角节流槽，节流面积随着缓冲行程的增大而逐渐减小，缓冲压力变化平缓。

图 4-19(d)所示可调节流孔式缓冲装置,在缓冲过程中,缓冲腔油液经节流孔排出,调节节流孔的大小,可控制缓冲腔内缓冲压力的大小,以适应液压缸不同的负载和速度工况对缓冲的要求,同时当活塞反向运动时,高压油从单向阀进入液压缸内,活塞也不会因推力不足而产生启动缓慢或困难等现象。

5. 排气装置

由于液压油中混入空气,以及液压缸在安装过程中或长时间停止使用时渗入空气,液压缸在运行过程中,会因气体压缩性使执行部件出现低速爬行、噪声等不正常现象,严重时会使系统不能正常工作。所以,液压缸必须考虑空气的排除问题。

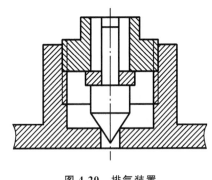

图 4-20 排气装置

排气装置如图 4-20 所示。对于要求不高的液压缸,往往不设计专门的排气装置,而是将油口布置在缸筒两端的最高处,这样也能使空气随油液排往油箱,再从油箱溢出,对于速度稳定性要求较高的液压缸和大型液压缸,常在液压缸的最高处设置专门的排气装置,如排气塞、排气阀等。当松开排气塞或排气阀的锁紧螺钉后,低压往复运动几次,带有气泡的油液就会排出,空气排完后拧紧螺钉,液压缸便可恢复正常工作。

4.2.3 液压缸的设计和计算

一般来说,液压缸是标准件,但有时也需要自行设计。本节以双作用单活塞杆液压缸为例,介绍有关设计计算内容。

1. 液压缸基本参数确定

1) 工作负载 F_R 与液压缸推力 F

液压缸的工作负载 F_R,是指工作机构在满负荷情况下,以一定速度启动时对液压缸产生的总阻力。即

$$F = F_L + F_f + F_g \tag{4-30}$$

式中:F_L——工作机构的负载、自重等对液压缸产生的作用力;

F_f——工作机构在满负荷下启动时的静摩擦力;

F_g——工作机构满负荷启动时的惯性力。

液压缸的推力 F 应等于或略大于它的工作负载总阻力。

2) 运动速度 v

液压缸的运动速度与其输入流量和活塞、活塞杆的面积有关。如果工作机构对液压缸的运动速度有一定要求,应根据所需的运动速度和缸径来选择液压泵;在速度没有要求时,可根据已选定的泵流量和缸径来确定运动速度。

3) 缸筒内径 D

缸筒内径即活塞杆外径,它是液压缸的主要参数,可根据以下原则来确定。

(1) 按推力 F 计算缸筒内径 D。

在液压系统给定的工作压力 p 后(设回油背压为零),应满足下列关系式

$$F = pA\eta_m \tag{4-31}$$

式中：A——液压缸的有效工作面积。对于无活塞杆腔，$A=\pi D^2/4$；对于有活塞杆腔，$A=\pi(D^2-d^2)/4$。

对于无活塞杆腔，当要求推力为 F_1 时

$$D_1 = \sqrt{\frac{4F_1}{\pi p\eta_m}} \tag{4-32}$$

对于有活塞杆腔，当要求推力为 F_2 时

$$D_2 = \sqrt{\frac{4F_2\varphi}{\pi p\eta_m}} \tag{4-33}$$

式中：p——液压缸的工作压力，由液压系统设计时给定（设回油背压为零）；

φ——往复速度比，$\varphi=\dfrac{D^2}{D^2-d^2}$，由液压系统设计时给定；

η_m——液压缸机械效率，一般取 $\eta_m=0.95$。

计算所得的液压缸内径 D 应取式(4-31)和式(4-32)计算值较大的一个，然后圆整为标准系列，参见《液压工程手册》。圆整后，液压缸的工作压力应作相应的调整。

(2) 按运动速度计算缸筒内径 D。

当液压缸运动速度 v 有要求时，可根据液压缸的流量 q 计算。对于无活塞杆腔，当运动速度为 v_1，进入液压缸的流量为 q_1 时

$$D_1 = \sqrt{\frac{4q_1\eta_v}{\pi v_1}} \tag{4-34}$$

对于无活塞杆腔，当运动速度为 v_2，进入液压缸的流量为 q_2 时

$$D_2 = \sqrt{\frac{4q_2\varphi\eta_v}{\pi v_2}} \tag{4-35}$$

当液压缸有密封件密封时，泄漏很小，可取容积效率 $\eta_v=1$。

同理，缸筒内径 D 应按 D_1、D_2 中较小的一个圆整为标准值。

(3) 推力 F 与运动速度 v 同时给定时，缸筒内径 D 的计算。

如果系统中液压泵的类型和规格已确定，则液压缸的工作压力和流量已知，此时可根据推力计算内径，然后校核其工作速度。当计算速度与要求相差较大时，建议重新选择不同规格的液压泵。液压缸的工作压力 p 应不超过液压泵的额定压力与系统总压力损失之差。

当然，在设计液压缸时还有一个系统综合效益问题，这一点对多缸工作系统尤为重要。

4) 活塞杆直径 d

确定活塞杆直径 d，通常要满足液压缸速度或往复速度比，然后再校核其结构强度和稳定性。若往复速度比为 φ，则

$$d = D\sqrt{\frac{\varphi-1}{\varphi}} \tag{4-36}$$

推荐液压缸速度比如表 4-3 所示。

表 4-3 液压缸往复速度比推荐值

液压缸工作压力 p/MPa	≤10	10~20	>20
往复速度比 φ	1.33	1.46~2	2

同理，活塞杆直径 d 也应圆整为标准值。

5) 最小导向长度 H 的确定

当活塞杆全部外伸时，从活塞支承面中点到导向套滑动面中点的距离称为最小导向长度 H（见图 4-21）。如果导向长度太小，将使液压缸的初始挠度增大，影响液压缸的稳定性，因此设计时必须保证有一定的最小长度。

对于一般的液压缸，最小导向长度 H 应满足以下要求

$$H \geqslant \frac{L}{20} + \frac{D}{2} \tag{4-37}$$

式中：L——液压缸最大行程；

D——液压缸内径。

活塞的宽度一般取 $B=(0.6\sim1.0)D$；导向套滑动面的长度 A，在 $D<80$ mm 时取 $A=(0.6\sim1.0)D$，在 $D>80$ mm 时取 $A=(0.6\sim1.0)d$。为保证最小导向长度，过分增大 A 和 B 都是不合适的，必要时可在导向套与活塞之间装一个隔套（图中零件 K），隔套的长度 C 由需要的最小导向长度 H 决定，即

$$C = H - \frac{1}{2}(A+B) \tag{4-38}$$

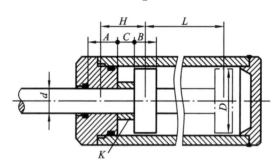

图 4-21 导向长度

2. 结构强度设计与稳定校核

1) 缸筒外径

缸筒内径确定后，由强度条件计算壁厚，然后求出缸筒外径 D_1。

当缸筒壁厚 δ 与内径 D 的比值小于 0.1 时，称为薄壁缸筒，壁厚按材料力学薄壁圆筒公式计算

$$\delta \geqslant \frac{pD}{2[\sigma]} \tag{4-39}$$

式中：p——液压缸最大工作压力；

$[\sigma]$——活塞杆材料的许用应力，$[\sigma]=\sigma_b/n$，σ_b 为液压缸材料的抗拉强度极限。

n——安全系数，一般取 $n=5$。

当缸筒壁厚 δ 与内径 D 的比值大于 0.1 时，称为厚壁缸筒，壁厚按材料力学第二强度理论计算

$$\delta \geqslant \frac{D}{2}\left(\sqrt{\frac{[\sigma]+0.4p}{[\sigma]-1.3p}} - 1\right) \tag{4-40}$$

缸筒壁厚确定之后，即可求出液压缸的外径

$$D_1 = D + 2\delta \tag{4-41}$$

D_1 值也应按有关标准圆整为标准值。

2）液压缸的稳定性和活塞杆强度校核

按速度比要求初步确定活塞杆直径后，还必须满足液压缸的稳定性及其强度要求。

（1）液压缸的稳定性验算。

按材料力学理论，一根受压的直杆，在其轴向负载 F 超过稳定临界力 F_K 时，即失去原有直线状态下的平衡，称为失稳。对于液压缸，其稳定条件为

$$F \leqslant \frac{F_K}{n_K} \tag{4-42}$$

式中：F——液压缸最大推力；

F_K——液压缸的稳定临界力；

n_K——稳定性安全系数，一般取 $n_K = 2 \sim 4$。

液压缸的稳定临界力 F_K 值与活塞杆和缸体的材料、长度、刚度及其两端支撑状况等因素有关。当 $\frac{l}{d} > 10$（见表 4-4）时要进行稳定性校核。

当 $\lambda = \frac{\mu l}{r} > \lambda_1$ 时，由欧拉公式计算

$$F_K \leqslant \frac{\pi^2 EI}{(\mu l)^2} \tag{4-43}$$

式中：λ——活塞杆的柔性系数；

μ——长度折算系数，由液压缸的支承情况决定，如表 4-4 所示。

E——活塞杆材料的纵向弹性模量，对于钢材，$E = 2.1 \times 10^{11}$ Pa；

I——活塞杆断面的最小惯性矩；

λ_1——柔性系数，根据表 4-5 选取；

r——活塞杆横断面的回转半径，$r = \sqrt{\frac{I}{A}}$，其中 A 为断面面积。

表 4-4 长度折算系数

序 号	1	2	3	4
液压缸的安装形式与活塞杆的计算长度 l				
长度折算系数 μ	1	1	0.7	0.5

表 4-5 稳定校核的相关系数

材料	a	b	λ_1	λ_2
钢（Q235）	3100	11.4	105	61
钢（Q275）	4600	36.17	100	60
硅钢	5890	38.17	100	60
铸铁	7700	120	80	—

当 $\lambda_1 < \lambda < \lambda_2$ 时，活塞杆属于中柔度杆，按雅辛斯基公式验算

$$F_K = A(a - b\lambda) \tag{4-44}$$

式中：a、b——与活塞杆材料有关的系数，根据表 4-5 选取；

λ_2——柔性系数，根据表 4-5 选取；

A——活塞杆断面面积。

(2) 当 $\dfrac{l}{d} < 10$ 时，活塞杆的强度验算。

当活塞杆受纯压缩或纯拉伸时

$$\sigma = \frac{4F}{\pi(d^2 - d_1^2)} \leqslant [\sigma] \tag{4-45}$$

式中：d_1——空心活塞杆内径，对于实心杆，$d_1 = 0$；

$[\sigma]$——活塞杆材料的许用应力，$[\sigma] = \sigma_s/n$；

σ_s——活塞杆材料的屈服点，n 为安全系数，一般取 $n = 1.4 \sim 2$。

习 题 4

4-1 已知单杆液压缸缸筒直径 $D = 50$ mm，活塞杆直径 $d = 35$ mm，液压泵供油流量 $q = 10$ L/min，试求：(1) 液压缸差动连接时的运动速度；(2) 若缸在差动阶段所能克服的外负载 $F = 1\,000$ N，则缸内油液压力有多大（不计管内压力损失）？

4-2 一柱塞缸的柱塞固定，缸筒运动，压力油从空心柱塞中通入，压力 $p = 10$ MPa，流量 $q = 25$ L/min，缸筒直径 $D = 100$ mm，柱塞外径 $d = 80$ mm，柱塞内孔直径 $d_0 = 30$ mm，试求柱塞缸所产生的推力和运动速度。

4-3 液压缸为什么要设置缓冲装置？应如何设置？

4-4 液压缸为什么要设置排气装置？

第 5 章 液压控制阀

本章主要介绍液压控制元件,包括压力阀、流量阀、方向阀等。着重介绍压力阀中的先导式溢流阀、减压阀;流量阀中的普通节流阀、调速阀;方向阀中的滑阀式电磁阀、电液换向阀。重点说明各种液压控制阀在液压系统中的作用、工作原理、性能、职能符号及其应用。通过本章学习,要求学生掌握压力阀、流量阀、方向阀的工作原理、性能、特性及其在液压系统中的应用。

5.1 液压控制阀的概述

5.1.1 液压控制阀的功用、分类

1. 液压控制阀的功用

液压控制阀是液压系统中用来控制油液的流动方向或调节其压力和流量的元件。借助于这些阀,便能对执行元件的启动、停止、运动方向、速度、动作顺序和克服负载的能力进行调节与控制,使各类液压机械都能按要求协调地进行工作。液压控制阀对液压系统的工作过程和工作特性有重要的影响。

2. 液压控制阀的基本共同点及要求

尽管液压阀的种类繁多,且各种阀的功能和结构形式也有较大的差异,但它们之间均保持下述基本共同点。

(1) 在结构上,所有液压阀都是由阀体、阀芯和驱动阀芯动作的元部件组成。

(2) 在工作原理上,所有液压阀的开口大小、进出口间的压差,以及通过阀的流量之间的关系都符合孔口流量公式,只不过各种阀控制的参数各不相同而已。

液压系统中所使用的液压阀均应满足以下基本要求。

(1) 动作灵敏,使用可靠,工作时冲击和振动小。

(2) 油液流过时压力损失小。

(3) 密封性能好。

(4) 结构紧凑,安装、调整、使用、维护方便,通用性好。

3. 液压控制阀的分类

液压控制阀按不同的特征和方式可分为以下几类,如表 5-1 所示。

表 5-1 液压控制阀的分类

分类方法	种 类	详 细 分 类
按用途分	压力控制阀	溢流阀、减压阀、顺序阀、比例压力控制阀、压力继电器等
	流量控制阀	节流阀、调速阀、分流阀、比例流量控制阀等
	方向控制阀	单向阀、液控单向阀、换向阀、比例方向控制阀
按操纵方式分	人力操纵阀	手把及手轮、踏板、杠杆
	机械操纵阀	挡块、弹簧、液压、气动
	电动操纵阀	电磁铁控制、电-液联合控制
按连接方式分	管式连接	螺纹式连接、法兰式连接
	板式及叠加式连接	单层连接板式、双层连接板式、集成块连接、叠加式
	插装式连接	螺纹式插装、法兰式插装
按控制原理分	开关或定值控制阀	压力控制阀、流量控制阀、方向控制阀
	电液比例阀	电液比例压力阀、电液比例流量阀、电液比例换向阀、电液比例复合阀、电液比例多路阀
	伺服阀	单、两极(喷嘴挡板式、动圈式)电液流量伺服阀、三级电液流量伺服阀、电液压力伺服阀、气液伺服阀、机液伺服阀
	数字控制阀	数字控制压力阀、数字控制流量阀与方向阀

4. 液压控制阀的基本参数

1) 公称通径

公称通径代表阀的通流能力大小,对应阀的额定流量。与阀的进出口连接油管的规格应与阀的通径相一致。阀工作时的实际流量应小于或等于它的额定流量,最大不得大于额定流量的 1.1 倍。

2) 额定压力

额定压力代表阀在工作时允许的最高压力。对于压力控制阀,实际最高压力有时还与阀的调压范围有关;对于换向阀,实际最高压力还可能受其功率极限的限制。

5.1.2 阀口的结构形式和流量计算公式

1. 阀口的结构形式

液压阀中常见阀口的结构形式如图 5-1 所示。

2. 流量计算公式

各种液压阀的阀口都以接近于薄壁小孔为目标,这正是为了减小液压油的黏温特性对阀口通流性能的影响。工程上阀口的流量计算公式为

$$q = CA_T \Delta p^m \tag{5-1}$$

式中:C——与阀口形状、液体流态、油液性质有关的系数;

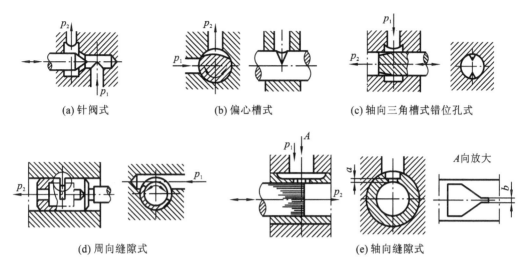

图 5-1 阀口的结构形式

m——流量指数,取值范围为 $0.5\sim1$,m 越小,节流口越接近于薄壁小孔;m 越大,节流口越接近于细长小孔;

A_T——通流截面面积;

Δp——流经阀口的压差。

5.1.3 液动力

驱动阀芯的方式有手动、机动、电磁驱动、液压驱动等多种方式。其中手动最简单,电磁驱动易于实现自动控制,但高压、大流量时手动和电磁驱动方式常常无法克服巨大的阀芯阻力,这时不得不采用液压驱动方式。稳态时(即阀芯与阀体是相对静止的),阀芯运动的主要阻力为液压不平衡力、稳态液动力、摩擦力(含液压卡紧力);动态时(即阀芯与阀体是相对运动的)还有瞬态液动力、惯性力等。阀芯的稳态液动力和瞬态液动力在高压、大流量时可达数百至数千牛,影响阀芯的操纵稳定性,因此有必要了解它们的特性。下面以应用广泛的滑阀为例进行介绍。

1. 稳态液动力

稳态液动力是阀芯移动完毕、开口固定之后,液流流过阀口时因动量变化而作用在阀芯上的力。图 5-2 所示为油液流过阀口的两种情况。

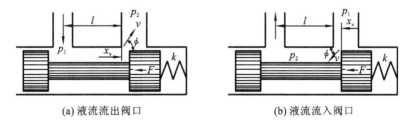

图 5-2 油液流过阀口的两种情况

根据动量方程,取阀芯两凸肩间的容腔中的液体作为控制体,可得这两种情况下的轴向

液动力都是 $F_{bs}=pqv\cos\phi$，其方向都为促使阀口关闭的方向。用薄壁小孔的速度公式 $v=C_V\left(\dfrac{2\Delta p}{\rho}\right)^{\frac{1}{2}}$ 和流量公式 $q=C_d A_T\left(\dfrac{2\Delta p}{\rho}\right)^{\frac{1}{2}}$ 代入上式，可得

$$F_{bs}=2C_d C_V A_T \Delta p\cos\phi \qquad (5\text{-}2)$$

式中：C_d——流量系数；

C_V——小孔速度系数；

A_T——小孔截面面积；

Δp——小孔前后压差；

ϕ——液流速度方向角。

在高压大流量的情况下，稳态液动力将会很大，使阀芯的操纵成为突出的问题。这时必须采取措施补偿或消除这个力：图 5-3(a) 采用特种形状的阀腔；图 5-3(b) 在阀套上开斜孔，使流出和流入阀腔液体的动量互相抵消，从而减小轴向液动力；图 5-3(c) 改变阀芯的颈部尺寸，使液流流过阀芯时有较大的压降，以便在阀芯两端面上产生不平衡液动力，抵消轴向液动力。

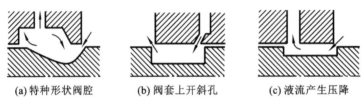

(a) 特种形状阀腔　　(b) 阀套上开斜孔　　(c) 液流产生压降

图 5-3　稳态液动力的补偿法

稳态液动力始终使阀口关闭，相当于一个回复力，故它对滑阀性能的另一影响是使滑阀的工作趋于稳定。

2. 瞬态液动力

瞬态液动力是滑阀在移动过程中（即开口大小发生变化时）阀腔中液流因加速或减速而作用在阀芯上的力。这个力只与阀芯移动速度有关（即与阀口开度的变化率有关），与阀口开度本身无关。

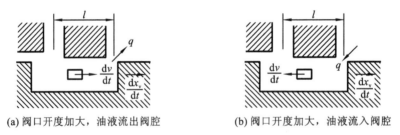

(a) 阀口开度加大，油液流出阀腔　　(b) 阀口开度加大，油液流入阀腔

图 5-4　瞬态液动力

图 5-4 所示为阀芯移动时出现瞬态液动力的情况。当阀口开度发生变化时，阀腔内长度为 l 的那部分油液的轴向速度也发生变化，也就是出现了加速或减速，于是阀芯就受到了一个轴向的反作用力 F_{bt}，这就是瞬态液动力。很明显，若流过阀腔的瞬时流量为 q，阀腔的截面面积为 A_s，阀腔内加速或减速部分油液的质量为 m_o，阀芯移动的速度为 v，则有

$$F_{\mathrm{bt}} = -m_{\mathrm{o}}\frac{\mathrm{d}q}{\mathrm{d}t} = -\rho A_{\mathrm{s}} l \frac{\mathrm{d}v}{\mathrm{d}t} = -\rho l \frac{\mathrm{d}q}{\mathrm{d}t} \tag{5-3}$$

因为 $A_{\mathrm{o}} = W X_{\mathrm{V}}$，当阀口前后的压力差不变或变化不大时，流量的变化率 $\mathrm{d}q/\mathrm{d}t$ 为

$$\frac{\mathrm{d}q}{\mathrm{d}t} = C_{\mathrm{d}} W (2\Delta p/\rho)^{\frac{1}{2}} \frac{\mathrm{d}X_{\mathrm{V}}}{\mathrm{d}t} \tag{5-4}$$

将式(5-4)代入式(5-3)，得

$$F_{\mathrm{bt}} = -C_{\mathrm{d}} W l (2\rho \Delta p)^{\frac{1}{2}} \frac{\mathrm{d}X_{\mathrm{V}}}{\mathrm{d}t} \tag{5-5}$$

滑阀上瞬态液动力的方向，视油液流入还是流出阀腔而定。图 5-4(a)中油液流出阀腔，则阀口开度加大时长度为 l 的那部分油液加速，开度减小时油液减速，两种情况下瞬态液动力作用方向都与阀芯的移动方向相反，起着阻止阀芯移动的作用，相当于一个正的阻尼力。这时式(5-5)中的 l 取正值，并称之为滑阀的"正阻尼长度"。反之，图 5-4(b)中油液流入阀腔，阀口开度变化时引起液流流速变化的结果，都是使瞬态液动力的作用方向与阀芯移动方向相同，起着帮助阀芯移动的作用，相当于一个负的阻尼力。这种情况下式(5-5)中的 l 取负值，并称之为滑阀的"负阻尼长度"。

滑阀上的"负阻尼长度"是造成滑阀工作不稳定的原因之一。

滑阀上如有好几个阀腔串联在一起，阀芯工作的稳定与否就要视各个阀腔阻尼长度的综合作用结果而定。

5.1.4 卡紧力

液压卡紧是一种特殊的流体力学现象，对液压元件性能的影响很大。

液压元件的运动副中有很多环形缝隙，如滑阀阀芯与阀体之间的缝隙等，这些缝隙一般都充满油液。正常情况下，移动阀芯时所需的力只需克服黏性摩擦力，数值要求不大。电磁换向阀是一种利用电磁铁来推动阀芯实现换向的液压阀，其电磁推力仅为 30~50 N，使用效果很好，得到大量的应用。由于电磁换向阀可很方便地实现与 PLC、单片机及工业控制计算机的接口，使液压系统成为一种理想的计算机控制对象。

但是，使用电磁换向阀有时情况会变得很糟，特别是在中、高压系统中，当阀芯停止移动一段时间后(一般约 5 min)，这个阻力可以增大到数百牛，阀芯仅依靠电磁力根本无法推动，就像"卡死了"一样，系统因而无法完成预定的动作。导致这种情况出现的原因，是阀的缝隙处产生了液压卡紧现象。

1. 卡紧力产生的原因

出现液压卡紧有可能是因油温升高导致阀芯膨胀引起的，也有可能是异物进入配合面或配合面划伤破坏了配合副的间隙引起的，但更常见的原因是阀芯严重偏心使阀体之间形成了直接的机械接触。

除了制造方面的问题之外，径向不平衡力也是造成阀芯偏心的原因。如果缝隙中的液体压力在周向不是均匀分布的，则在此不均匀的压力作用下，阀将贴靠阀体，或者被推向中心处。

滑阀阀芯在制造中难免有一定的锥度，根据压力差方向与锥度方向之间的关系，可以分为顺锥和倒锥两种情形。如果阀芯与阀孔之间是完全同心的，不论顺锥还是倒锥，其缝隙中

的压力分布在圆周方向将是完全对称的,不会产生径向力。但如果阀芯与阀孔不同心,情况就变得复杂起来。

图 5-5(a)所示为阀芯与阀孔不同心时的倒锥及其缝隙中的压力分布情况,缝隙最小处压力降低得比较慢,而缝隙最大处压力降低得要快一些。两处径向力存在一定的差值,这个径向不平衡力的作用将使阀芯偏心进一步加大。

图 5-5(b)所示为阀芯与阀孔不同心时的顺锥及其缝隙中的压力分布情况,缝隙最小处压力降低得比较快,而缝隙最大处压力降低得要慢一些。两处径向力存在一定的差值,这个径向不平衡力的作用将使阀芯偏心减小。

倒锥是一种不稳定状态,偏心越大,径向不平衡力就越大,反过来进一步加大偏心,形成恶性循环,最终使阀芯贴靠阀孔,造成液压卡紧。

尽管顺锥有利于减小偏心,但工程上很难保证阀芯处的缝隙一定是顺锥,特别是在缝隙两端压力差方向会改变时更是如此。

2. 减小卡紧力的措施

为了减小液压卡紧力,可以采取下述一些措施。

(1) 提高阀的加工和装配精度,避免出现偏心。阀芯的圆度和圆柱度误差不大于 0.005 mm,要求带顺锥,阀芯的表面粗糙度 Ra 值不大于 0.2 μm,阀孔的 Ra 值不大于 0.4 μm。

(2) 在阀芯台肩上开出平衡径向力的均压槽。均压槽可使同一圆周上各处的压力油互相流通,减小径向不平衡力,使阀芯在中心定位。

(3) 使阀芯或阀套在轴向或圆周方向上产生高频小振幅的振动或摆动。

(4) 精细过滤油液。

液压元件中普遍采用的均压槽结构,可以有效地防止或减轻倒锥导致的液压卡紧的影响,如图 5-5(c)所示。均压槽是在阀芯上沿轴向分布的一系列环形浅槽,其作用是通过槽的连通使缝隙相应截面处圆周方向的压力趋于一致。这样,相当于把一个大的倒锥分割成了若干个小的倒锥,这些小倒锥所产生的径向不平衡力已经降低到了微乎其微的程度。

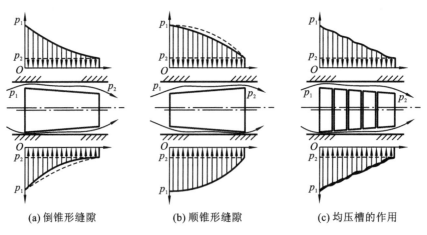

(a) 倒锥形缝隙　　　(b) 顺锥形缝隙　　　(c) 均压槽的作用

图 5-5　缝隙中的压力分布

通常情况下,均压槽的尺寸为宽 0.3~0.5 mm,深 0.5~0.8 mm,槽距 1~5 mm。

阀芯表面粗糙度过大或小的污染物进入缝隙中,也会产生类似效果的液压卡紧现象。

因此,除采用开均压槽的方法来控制液压卡紧外,必须从制造、抗污染等多方面入手,才能取得好的效果。

换向阀、压力阀及液压泵等中,均存在液压卡紧现象,这是液压元件中的一个共性问题,必须予以高度重视。

液压元件制造精度要求高,如阀芯的圆度和锥度允差为 0.003~0.005 mm、表面粗糙度 Ra 的数值不大于 0.20 μm 等,均较一般机械零件的加工要求高,很大程度上是为了防止发生液压卡紧现象。

5.2 压力控制阀

5.2.1 压力控制阀的概述

在液压传动系统中,控制油液压力高低或利用压力实现某些动作的液压阀统称压力控制阀,简称压力阀。

压力阀按其功能可分为溢流阀、减压阀、顺序阀和压力继电器等。这类阀的共同点都是利用作用在阀芯上的液压力和弹簧力相平衡的原理工作的。

5.2.2 溢流阀

溢流阀是通过阀口的溢流,使被控制系统或回路的压力维持恒定,实现稳压、调压或限压作用。溢流阀按其结构原理可分为直动型溢流阀和先导型溢流阀。

对溢流阀的主要要求如下:调压范围大、调压偏差小、压力振摆小、动作灵敏、过流能力大、噪声小。

1. 直动型溢流阀

1) 直动型溢流阀的工作原理和结构

图 5-6(a)所示为锥阀式(还有球阀式和滑阀式)直动型溢流阀的工作原理图。当进油口 P 从系统接入的油液压力不高时,锥阀芯 2 被弹簧 3 紧压在阀体 1 的孔口上,阀口关闭。当进口油压升高到能克服弹簧阻力时,便推开锥阀芯使阀口打开,油液就由进油口 P 流入,再从回油口 T 流回油箱(溢流),进油压力也就不会继续升高。当通过溢流阀的流量变化时,阀口开度即弹簧压缩量也随之改变。但在弹簧压缩量变化甚小的情况下,可以认为阀芯在液压力和弹簧力作用下保持平衡,溢流阀进口处的压力基本保持为定值。拧动调节螺钉 4 改变弹簧预压缩量,便可调整溢流阀的溢流压力。

这种溢流阀因压力油直接作用于阀芯,故称为直动型溢流阀。直动型溢流阀一般只能用于低压、小流量处,因控制较高压力或较大流量时,需要安装刚度较大的硬弹簧,阀芯开启的距离较大,不但手动调节困难,而且阀口开度(弹簧压缩量)略有变化便会引起较大的压力波动,压力不能稳定。系统压力较高时宜采用先导型溢流阀。

若阀芯的面积为 A,则此时阀芯下端受到的液压力为 pA,调压弹簧的预紧力为 F_s,当 $F_s=pA$ 时,阀芯即将开启,这一状态时的压力称之为直动型溢流阀的开启压力,用 p_k 表

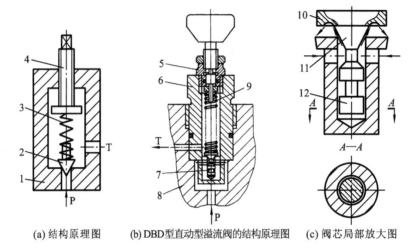

(a) 结构原理图　　(b) DBD型直动型溢流阀的结构原理图　　(c) 阀芯局部放大图

图 5-6　直动型溢流阀

1—阀体;2—锥阀芯;3,9—弹簧;4—调节螺钉;5—上盖;6—阀套;7—阀芯;
8—插块阀体;10—偏流盘;11—阀锥;12—阻尼活塞

示。即

$$p_k = Kx_0/A \tag{5-6}$$

式中：K——弹簧的刚度；

x_0——弹簧的预压缩量。

当 $p_k A > F_s$ 时，阀芯上移，弹簧进一步受到压缩，溢流阀开始溢流，直到阀芯达到某一新的平衡位置时停止移动。此时进油口的压力 p 为

$$p = K(x + x_0)/A \tag{5-7}$$

式中：x——由于阀芯的移动使弹簧产生的附加压缩量。

由于阀芯移动量不大（即 x 变动很小），所以当阀芯处于平衡状态时，可认为阀进口压力 p 基本保持不变。

图 5-6(b)所示为 DBD 型直动型溢流阀的结构原理图。图中锥阀下部为减振阻尼活塞，如图 5-6(c)所示的局部放大图。这种阀是一种性能优异的直动型溢流阀，其静态特性曲线较为理想，接近直线，其最大调节压力为 40 MPa。这种阀的溢流特性好，通流能力也较强，既可作为安全阀又可作为溢流稳压阀使用。该阀阀芯 7 由阻尼活塞 12、阀锥 11 和偏流盘 10 三部分组成（见图 5-6(c)阀芯局部放大图）。在阻尼活塞的一侧铣有小平面，以便压力油进入并作用于底端。阻尼活塞作用有两个：导向和阻尼。保证阀芯开始和关闭时既不歪斜又不偏摆振动，提高了稳定性。阻尼活塞与阀锥之间有一与阀锥对称的锥面，故阀芯开启时，流入和流出油液对两锥面的稳态液动力相互平衡，不会产生影响。此外，在偏流盘的上侧支承着弹簧，下侧表面开有一圈环形槽，用以改变阀口开启后回油射流的方向。对这股射流运用动量方程可知，射流对偏流盘轴向冲击力的方向与弹簧力方向相反，当溢流量及阀口开度增大时，弹簧力虽增大，但与之反向的冲击力也增大，可相互抵消，反之亦然。因此该阀能自行消除阀口开度变化对压力的影响。故该阀所控制的压力基本不受溢流量变化的影响。锥阀和球阀式阀芯结构简单、密封性好，但阀芯和阀座的接触应力大。实际应用中滑阀式阀芯用得较多，但泄漏量较大。

2) 溢流阀的性能

溢流阀的性能主要有静态性能和动态性能两种。

(1) 静态特性。溢流阀的静态性能是指阀在系统压力没有突变的稳态情况下,所控制流体的压力、流量的变化情况。溢流阀的静态特性主要指压力-流量特性、启闭特性、压力调节范围、流量许用范围、卸荷压力等。

① 溢流阀的压力-流量特性。溢流阀的压力-流量特性是指溢流阀入口压力与流量之间的变化关系。图 5-7 所示为溢流阀的静态特性曲线。其中 p_{k1} 为直动型溢流阀的开启压力,当阀入口压力小于 p_{k1} 时,溢流阀处于关闭状态,通过阀的流量为零;当阀入口压力大于 p_{k1} 时,溢流阀开始溢流。p_{k2} 为先导型溢流阀的开启压力,当阀入口压力小于 p_{k2} 时,先导阀关闭,溢流量为零,当阀入口压力大于 p_{k2} 时,先导阀开启,然后主阀芯打开,溢流阀开始溢流。在这两种阀中,当阀入口压力达到调定压力 p_n 时,通过阀的流量达到额定溢流量 q_n。

由溢流阀的特性分布可知:当阀溢流量发生变化时,阀入口压力波动越小,阀的性能越好。由图 5-7 所示溢流阀的静态特性曲线可见,先导型溢流阀的性能优于直动型溢流阀。

② 溢流阀的启闭特性。启闭特性是表征溢流阀性能好坏的重要指标,一般用开启压力比率和闭合压力比率表示。当溢流阀从关闭状态逐渐开启,其溢流量达到额定流量的 1% 时,所对应的压力定义为开启压力 p_k,p_k 与调定压力 p_s 之比的百分率,称之为开启压力比率。当溢流阀从全开启状态逐渐关闭,其溢流量为其额定流量的 1% 时,所对应的压力定义为闭合压力 p'_k,p'_k 与调定压力 p_s 之比的百分率,称之为闭合压力比率。开启压力比率与闭合压力比率越高,阀的性能越好。一般开启压力比率应 $\geqslant 90\%$,闭合压力比率应 $\geqslant 85\%$。图 5-8 所示为溢流阀的启闭特性曲线。曲线 1 为先导型溢流阀的开启特性曲线,曲线 2 为闭合特性曲线。

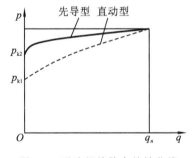

图 5-7 溢流阀的静态特性曲线

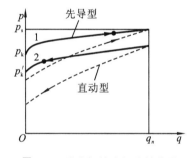

图 5-8 溢流阀的启闭特性曲线

③ 溢流阀的压力稳定性系统在工作时,由于油泵的流量脉动及负载变化的影响,导致溢流阀的主阀芯一直处于振动状态,阀所控制的油压也因此产生波动。衡量溢流阀的压力稳定性用两个指标度量:一是在整个调压范围内阀在额定流量状态下的压力波动值;二是在额定压力和额定流量状态下,3 min 内的压力偏移值。上述两个指标值越小,溢流阀的压力稳定性就越好。

④ 溢流阀的卸荷压力将溢流阀的遥控口与油箱连通后,油泵处于卸荷状态时,溢流阀进出油口压力之差称之为卸荷压力。溢流阀的卸荷压力越小,系统发热越少,一般溢流阀的卸荷压力不大于 0.2 MPa,最大不应超过 0.45 MPa。

⑤ 压力调节范围。溢流阀的压力调节范围是指溢流阀能够保证性能的压力使用范围。

溢流阀在此范围内调节压力时,进口压力能保持平稳变化,无突跳、迟滞等现象。在实际情况下,当需要溢流阀扩大调压范围时,可通过更换不同刚度的弹簧来实现。如国产调压范围为 12～31.5 MPa 的高压溢流阀,更换四种刚性不等的调节弹簧可实现 0.5～7 MPa、3.5～14 MPa、7～21 MPa 和 14～35 MPa 四种范围的压力调节。

⑥ 流量许用范围。溢流阀的流量许用范围一般是指阀额定流量的 15%～100%。阀在此流量范围内工作,其压力应当平衡且噪声小。

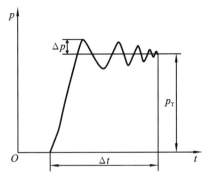

图 5-9 溢流阀的动态特性曲线

(2) 动态特性。溢流阀的动态特性是指在系统压力突变时,阀在响应过程中所表现出的性能指标。图 5-9 所示为溢流阀的动态特性曲线。此曲线的测定过程是:将处于卸荷状态下的溢流阀突然关闭时(一般是由小流量电磁阀切断通油池的遥控口),阀的进口压力迅速提升至最大峰值,然后振荡衰减至调定压力,再使溢流阀在稳态溢流时开始卸荷。经此压力变化循环过程后,可以得出以下动态特性指标。

① 压力超调量。最大峰值压力与调定压力之差,称之为压力超调量,用 Δp 表示。压力超调量越小,阀的稳定性越好。

② 过渡时间。过渡时间指溢流阀的压力从开始上升,到最后稳定在调定压力所需的时间,用符号 t 表示。过渡时间越小,阀的灵敏性越高。

③ 压力稳定性。溢流阀在调压状态下工作时,由于泵的压力脉动而引起系统压力在调定压力附近产生有规律的波动,这种压力的波动可以从压力表指针的振摆看到,此压力振摆的大小标志阀的压力稳定性。压力振摆越小,阀的压力稳定性越好。一般溢流阀的压力振摆应小于 0.2 MPa。

2. 先导型溢流阀

先导型溢流阀是由先导阀和主阀组成的。先导阀用以控制主阀芯两端的压差,主阀用于控制主油路的溢流。图 5-10(a)所示为一种板式连接的先导型溢流阀的结构原理图。由图 5-10(a)可见,先导型溢流阀由先导阀 1 和主阀 2 两部分组成。先导阀就是一个小规格的直动型溢流阀,而主阀阀芯是一个具有锥形端部、上面开有阻尼小孔的圆柱筒。

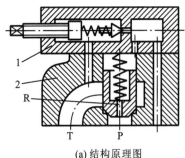

(a) 结构原理图

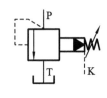

(b) 一般符号或直动型溢流阀的符号   (c) 先导型溢流阀的符号

图 5-10 先导型溢流阀工作原理

1—先导阀;2—主阀

在图 5-10(a)中,油液从进油口 P 进入,经阻尼孔 R 到达主阀弹簧腔,并作用在先导阀锥阀阀芯上(一般情况下,外控口 K 是堵塞的)。当进油压力不高时,液压力不能克服先导阀的弹簧阻力,先导阀口关闭,阀内无油液流动。这时,主阀芯因前后腔油压相同,故被主阀弹簧压在阀座上,主阀口关闭。当进油压力升高到先导阀弹簧的预调压力时,先导阀口打开,主阀弹簧腔的油液流过先导阀口并经阀体上的通道和回油口 T 流回油箱。这时,油液流过阻尼小孔 R,产生压力损失,使主阀芯两端形成了压力差,主阀芯在此压力差作用下克服弹簧阻力向上移动,使进、回油口连通,达到溢流稳压的目的。调节先导阀的调节螺钉,便能调整溢流压力。更换不同刚度的调压弹簧,便能得到不同的调压范围。

先导型溢流阀的阀体上有一个远程控制口 K,当将此口通过二位二通阀接通油箱时,主阀芯上端的弹簧腔压力接近于零,主阀芯在很小的压力下便可移动到上端,阀口开至最大,这时系统的油液在很低的压力下通过阀口流回油箱,实现卸荷作用。如果将 K 口接到另一个远程调压阀上(其结构和溢流阀的先导阀一样),并使打开远程调压阀的压力小于先导阀的调定压力,则主阀芯上端的压力就由远程调压阀来决定。使用远程调压阀后便可对系统的溢流压力实行远程调节。

溢流阀的图形符号如图 5-10(b)、(c)所示。其中,图 5-10(b)所示为溢流阀的一般符号或直动型溢流阀的符号;图 5-10(c)所示为先导型溢流阀的符号。图 5-11 所示为先导型溢流阀的一种典型结构。先导型溢流阀的稳压性能优于直动型溢流阀。但先导型溢流阀是二级阀,其灵敏度低于直动型溢流阀。

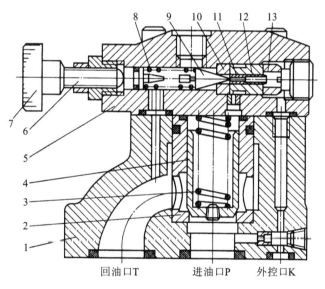

图 5-11　先导型溢流阀的典型结构

1—阀体;2—主阀套;3—弹簧;4—主阀芯;5—先导阀阀体;6—调节螺钉;7—调节手枪;
8—弹簧;9—先导阀阀芯;10—先导阀阀座;11—柱塞;12—导套;13—消振垫

3. 溢流阀的应用

溢流阀在每一个液压系统中都有使用,主要应用如下。

1) 作溢流阀用

在图 5-12 所示的用定量泵供油的节流调速回路中,当泵的流量大于节流阀允许通过的流量时,溢流阀使多余的油液流回油箱,此时泵的出口压力保持恒定。

2）作安全阀用

在图 5-13 所示的由变量泵组成的液压系统中,用溢流阀限制系统的最高压力,防止系统过载。系统在正常工作状态下,溢流阀关闭;当系统过载时,溢流阀打开,使压力油经阀流回油箱。此时,溢流阀为安全阀。

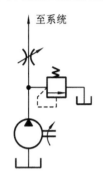
图 5-12　溢流阀起溢流定压的作用

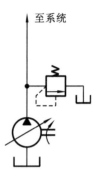
图 5-13　溢流阀作安全阀用

3）作背压阀用

在图 5-14 所示的液压回路中,溢流阀串联在回油路上,溢流产生背压,使运动部件的运动平稳性得到增加。

4）作卸荷阀用

在图 5-15 所示的液压回路中,在溢流阀的遥控口串接一小流量的电磁阀,当电磁铁通电时,溢流阀的遥控口通油箱,此时液压泵卸荷。溢流阀此时作为卸荷阀使用。

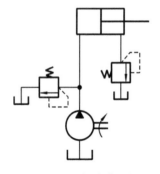
图 5-14　溢流阀作背压阀用

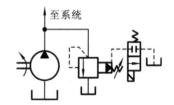
图 5-15　溢流阀作卸荷阀用

5.2.3　减压阀

减压阀是使其出口压力低于进口压力,并使出口压力可以调节的压力控制阀。在液压系统中减压阀用于降低或调节系统中某一支路的压力,以满足某些执行元件的需要。

对减压阀的主要要求是出口压力维持恒定,不受入口压力、通过流量大小的影响。

减压阀按其工作原理有直动型和先导型之分。按其调节性能又可分为保证出口压力为定值的定值减压阀、保证进、出口压力差不变的定差减压阀和保证进、出口压力成比例的定比减压阀。其中定值减压阀应用最广,简称减压阀。这里只介绍定值减压阀。

1. 直动型减压阀

1) 直动型减压阀工作原理和结构

图 5-16(a)所示为直动型减压阀的结构原理图,图 5-16(b)所示为直动型或一般减压阀的职能符号。当阀芯处在原始位置时,它的阀口是打开的,阀的进、出口连通。这个阀的阀芯由出口处的压力控制,出口压力未达到调定压力时阀口全开,阀芯不工作。当出口压力达到调定压力时,阀芯上移,阀口关小,整个阀处于工作状态。如忽略其他阻力,仅考虑阀芯上的液压力和弹簧力相平衡的条件,则可以认为出口压力基本上维持在某一固定的调定值上。这时如果出口压力减小,则阀芯下移,阀口开大,阀口处阻力减小,压降减小,使出口压力回升到调定值上。反之,如果出口压力增大,则阀芯上移,阀口关小,阀口处阻力加大,压降增大,使出口压力下降到调定值上。

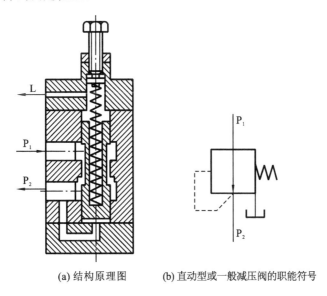

(a) 结构原理图　　(b) 直动型或一般减压阀的职能符号

图 5-16　直动型减压阀的工作原理

2) 直动型减压阀的性能

理想的减压阀在进口压力、流量发生变化或出口负载增大时,其出口压力 p_2 始终稳定不变。但实际上 p_2 是随 p_1、q 的变化或负载的增大而有所变化的。故减压阀的静态特性主要有 p_2-p_1 特性和 p_2-q 特性。

以图 5-16 所示的直动型减压阀为例,若忽略减压阀阀芯的自重、摩擦力和稳态液动力,则阀芯上的力的平衡方程为

$$p_2 A = K(x_c - x_r) \tag{5-8}$$

式中:x_c——弹簧的预压缩量;
　　　x_r——阀口开启大小;
　　　A——阀芯的工作面积。

由此得

$$p_2 = K(x_c - x_r)/A \tag{5-9}$$

当 $x_r \ll x_c$ 时,则式(5-9)可写为

$$p_2 = K x_c / A = \text{const} \tag{5-10}$$

图 5-17 所示为减压阀的静态特性曲线。其中图 5-17(a)、(b)分别为 p_2-p_1 特性曲线和 p_2-q 特性曲线。在图 5-17(a)所示的 p_2-p_1 特性曲线中,各曲线的拐点(转折点)是阀芯开始动作的点,拐点所对应的压力 p_2 即该曲线的调定压力。当出口压力 p_2 小于其调定压力时,$p_2 = p_1$;当出口压力 p_2 大于其调定压力时,p_2 = const。在图 5-17(b)所示的 p_2-q 特性曲线中,当 p_1 = const 时,随着 q 的增加,p_2 略有下降,且 p_1 大则 p_2 下降得少,但总的来说下降得不多,且 p_2 是可调的。

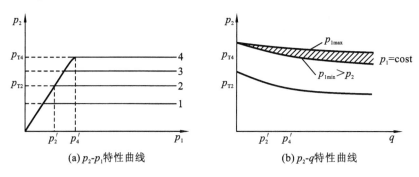

图 5-17　减压阀的静态特性曲线

当减压阀的出油口处不输出油液时,它的出口压力基本上仍能保持恒定,此时有少量的油液通过减压阀开口经先导阀和泄油管流回油箱,保持该阀处于工作状态。

3) 减压阀的特点

减压阀和溢流阀有以下几点不同之处。

(1) 减压阀保持出口处压力基本不变,而溢流阀保持进口处压力基本不变。

(2) 在不工作时,减压阀进出口互通,而溢流阀进出口不通。

(3) 为保证减压阀出口压力调定值恒定,它的控制腔需通过泄油口单独外接油箱;而溢流阀的出油口是通油箱的,所以它的控制腔和泄漏油可通过阀体上的通道和出油口接通,不必单独外接油箱。

2. 先导型减压阀

图 5-18(a)所示为传统型先导式减压阀的结构图。它是由先导阀和主阀两部分组成的。图中 P_1 为进油口,P_2 为出油口,压力油通过主阀芯 4 下端通油槽 a、主阀芯内阻尼孔 b,进入主阀芯上腔 c 后,经孔 d 进入先导阀前腔。当减压阀出口压力 p_2 小于调定压力时,先导阀芯 2 在弹簧作用下关闭,主阀芯 4 上下腔压力相等,在弹簧的作用下,主阀芯处于下端位置。此时,主阀芯 4 进、出油口之间的通道间隙 e 最大,主阀芯全开,减压阀进、出口压力相等。当阀出口压力达到调定值时,先导阀芯 2 打开,压力油经阻尼孔 b 产生压差,主阀芯上下腔压力不等,下腔压力大于上腔压力,其差值克服主阀弹簧 3 的作用使阀芯抬起,此时通道间隙 e 减小,节流作用增强,使出口压力 p_2 低于进口压力 p_1,并保持在调定值上。

当调节手轮 1 时,先导阀弹簧的预压缩量受到调节,使先导阀所控制的主阀芯前腔的压力发生变化,从而调节了主阀芯的开口位置,调节了出口压力。由于减压阀出口为系统内的支油路,所以减压阀的先导阀上腔的泄漏口必须单独接油箱。图 5-18(b)所示为先导式减压阀的职能符号。

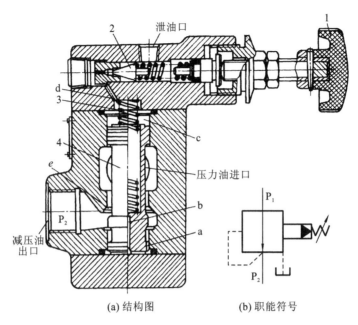

(a) 结构图　　(b) 职能符号

图 5-18　传统型先导式减压阀

1—手轮；2—先导阀芯；3—主阀弹簧；4—主阀芯

3. 减压阀的应用

1) 减压回路

图 5-19 所示为减压回路，在主系统的支路上串联一减压阀，用以降低和调节支路液压缸的最大推力。

2) 稳压回路

图 5-20 所示为稳压回路，当系统压力波动较大，液压缸 2 需要有较稳定的输入压力时，在液压缸 2 进油路上串联一减压阀，在减压阀处于工作状态下，可使液压缸 2 的压力不受溢流阀压力波动的影响。

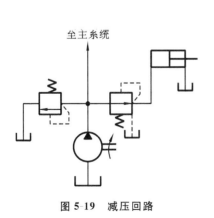

图 5-19　减压回路　　　　　　图 5-20　稳压回路

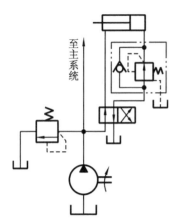

图 5-21 单向减压回路

3）单向减压回路

当需要执行元件正反向压力不同时,可用图 5-21 所示的单向减压回路。图中用双点画线框起的单向减压阀是具有单向阀功能的组合阀。

5.2.4 顺序阀

顺序阀是以压力为控制信号,自动接通或断开某一支路的液压阀。由于顺序阀可以控制执行元件顺序动作,因此称之为顺序阀。

顺序阀按其控制方式不同,可分为内控式顺序阀和外控式顺序阀。内控式顺序阀直接利用阀进口处的压力油来控制阀芯的动作,从而控制阀口的启闭;外控式顺序阀利用外来的压力油控制阀芯的动作,从而控制阀口的启闭,也称之为液控顺序阀。按顺序阀的结构不同,又可分为直动型顺序阀和先导型顺序阀。

1. 直动型顺序阀

1) 直动型顺序阀工作原理和结构

图 5-22(a)所示为一种直动型内控顺序阀的工作原理图。压力油由进油口经阀体 4 和下盖 7 的小孔流到控制活塞 6 的下方,使阀芯 5 受到一个向上的推动力。当进口油压较低时,阀芯在弹簧 2 的作用下处于下部位置,这时进、出油口不通。当进口油压力增大到预调的数值以后,阀芯底部受到的推力大于弹簧力,阀芯上移,进、出油口连通,压力油就从顺序阀流过。顺序阀的开启压力可以用调压螺钉 1 来调节。在此阀中,控制活塞的直径很小,因而阀芯受到的向上推力不大,所用的平衡弹簧就不需要太硬,这样可以使阀在较高的压力下工作。图 5-22(b)、(c)所示为直动型顺序阀的职能符号。

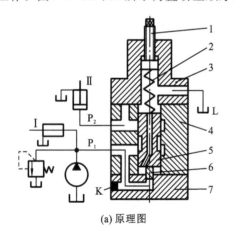

(a) 原理图   (b) 内控外泄式直动型顺序阀的职能符号   (c) 外控内泄式直动型顺序阀的职能符号

图 5-22 顺序阀的工作原理

1—调压螺钉；2—弹簧；3—阀盖；4—阀体；5—阀芯；6—控制活塞；7—下盖

2) 直动型顺序阀的性能

顺序阀在结构上与溢流阀十分相似,但在性能和功能上有很大区别,具体如下:溢流阀出口接油箱,顺序阀出口接下一级液压元件;溢流阀采取内泄漏,顺序阀一般为外泄漏;溢流阀主阀芯遮盖量小,顺序阀主阀芯遮盖量大;溢流阀打开时阀处于半打开状态,主阀芯开口处节流作用强,顺序阀打开时阀芯处于全打开状态,主通道节流作用弱。

2. 先导型顺序阀

图 5-23(a)所示为先导型顺序阀的结构图。该阀是由主阀与先导阀组成的。压力油从进油口 P_1 进入,经通道进入先导阀下端,经阻尼孔和先导阀后由泄漏口 L 流回油箱。当系统压力不高时,先导阀关闭,主阀芯两端压力相等,复位弹簧将阀芯推向下端,顺序阀进出油口关闭;当压力达到调定值时,先导阀打开,压力油经阻尼孔时形成节流,在主阀芯两端形成压差,此压力差克服弹簧力,使主阀芯抬起,进、出油口打开。图 5-23(b)所示为先导型顺序阀职能符号。

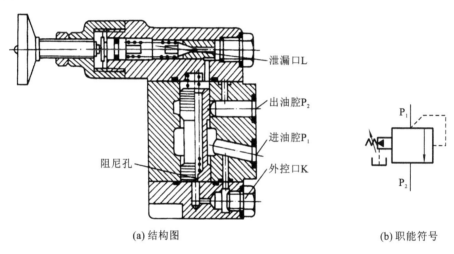

(a) 结构图　　　　　　　　　(b) 职能符号

图 5-23　先导型顺序阀

3. 顺序阀的应用

1) 实现执行元件的顺序动作

图 5-24 所示为实现定位夹紧顺序动作的液压回路。A 缸为定位缸,B 缸为夹紧缸。要求进程时(活塞向下运动),A 缸先动作,B 缸后动作。B 缸进油路上串联一单向顺序阀,将顺序阀的压力值调定到高于 A 缸活塞移动时的最高压力。当电磁阀的电磁铁通电时,A 缸活塞先动作,定位完成后,油路压力提高,打开顺序阀,B 缸活塞动作。回程时,两缸同时供油,B 缸的回油路经单向阀回油箱,A 缸、B 缸的活塞同时动作。

2) 与单向阀组合成单向顺序阀

如图 5-25 所示,在平衡回路上,使用单向顺序阀以防止垂直或倾斜放置的执行元件和与之相连的工作部件因自重而自行下落。

3) 作卸荷阀用

图 5-26 所示为实现双泵供油系统的大流量泵卸荷的回路。大量供油时泵 1 和泵 2 同时供油,此时供油压力小于顺序阀 3 的控制压力;少量供油时,供油压力大于顺序阀 3 的控

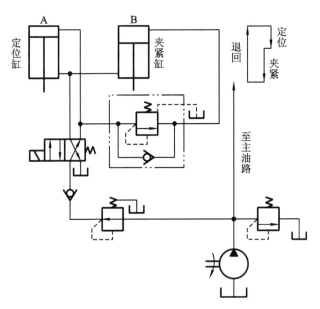

图 5-24 实现定位夹紧顺序动作的液压回路

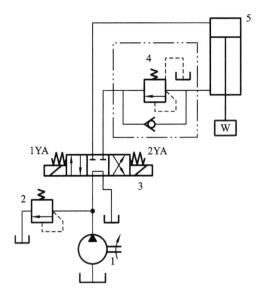

图 5-25 用单向顺序阀的平衡回路
1—单向定量液压泵;2—溢流阀;3—三位四通电磁换向阀;
4—单向顺序阀;5—缸体

制压力,顺序阀 3 打开,单向阀 4 关闭,泵 2 卸荷,只有泵 1 继续供油。溢流阀起安全阀的作用。

4)作背压阀用

将顺序阀用于液压缸回油路上,可增大背压,使活塞的运动速度稳定,如图 5-27 所示。

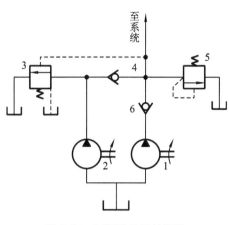

图 5-26 双泵供油系统回路
1、2—单向定量液压泵;3—顺序阀;4、6—单向阀;5—溢流阀

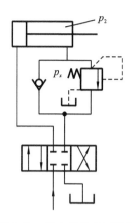

图 5-27 顺序阀作背压阀用

5.2.5 压力继电器

1. 压力继电器的工作原理、结构及性能

压力继电器是利用液体压力来启闭电气触点的液压-电气转换元件,它在油液压力达到其设定压力时,发出电信号,控制电气元件动作,实现泵的加载或卸荷、执行元件的顺序动作或系统的安全保护和连锁等其他功能。任何压力继电器都由压力-位移转换装置和微动开关两部分组成。按前者的结构分,有柱塞式、弹簧管式、膜片式和波纹管式四类,其中以柱塞式最为常用。

图 5-28(a)所示为柱塞式压力继电器的结构原理图。压力油从油口 P 通入,作用在柱

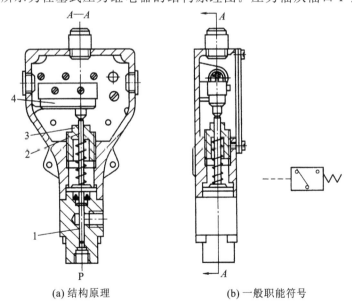

(a) 结构原理　　　　　(b) 一般职能符号

图 5-28 柱塞式压力继电器
1—柱塞;2—顶杆;3—调节螺钉;4—微动开关

塞 1 的底部，若其压力达到弹簧的调定值时，便克服弹簧阻力和柱塞表面摩擦力推动柱塞上升，通过顶杆 2 触动微动开关 4 发出电信号。图 5-28(b)所示为压力继电器的一般职能符号。

压力继电器的性能参数主要有以下几个。

1) 调压范围

调压范围指能发出电信号的最低工作压力和最高工作压力的范围。

2) 灵敏度和通断调节区间

压力升高继电器接通电信号的压力(称开启压力)和压力下降继电器复位切断电信号的压力(称闭合压力)之差为压力继电器的灵敏度。为避免压力波动时继电器时通时断，要求开启压力和闭合压力间有一可调节的差值范围，称为通断调节区间。

3) 重复精度

在一定的设定压力下，多次升压(或降压)过程中，开启压力和闭合压力本身的差值称为重复精度。

4) 升压或降压动作时间

压力由卸荷压力升到设定压力，微动开关触角闭合发出电信号的时间，称为升压动作时间，反之称为降压动作时间。

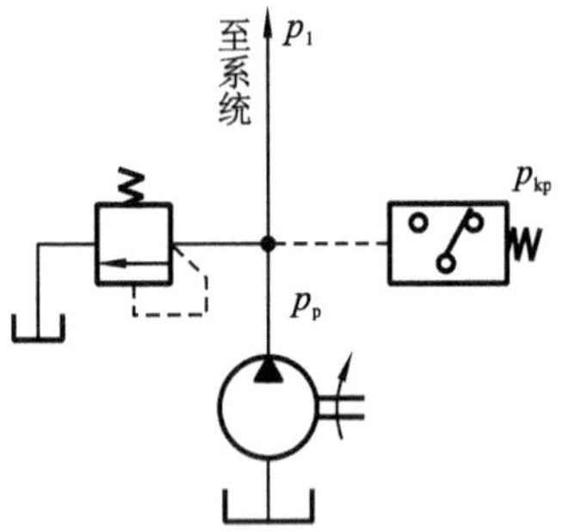

2. 压力继电器的应用

1) 安全控制回路

图 5-29 所示为采用压力继电器的安全控制(保护)回路。当系统压力 p 达到压力继电器事先调定的压力值 p_{kp} 时，压力继电器即发出电信号，使由其控制的系统停止工作，对系统起安全保护作用。

2) 实现执行元件的顺序动作

要实现执行元件的顺序动作，可采用压力继电器控制的顺序动作回路。

图 5-29 采用压力继电器的安全控制回路

5.3 流量控制阀

5.3.1 流量控制阀的概述

流量控制阀是通过改变节流口面积的大小，从而改变通过阀的流量。在液压系统中，流量阀的作用是对执行元件的运动速度进行控制。常见的流量控制阀有节流阀、调速阀、溢流节流阀等。

对流量控制阀的主要要求是具有足够的调节范围、能保证稳定的最小流量、温度和压力变化对流量的影响要小、调节方便、泄漏小等。

5.3.2 节流阀

1. 节流阀的工作原理和结构

图 5-30(a)所示为一种普通节流阀的结构简图。这种节流阀的节流通道呈轴向三角槽形。油液从进油口 P_1 流入,经孔道 a 和阀芯 2 左端的三角槽进入孔道 b,再从出油口 P_2 流出。调节手把 4 就能通过推杆 3 使阀芯 2 作轴向移动,通过改变节流口的通流截面面积来调节流量。阀芯 2 在弹簧 1 的作用下始终贴紧在推杆 3 上。图 5-30(b)所示为普通节流阀的职能符号。

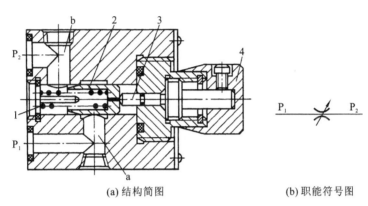

(a) 结构简图　　　　　　(b) 职能符号图

图 5-30　普通节流阀

1—弹簧;2—阀芯;3—推杆;4—调节手把;a、b—孔道

2. 节流阀的性能

1) 节流口的节流特性

节流口的节流特性是指液体流经节流口时,通过节流口的流量所受到的影响因素,以及这些因素与流量之间的关系,从而分析如何减少这些因素对其的影响,提高流量的稳定性。分析节流特性的理论依据是阀口的流量特性方程式(5-1),即 $q = CA_T \Delta p^m$。

2) 影响流量稳定性的因素

(1) 压力对流量稳定性的影响。

在使用中,当节流阀的通流截面面积调整好以后,实际上由于负载的变化,节流口前后的压差也在变化,使流量不稳定。由式(5-1)和图 5-31可看出,节流口的 m 越大,Δp 的变化对流量的影响也越大,因此节流口制成薄壁小孔($m=0.5$)比制成细长小孔($m=1$)好。

(2) 温度对流量稳定性的影响。

油温的变化引起黏度变化,从而对流量发生影响,这在细长小孔节流口上是十分明显的。对薄壁小孔节流口来说,当雷诺数 R_e 大于临界值时,流量系数 C_d 不受油温影响;但当压力差小,通流截面积小时,C_d 与 R_e 有关,流量要受到油温变化的影

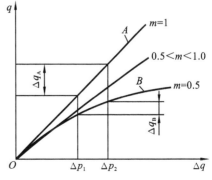

图 5-31　节流口的流量特性曲线

响。总之,薄壁小孔受温度的影响小。

3) 节流口的形式

当节流口的通流截面面积小到一定程度时,在保持所有因素都不变的情况下,通过节流口的流量会出现周期性的脉动,甚至造成断流,这就是节流口的阻塞现象。节流口的阻塞会使液压系统中执行元件的速度不均匀。因此每个节流阀都有一个能正常工作的最小流量限制,称为节流阀的最小稳定流量。

常见节流口的形式主要有图 5-1 所示的几种。

(1) 图 5-1(a)所示为针阀式节流口。其节流口的截面形式为环形缝隙。当改变阀芯轴向位置时,通流面积发生改变。此节流口的特点是结构简单、易于制造,但水力半径小、流量稳定性差,适用于对节流性能要求不高的系统。

(2) 图 5-1(b)所示为偏心槽式节流口。在阀芯上开有周向偏心槽,其截面为三角槽,转动阀芯,可改变通流面积。这种节流口水力半径较针阀式节流口大,流量稳定性较好,但在阀芯上有径向不平衡力,使阀芯转动费力,一般用于低压系统。

(3) 图 5-1(c)所示为三角槽式节流口。在阀芯断面轴向开有两个轴向三角槽,当轴向移动阀芯时,三角槽与阀体间形成的节流口面积发生变化。这种节流口的工艺性好、径向力平衡、水力半径较大、调节方便,广泛应用于各种流量阀中。

(4) 图 5-1(d)所示为周向缝隙式节流口。为得到薄壁小孔的效果,在阀芯内孔局部铣出一薄壁区域,然后在薄壁区开出一周向缝隙。此节流口形状近似矩形,通流性能较好,由于接近于薄壁小孔,其流量稳定特性也较好。

(5) 图 5-1(e)所示为轴向缝隙式节流口。此节流口的形式为在阀套外壁铣削出一薄壁区域,然后在其中间开一个近似梯形窗口(见图 5-1(e)中 A 向放大图)。由于这种节流口更接近于薄壁小孔,因此其通流性能较好。这种节流口为目前最好的节流口之一,用于要求较高的节流阀上。

流量调节范围是指通过阀的最大流量和最小流量之比,一般在 50 以上。高压流量阀则在 10 左右。有些阀也采用最大流量与最小流量的实际值来表示阀的流量调节范围,流量调节范围是流量控制阀的参数之一。

普通节流阀的流量调节仅靠一个节流口调节,其流量的稳定性受压力和温度影响较大。

3. 节流阀的应用

1) 进口节流调速

将普通节流阀安置在液压缸工进时的进油管路上,和定量泵、溢流阀共同构成节流阀进口节流调速回路,如图 5-32 所示。

2) 出口节流调速

将普通节流阀安置在液压缸工进时的回油管路上,与定量泵,溢流阀共同构成节流阀出口节流调速回路,如图 5-33 所示。

在上述两种调速回路中,节流阀的开口调大,液压缸的速度便提高;反之则降低。即调节节流阀过流断面(开口)的大小,就调整了液压缸的运动速度。

3) 旁路节流调速

将普通节流阀安置在液压缸工进时并联的管路上,与定量泵和溢流阀便构成了节流阀旁路节流调速回路,如图 5-34 所示。调节节流阀的开口大小,便于调整液压缸的运动速度。

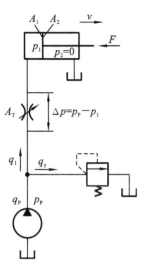
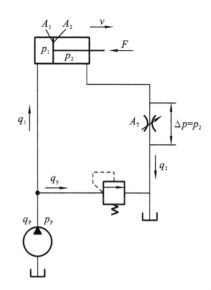

图 5-32 普通节流阀的进口节流调速回路　　图 5-33 普通节流阀的出口节流调速回路

与进口、出口调速不同的是,节流阀的开口调大,液压缸的速度降低,反之亦然。且这里的溢流阀作安全阀用,即系统正常工作时,溢流阀关闭;系统过载并达到事先设定的危险压力时,溢流阀才开启、溢流,使系统压力不再升高,起安全保护作用。

4) 作背压阀用

将普通节流阀安置在液压缸工进时回油管路上,可使液压缸的回油建立起压力 p_2,即形成背压,作背压阀用,如图 5-35 所示。

5) 组成容积节流调速回路

普通节流阀和压差式变量泵等组合在一起可构成容积节流调速回路。

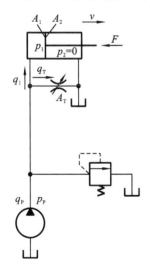
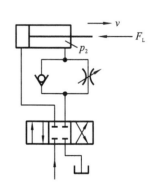

图 5-34 普通节流阀的旁路节流调速回路　　图 5-35 普通节流阀作背压阀用

5.3.3 调速阀和溢流节流阀

从通过阀的流量公式可知,通过节流阀的流量会受其进出口两端压差变化的影响。在液压系统中,执行元件的负载变化会引起系统压力变化,进而使节流阀两端的压差也发生变化,而执行元件的运动速度与通过节流阀的流量有关。因此,负载变化,其运动速度也相应发生变化。为了使流经节流阀的流量不受负载变化的影响,必须对节流阀前后的压差进行压力补偿,使其保持在一个稳定值上。这种带压力补偿的流量阀称为调速阀。

目前,调速阀中所采取的保持节流阀前后压差恒定的压力补偿的方式主要有两种:其一是将减压阀与节流阀串联,称之为调速阀;其二是将定压溢流阀与节流阀并联,称之为溢流节流阀。

1. 调速阀

1) 调速阀的工作原理和结构

调速阀由定差减压阀和节流阀两部分组成。定差减压阀可以串联在节流阀之前,也可串联在节流阀之后。图 5-36(a)所示为调速阀的工作原理图,图中 1 为定差减压阀,2 为节流阀,压力为 p_1 的油液流经减压阀节流口 h 后,压力降为 p_2。然后经节流阀节流口流出,其压力降为 p_3。进入节流阀前的压力为 p_2 的油液,经通道 e 和 f 进入定差减压阀的 b 腔和 c 腔,而流经节流口压力为 p_3 的油液,经通道 g 被引入减压阀 a 腔。当减压阀的阀芯在弹簧力 F_s、液动力 F_y、液压力 p_3A_3 和 $p_2(A_1+A_2)$ 的作用下处于平衡位置时,调速阀处于工作状态。此时,若调速阀出口压力 p_3 因负载增大而增加时,作用在减压阀阀芯左端的压力增加,阀芯失去平衡向右移动,减压阀开口 X_R 增大,减压作用减小,p_2 增加,结果节流阀口两端压差 $\Delta p = p_2 - p_3$ 基本保持不变。同理,当 p_3 减小时,减压阀阀芯左移,p_2 也减少,节流阀节流口两端压差同样基本不变。这样,通过节流口的流量基本不会因负载的变化而改变。图 5-36(b)所示为调速阀的职能符号,图 5-36(c)所示为调速阀的简化职能符号。

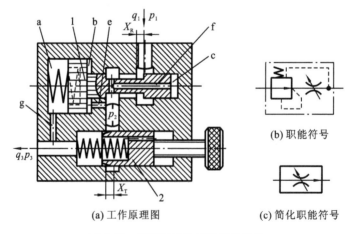

图 5-36 调速阀工作原理图及符号

1—定差减压阀;2—节流阀

2) 调速阀的性能

调速阀能保持流量稳定的功能,主要是由具有压力补偿作用的减压阀起作用,从而保持节流阀口前后的压力差近似不变,最后使流量近似恒定。建立静态特性方程式的主要依据是动力学方程和流量连续性方程,以及相应的流量表达式。

减压阀的流量方程式为

$$q_R = C_R \omega(X_R)[2(p_1 - p_2)/\rho]^{1/2} \tag{5-11}$$

式中：C_R——减压阀口的流量系数；

$\omega(X_R)$——减压阀口的过流面积；

X_R——减压阀芯位移量(向右方向为正)；

ρ——油液密度；

p_1——调速阀的进口压力,即减压阀的进口压力；

p_2——减压阀的出口压力,即节流阀的进口压力。

节流阀的流量方程式为

$$q_T = C_T \beta(X_T)[2(p_2 - p_3)/\rho]^{1/2} \tag{5-12}$$

式中：C_T——节流阀口的流量系数；

$\beta(X_T)$——节流阀口的过流面积；

p_3——调速阀的出口压力,即节流阀的出口压力。

减压阀芯的受力平衡方程式为

$$p_2 A_b + p_2 A_c + F_Y = p_3 A_a + K(X_0 - X_R) \tag{5-13}$$

$$A_a = A_b + A_c \tag{5-14}$$

$$p_2 - p_3 = [K(X_0 - X_R) - F_Y]/A_a \tag{5-15}$$

式中：A_a——减压阀阀芯的受力面积；

F_Y——稳态液动力；

K——弹簧刚度；

X_0——零时的弹簧预缩量；

X_R——减压阀阀芯的位移量(向左方向为正)。

根据流量连续性方程,不计内泄漏,则

$$q_R = q_T \tag{5-16}$$

由式(5-15)可知,X_0、X_R、K 和 A_a 值决定了$(p_2 - p_3)$的值。通过理论分析和实验验证选择$(p_2 - p_3)$为 0.3 MPa 左右。

由式(5-12)可知,要保持流量稳定就要求$(p_2 - p_3)$压差稳定。当节流阀口开度 X_T 调定后,阀的进出口压力 p_1 或 p_3 变化时,X_R 也变化,弹簧力 F_s 和液动力 F_Y 也要发生变化。由式(5-15)可知,弹簧力变化量 ΔF_s 与液动力 ΔF_Y 变化量的差值 ΔF 越小,则 A_a 越大,$(p_2 - p_3)$的变化量就越小。合理设计减压阀的弹簧刚度和减压阀口的形状,就会得到较好的流量特性。

图 5-37 所示为普通节流阀和调速阀的静态特性曲线,即阀两端压力差 Δp 与通过阀的流量 q_T 之间的关系曲线。由图 5-37 可知,在压力差较小时,调速阀的特性与普通节流阀相同,此时,由于压力差较小,不能将调速

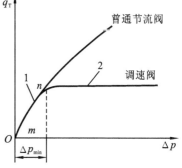

图 5-37 普通节流阀和调速阀的
静态特性曲线

1—无压力补偿；2—有压力补偿

阀中的减压阀阀芯抬起,减压阀失去压力补偿作用,调速阀与普通节流阀的这部分曲线重合;当阀两端压力差大于某一值时,减压阀阀芯处于工作状态,通过调速阀的流量就不受阀两端压力差的影响,而通过节流阀的流量仍然随压力差的变化而改变,两者的曲线出现明显的差别。Δp_{min}是调速阀的最小稳定工作压力差,一般在 1 MPa 左右。

3) 调速阀的应用

调速阀的应用与节流阀相似,凡是节流阀能应用的场合,调速阀均可应用。与普通节流阀不同的是,调速阀应用于对速度稳定性要求较高的液压系统中。

2. 溢流节流阀

1) 溢流节流阀的工作原理和结构

溢流节流阀是节流阀与溢流阀并联而成的组合阀,它也能补偿因负载变化而引起的流量变化。图 5-38 所示为其结构图,图 5-39 所示为其工作原理图。与调速阀不同,用于实现压力补偿的差压式溢流阀 1 的进口与节流阀 2 的进口并联,节流阀的出口接执行元件,差压式溢流阀的出口接回油箱。节流阀的前后压力 p_1 和 p_2 经阀体内部通道反馈作用在差压式溢流阀的阀芯两端,在溢流阀阀芯受力平衡时,压力差 (p_1-p_2) 被弹簧力确定为基本不变,因此流经节流阀的流量基本稳定。

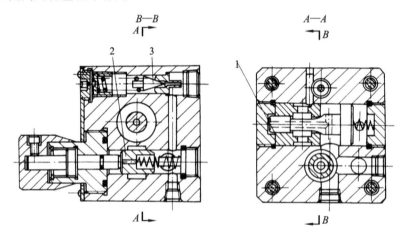

图 5-38 溢流节流阀结构图

1—差压式溢流阀;2—节流阀;3—安全阀

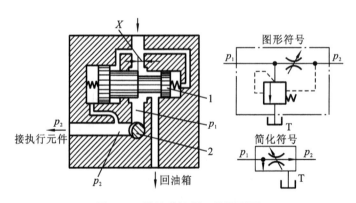

图 5-39 溢流节流阀工作原理图

1—差压式溢流阀;2—节流阀

图 5-38 所示结构中安全阀 3 的进口与节流阀的进口并联,用于限制节流阀的进口压力 p_1 的最大值,对系统起安全保护作用,溢流节流阀正常工作时,安全阀处于关闭状态。

若因负载变化引起节流阀出口压力 p_2 增大,差压式溢流阀芯弹簧端的液压力将随之增大,阀芯原有的受力平衡被破坏,阀芯向阀口减小的方向位移,阀口减小使其阻尼作用增强,于是进口压力 p_1 增大,阀芯受力重新平衡。因差压式溢流阀的弹簧刚度很小,因此阀芯的位移对弹簧力影响不大,即阀芯在新的位置平衡后,阀芯两端的压力差,也就是节流阀前后压力差(p_1-p_2)保持不变。在负载变化引起节流阀出口压力 p_2 减小时,类似上面的分析,同样可保证节流阀前后压力差(p_1-p_2)基本不变。

2) 溢流节流阀的性能

溢流节流阀能保持流量稳定的功能,主要是因为具有流量补偿作用的溢流阀起作用,从而通过 p_1 随 p_2 的变化而变化来保持节流口前后的压差近似不变,使流量保持近似恒定。溢流节流阀的静态特性与调速阀相同。

3) 溢流节流阀的应用

溢流节流阀和调速阀都能使速度基本稳定,但其性能和使用范围不完全相同,主要差别如下。

(1) 溢流节流阀其进口压力即泵的供油压力 p 随负载的大小而变化。负载大,供油压力大,反之亦然。因此泵的功率输出合理、损失较小,效率比采用调速阀的调速回路高。

(2) 溢流节流阀的流量稳定性较调速阀差,在小流量时尤其如此。因此,在有较低稳定流量要求的场合不宜采用溢流节流阀,而在速度稳定性要求不高、功率又较大的节流调速系统中,如插床、拉床、刨床中的应用较多。

(3) 在使用中,溢流节流阀只能安装在节流调速回路的进油路上,而调速阀在节流调速回路的进油路、回油路和旁油路上都可以应用。因此,调速阀比溢流节流阀的应用更广泛。

5.4 方向控制阀

5.4.1 方向控制阀的概述

方向控制阀是控制和改变液压系统中各油路之间液流方向的阀。方向控制阀可分为单向阀和换向阀两大类。

对换向阀的主要要求是压力损失要小;泄露要小;换向平稳、迅速且可靠。

5.4.2 单向阀

单向阀是用以防止油液倒流的元件。按控制方式不同,又可将其分为普通单向阀和液控单向阀两种。

1. 普通单向阀

1) 普通单向阀的工作原理和结构

普通单向阀简称单向阀,又称止回阀,其作用是使液体只能向一个方向流动,反向截止。

单向阀按阀芯的结构形式不同,可分为球芯阀、柱芯阀、锥芯阀;按液体的流向与进、出口的位置关系,又分为直通式阀和直角式阀两类。

图 5-40(a)、(b)所示均为普通直通式单向阀,只是连接方式不同。其工作原理如下:当液压油从 P_1 口流入时,压力油推动阀芯压缩弹簧,从 P_2 口流出。当液压油从 P_2 口流入时,阀芯锥面紧压在阀体的结合面上,油液无法通过。当单向阀导通时,使阀芯开启的压力称为开启压力。单向阀的开启压力一般为 0.03~0.05 MPa。若用做背压阀时可更换弹簧,开启压力可达 0.2~0.6 MPa。图 5-40(c)所示为普通单向阀的职能符号。图 5-41 所示为直角式单向阀,其工作原理与直通式阀相似。

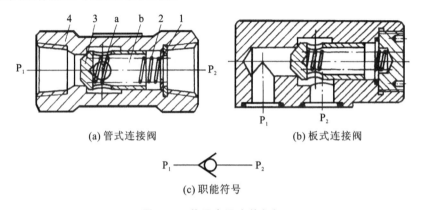

图 5-40 普通直通式单向阀
1—挡圈;2—弹簧;3—阀芯;4—阀体

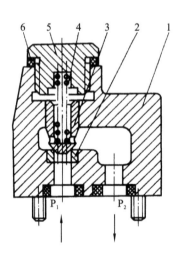

图 5-41 直角式单向阀
1—阀体;2—阀座;3—阀芯;4—弹簧;5—阀盖;6—密封圈

2)普通单向阀的应用

(1)单向阀安装在泵的出口处,可以防止由于系统压力突然升高而损坏泵。

(2)单向阀可安装在液压缸的回油管路上作为背压阀使用,如图 5-42 所示,这样会使系统的运动平稳性得到增加,并减少因负载突然变小时液压缸的前冲现象。

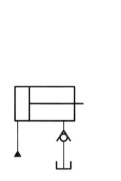
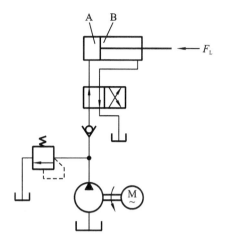

图 5-42　单向阀用做背压阀　　　　图 5-43　单向阀用于锁紧回路

（3）图 5-43 所示为单向阀用于锁紧回路。当负载 F_L 增大,使液压缸 A 腔油压超过溢流阀的调定压力时,溢流阀将增大溢流,使液压缸有可能向 A 端移动,使油液倒流,在这种情况下,加置一单向阀使 A 腔锁紧,令其不受外载变化的影响(如不考虑换向阀泄露的影响)。

（4）单向阀还可以与节流阀(或调速阀)、顺序阀、减压阀等组合使用,构成单向节流阀（见图 5-44(a)）、单向顺序阀(见图 5-44(b))、单向定值减压阀(见图 5-44(c))等。

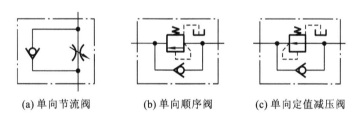

(a) 单向节流阀　　　　(b) 单向顺序阀　　　　(c) 单向定值减压阀

图 5-44　单向阀的组合使用(职能符号图)

2. 液控单向阀

1）液控单向阀的工作原理和结构

液控单向阀又称为单向闭锁阀,其作用是使液流有控制的单向流动。液控单向阀分为普通型和卸荷型两大类。

图 5-45(a)所示为普通液控单向阀的结构剖面图。它是由单向阀和微型控制油缸组成的。其工作原理如下:当液控油口 K 有控制油压时,压力油推动控制活塞 5,推动锥阀芯 2 开启,使油口从 P_1 到 P_2 或从 P_2 到 P_1 均能接通;当液控油口 K 处的油压为零时,此阀与普通单向阀功能一样,油口 P_1 到 P_2 导通,P_2 到 P_1 不通,L 为泄漏孔。图 5-45(b)所示为液控单向阀的职能符号。

图 5-46 所示为带卸荷阀阀芯的液控单向阀,其卸荷过程如下:微动活塞 3 首先顶起卸荷阀阀芯 2,使高压油首先通过卸荷阀阀芯卸荷,然后再打开单向阀阀芯 1,使油口正向或反向导通。

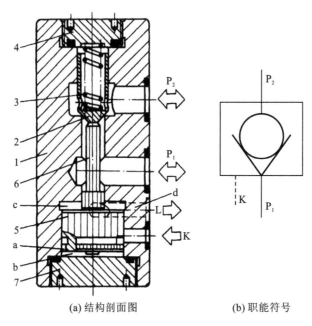

(a) 结构剖面图 (b) 职能符号

图 5-45 普通液控单向阀

1—阀体；2—锥阀芯；3—弹簧；4—上盖；5—控制活塞；6—活塞顶杆；7—下盖

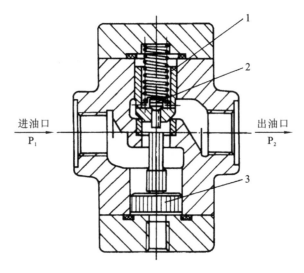

图 5-46 带卸荷阀芯的液控单向阀

1—单向阀阀芯；2—卸荷阀芯；3—微动活塞

2) 单向阀的应用

(1) 图 5-47 所示为采用液控单向阀的锁紧回路。在垂直放置液压缸的下腔管路上安置液控单向阀,就可将液压缸(负载)较长时间保持(锁定)在任意位置上,并可防止由于换向阀的内部泄露而引起带有负载的活塞杆下落。

(2) 图 5-48 所示为采用 2 个液控单向阀(又称双向液压锁)的锁紧回路。当三位换向阀处于左位机能时,液压泵输出的压力油正向通过液控单向阀 1 进入液压缸左腔,同时由控制油路将液控单向阀 2 打开,使液压缸右腔原来封闭的油液流回油箱,活塞向右运动。反之,

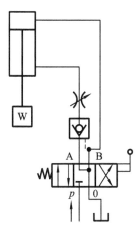
图 5-47 采用液控单向阀的锁紧回路

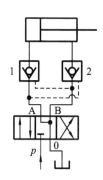
图 5-48 双向液压锁的锁紧回路

当三位换向阀处于右位机能时,正向打开液控单向阀 2,同时打开液控单向阀 1,使液压缸右腔进油,左腔回油,活塞向左运动。当三位换向阀处于中位机能时,由于 2 个液控单向阀的进油口都和油箱相通,使液控单向阀都处于关闭状态,液压缸两腔的油液均不能流出,液压缸的活塞便锁紧在停止的位置上。这种回路锁紧的可靠性及锁定位置精度仅受液压缸本身泄漏的影响。

(3) 若单杆液压缸的两腔有效工作面积相差很大,当有杆腔进油无杆腔回油得到快速运动时,无杆腔的回油量很大。如果换向阀的规格是按进入液压缸有杆腔所需流量选择的,那么液压缸无杆腔排出的流量就要超过换向阀的额定流量,这就有可能造成过大的压力损失,并产生噪声、振动等现象。为避免上述现象发生,可在回路中增设一液控单向阀旁通排油,如图 5-49 所示。

(4) 图 5-50 所示为采用液控单向阀的双速回路。当三位四通换向阀 1 右位起作用(同时二位三通阀 2 的右位也起作用)时,来自油泵(进油路)的油液经阀 1 的右位进入液压缸 5 的无杆腔,同时控制油路经阀 2 的右位接通液控单向阀 4 将阀 4 打开,从而使液压缸 5 的活塞向左运动,其排油经阀 4、阀 1 右位流回油箱。液压缸得到快速运动,当到达一定位置时,

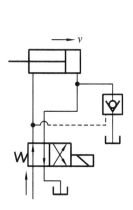
图 5-49 采用液控单向阀的旁通排油回路

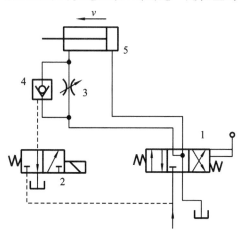
图 5-50 采用液控单向阀的双速回路

阀2的左位起作用,致使液控单向阀的控制油路接通油箱,液控单向阀关闭,这时液压缸的回油只能经过流量阀3(图中为节流阀)再经阀1流回油箱,液压缸获得了由阀3调节、控制的工进和慢速(慢速结束后,阀1左位起作用,泵的来油流经阀1左位。液控单向阀4的正向进入液压缸5有杆腔,液压缸回油经阀1左位流回油箱,活塞向右运动,液压缸复位)。

(5) 图 5-51 所示为采用液控单向阀的自动补油保压回路。在图示位置时,液压泵卸荷。当阀3的右位机能起作用时,泵1经液控单向阀4向液压缸6上腔供油,活塞自初始位置快速前进,接近物件。当活塞触及物件后,液压缸上腔压力上升,并达到预定压力值时,电接触式压力表5发出信号,将阀3移至中位,使泵1卸荷,液压缸上腔由液控单向阀4保压。当液压缸上腔的压力下降到某一规定值时,电接触式压力表5又发出信号,使阀3右位机能又起作用,泵1再次重新向液压缸6的上腔供油,使压力回升。如此反复,便可实现自动补油保压。当阀3的左位机能起作用时,活塞快速退回原位。

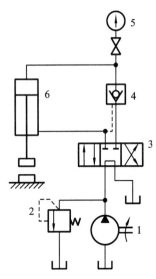

图 5-51 采用液控单向阀的自动补油保压回路

上述保压回路能在 20 MPa 的工作压力下保压 10 min,压力下降不超过 2 MPa。它的保压时间长,压力稳定性也好。

5.4.3 换向阀

换向阀是利用阀芯与阀体间相对运动时切换油路中液流的方向的液压元件。从而使液压执行元件启动、停止或变换运动方向。

对换向阀的主要要求是油液流经阀时的压力损失要小;互不相通的油口间的泄漏要小;换向平稳、迅速且可靠。

换向阀应用广泛,品种繁多。按阀芯运动的方式可分为滑阀式换向阀与转阀式换向阀两类;按操纵方式可分为手动阀、机动阀、电动阀、液动阀、电液动阀等;按阀芯在阀体内占据的工作位置可分为二位阀、三位阀、多位阀等;按阀体上主油路的数量可分为二通阀、三通阀、四通阀、五通阀、多通阀等;按阀的安装方式可分为管式阀、板式阀、法兰式阀。在此重点介绍换向阀的工作原理、典型结构、性能特点、职能符号及主要应用。

1. 滑阀式换向阀的工作原理

图 5-52 所示为滑阀式换向阀的工作原理图。阀芯是具有若干个环槽的圆柱体,阀体孔内开有5个沉割槽,每个沉割槽都通过相应的孔道与主油路连通。其中P为进油口,T为回油口,A和B分别与油缸的左右两腔连通。当阀芯处于图 5-52(a)所示位置时,P与B相通,A与T相通,活塞向左运动;当阀芯处于图 5-52(b)所示位置时,P与A相通,B与T相通,活塞向右运动。

2. 滑阀式换向阀的结构和职能符号

1) 主体结构

阀体和滑动阀芯是滑阀式换向阀的结构主体。表 5-2 所示是其最常见的结构形式。由

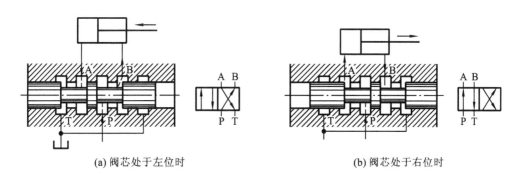

(a) 阀芯处于左位时　　　　　　　　(b) 阀芯处于右位时

图 5-52　滑阀式换向阀的工作原理图

表 5-2 可见,阀体上开有多个通口,阀芯相对于阀体移动后可以停留在不同的工作位置上。以表 5-2 中末行的三位五通阀为例,阀体上有 P、A、B、T_1、T_2 五个通口,阀芯有左、中、右三个工作位置。当阀芯处在图示中间位置时,五个通口都关闭;当阀芯移向左端时,通口 T_2 关闭,通口 P 和 B 相通,通口 A 和 T_1 相通;当阀芯移向右端时,通口 T_1 关闭,通口 P 和 A 相通,通口 B 和 T_2 相通。这种结构形式由于具有使五个通口都关闭的工作状态,故可使受它控制的执行元件在任意位置上停止运动,且有两个回油口,可得到不同的回油方式。

表 5-2　滑阀式换向阀主体部分的结构形式

名称	结构原理图	职能符号	使用场合	
二位二通阀			控制油路的连通与切断(相当于一个开关)	
二位三通阀			控制液流方向(从一个方向变换成另一个方向)	
二位四通阀			不能使执行元件在任一位置停止运动	执行元件正反向运动时回油方式相同
三位四通阀			能使执行元件在任一位置停止运动	
二位五通阀			不能使执行元件在任一位置停止运动	执行元件正反向运动时回油方式不同
三位五通阀			能使执行元件在任一位置停止运动	

（"使用场合"列中部跨多行标注"控制执行元件换向"）

2) 换向阀的"位"和"通"

"位"和"通"是换向阀的重要概念。不同的"位"和"通"构成了不同类型的换向阀。通常所说的"二位阀"、"三位阀"是指换向阀的阀芯有两个或三个不同的工作位置。所谓"二通阀"、"三通阀"、"四通阀"是指换向阀的阀体上有两个、三个、四个各不相通且可与系统中不同油管相连的油道接口,不同油道之间只能通过阀芯移位时阀口的开关来连通。

几种不同的"位"和"通"滑阀式换向阀的主体部分的结构形式和图形符号如表 5-2 所示。

表 5-2 中图形符号的含义如下。

(1) 用方框表示阀的工作位置,有几个方框就表示有几"位"。

(2) 方框内的箭头表示油路处于接通状态,但箭头方向不一定表示液流的实际流向。

(3) 方框内符号"⊥"或"⊤"表示该通路不通。

(4) 方框外部连接的接口数有几个,就表示是几"通"。

(5) 一般情况,阀与系统供油路连接的进油口用字母 P 表示,阀与系统回油路连接的回路口用 T(有时用 O)表示;而阀与执行元件连接的油口用 A、B 等表示。有时在图形符号上用 L 表示泄油口。

(6) 换向阀都有两个或两个以上的工作位置,其中一个为常态位,即阀芯未受到操纵力作用时所处的位置。图形符号中的中位是三位阀的常态位。利用弹簧复位的二位阀则以靠近弹簧的方框内的通路状态为其常态位。绘制系统图时,油路一般应连接在换向阀的常态位上。

3) 滑阀式换向阀的机能

(1) 二位二通换向阀常态机能。

二位二通换向阀(见图 5-53(b))其两个油口之间的状态只有两种:通或断,如图 5-53(a)所示。自动复位式(如弹簧复位)的二位二通换向阀的滑阀机能,有常闭式(O 型)和常开式(H 型)两种,如图 5-53(c)所示。

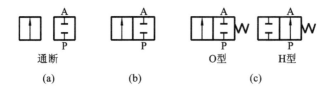

图 5-53 二通换向阀的滑阀机能

(2) 三位换向阀的中位机能。

三位四通换向阀的滑阀机能(又称中位机能)有很多种,各通口间不同的连通方式,可满足不同的使用要求。三位四通换向阀常见的中位机能、型号、符号及其特点如表 5-3 所示。为表示和分析的方便,常将各种不同的中位机能用一个字母来表示。不同的中位机能可通过改变阀芯的形状和尺寸得到。三位五通换向阀的情况与此相仿。

表 5-3　三位四通换向阀的中位机能

滑阀机能	符　　号	中位油口状况特点及应用
O 型	![O型符号]	P、A、B、T 四口全封闭,液压泵保压,液压缸闭锁,可用于多个换向阀的并联工作 H 型
H 型	![H型符号]	四口全串通,活塞处于浮动状态,在外力作用下可移动,用于泵卸荷
Y 型	![Y型符号]	P 口封闭,A、B、T 全通,活塞浮动,在外力的作用下可移动,用于泵保压
K 型	![K型符号]	P、A、T 相通,B 口封闭,活塞闭锁不动,用于泵卸荷
M 型	![M型符号]	P、T 相通,A 与 B 封闭,活塞闭锁不动,用于泵卸荷,也可以用多个 M 型换向阀并联工作
X 型	![X型符号]	四油口处于半开启状态,泵基本卸荷,但仍能保持一定压力
P 型	![P型符号]	P、A、B 相通,T 封闭,泵与缸两腔相通,可组成差动回路
J 型	![J型符号]	P 与 A 封闭,B 与 T 相通,活塞停止,但在外力作用下可向右移动,泵仍保压
C 型	![C型符号]	P 与 A 相通,B 与 T 皆封闭,活塞处于停止位置
N 型	![N型符号]	P 与 B 都封闭,A 与 T 相通,与 J 型机能相似,只是 A 与 B 互换了,功能也类似
U 型	![U型符号]	P 与 T 都封闭,A 与 B 相通,活塞浮动,在外力作用下可移动,用于泵保压

在分析和选择阀的中位机能时,通常考虑以下几点。

① 系统保压。当 P 口被堵塞,系统保压,液压泵能用于多缸系统。当 P 口不太通畅地与 T 口接通时(如 X 型),系统能保持一定的压力供控制油路使用。

② 系统卸荷 P 口通畅地与 T 口接通时,系统卸荷。

③ 换向平稳性和精度。当通向液压缸的 A、B 两口都堵塞时,换向过程易产生液压冲击,换向不平稳,但换向精度高。反之,A、B 两口都通 T 口时,换向过程中工作部件不易制动,换向精度低,但液压冲击小。

④ 启动平稳性。阀在中位时,液压缸某腔如通油箱,则启动时该腔内因无油液起缓冲作用,会使启动不太平稳。

⑤ 液压缸"浮动"和在任意位置上的停止阀在中位。当 A、B 两口互通时,卧式液压缸呈"浮动"状态,可利用其他机构移动工作台,调整其位置。当 A、B 两口堵塞或与 P 口连接时(在非差动情况下),可使液压缸在任意位置处停下来。

3) 换向阀的过渡机能

除中位机能外,有的系统还对阀芯换向过程中各油口的连通方式,即过渡机能提出了要求。根据过渡位置各油口连通状态及阀口节流形式尚可派生出其他滑阀机能,在液压符号中,这种过渡机能被画在各工位通路符号之间,并用虚线与之隔开。过渡过程虽只有一瞬间,且不能形成稳定的油口连通状态,但其作用不能忽视。如在换位过程中,二位四通阀的四个油口若能半开启,则可减小换向冲击,同时使 P 口保持一定压力,此即 X 型过渡机能,符号如图 5-54(a)所示。图 5-54(b)所示为具有 HMH 型过渡机能二位四通阀的符号。换向阀的过渡机能加长了阀芯的行程,这对电磁换向阀尤为不利,因为过长的阀芯行程不仅影响到电磁换向阀动作的可靠性,而且还延长了它的动作时间,所以电磁换向阀一般都是标准的换向机能而不设置过渡机能;只有液动(或电液动)换向阀才设计成不同的过渡机能。不同机能的滑阀,其阀体是通用件,区别仅在于阀芯台肩结构、轴向尺寸及阀芯上径向通孔个数的不同。

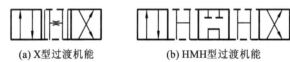

(a) X 型过渡机能　　　　(b) HMH 型过渡机能

图 5-54　换向阀的过渡机能

4) 滑阀式换向阀的操纵方式及典型结构

使换向阀芯移动的驱动力有多种方式,目前主要有手动、机动、电动、液动、电液几种方式。下面介绍液压阀的典型结构。

(1) 手动换向阀。

手动换向阀是用控制手柄直接操纵阀芯的移动而实现油路切换的阀。

图 5-55(a)所示为弹簧自动复位的三位四通手动换向阀。由图 5-55(a)可以看到:向右推动手柄时,阀芯向左移动,油口 P 与 A 相通,油口 B 通过阀芯中间的孔与油口 T 连通;当松开手柄时,在弹簧作用下,阀芯处于中位,油口 P、A、B、T 全部封闭。当向左推动手柄时,阀芯处于右位,油口 P 与 B 相通,油口 A 与 T 相通。

图 5-55(b)所示为钢球定位的三位四通手动换向阀,它与弹簧自动复位的阀的主要区

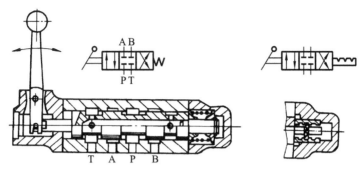

(a) 弹簧自动复位的三位四通手动换向阀　　(b) 钢球定位的三位四通手动换向阀

图 5-55　三位四通手动换向阀

别为：手柄可在三个位置上任意停止，不推动手柄，阀芯不会自动复位。

（2）机动换向阀。

机动换向阀又称为行程阀，如图 5-56 所示，它是靠安装在执行元件上的挡块 5 或凸轮推动阀芯移动，机动换向阀通常是两位阀。图 5-56(a)所示为二位三通机动换向阀的结构图。在图 5-56(a)所示位置，阀芯 2 在弹簧 1 作用下处于上位，油口 P 与 A 连通。当运动部件挡块 5 压向滚轮 4 时，阀芯向下移动，油口 P 与 T 连通。图 5-56(b)所示为二位三通机动换向阀的职能符号。

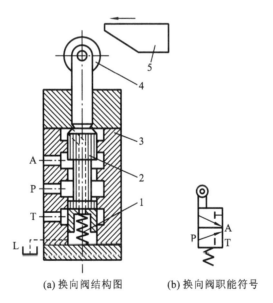

(a) 换向阀结构图　　(b) 换向阀职能符号

图 5-56　二位三通机动换向阀

1—弹簧；2—阀芯；3—阀体；4—滚轮；5—挡块

机动换向阀结构简单，换向平稳可靠，但必须安装在运动部件附近，油管较长，压力损失较大。

（3）电磁换向阀。

电磁换向阀是利用电磁铁的吸合力，控制阀芯运动实现油路换向。电磁换向阀控制方便，应用广泛，但由于液压油通过阀芯时所产生的液动力使阀芯移动受到阻碍，受到电磁吸合力限制,电磁换向阀只能用于控制较小流量的回路。

① 电磁铁。电磁换向阀中的电磁铁是驱动阀芯运动的动力元件。按电源类型可分为直流电磁铁和交流电磁铁;按活动衔铁是否在液压油充分润滑状态下运动,可分为干式电磁铁和湿式电磁铁。

交流电磁铁可直接使用 380 V、220 V、110 V 交流电源,具有电路简单、无需特殊电源、吸合力较大等优点,由于其铁心材料由矽钢片叠压而成,体积大,电涡流造成的热损耗和噪声无法消除,因而具有发热大、噪声大,且工作可靠性差、寿命短等缺点,可用在设备换向精度要求不高的场合。

直流电磁铁需要一套变压与整流设备,所使用的直流电流为 12 V、24 V、36 V 或 110 V,由于其铁心一般由整体工业纯铁制成,具有电涡流损耗小、无噪声、体积小、工作可靠性好、寿命长等优点。但直流电磁铁需用特殊电源,造价较高,加工精度也较高,一般用在换向精度要求较高的场合。

图 5-57 所示为干式电磁铁结构图。干式电磁铁结构简单、造价低、品种多、应用广泛。但为了保证电磁铁不进油,在阀芯推动杆 4 处设置了密封圈 10,此密封圈所产生的摩擦力消耗了部分电磁推力,同时也限制了电磁铁的使用寿命。

图 5-58 所示为湿式电磁铁结构图。由图可知,电磁阀推杆 1 上的密封圈被取消,换向阀端的压力油直接进入衔铁 4 与导磁导套缸 3 之间的空隙处,使衔铁在充分润滑的条件下工作,工作条件得到改善。油槽 a 的作用是使衔铁两端油室互相连通,又存在一定的阻尼,使衔铁运动更加平稳。线圈 2 安放在导磁导套缸 3 的外面,不与液压油接触,其寿命大大提高。当然,湿式电磁铁也存在造价高、换向频率受限等缺点。湿式电磁铁也有直流和交流电磁铁之分。

② 二位二通电磁换向阀。图 5-59(a)所示为二位二通电磁换向阀的结构图,由图 5-59

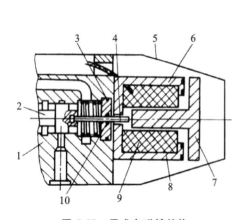

图 5-57 干式电磁铁结构

1—阀体;2—阀芯;3—密封圈;4—推动杆;
5—外壳;6—分磁环;7—衔铁;8—定铁心;
9—线圈;10—密封圈

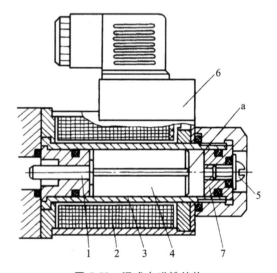

图 5-58 湿式电磁铁结构

1—推杆;2—线圈;3—导磁导套缸;4—衔铁;
5—放气螺钉;6—插头组件;7—挡板

(a)可以看出,阀体上两个沉割槽分别与开在阀体上的油口相连(由箭头表示),阀体两腔由通道 a-b-c 相连,当电磁铁未通电时,阀芯 2 被弹簧 3 压向左端位置,顶在挡板 5 的端面上,此时油口 P 与 A 不通;当电磁铁通电时,衔铁 8 向右吸合,推杆 7 推动阀芯向右移动,弹簧 3 压缩,油口 P 与 A 接通。图 5-59(b)所示为二位二通电磁换向阀的职能符号。

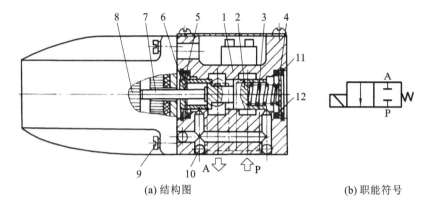

(a) 结构图   (b) 职能符号

图 5-59　二位二通电磁换向阀
1—阀体;2—阀芯;3—弹簧;4、5、6—挡块;7—推杆;
8—衔铁;9—螺钉;10—钢球;11—弹簧挡圈;12—密封圈

③ 三位四通电磁换向阀。图 5-60(a)所示为三位四通电磁换向阀结构图,由图 5-60(a)可知,阀芯 2 上有两个环槽,阀体上开有五个沉割槽,中间三个沉割槽分别与油口 P、A、B 相连(由箭头表示)。两边两个沉割槽由内部通道 a-b 相连后与油口 T 相通(由箭头表示)。当两端电磁铁 8、9 均不通电时,阀芯在两端弹簧 5 的作用下处于中间位置,油口 A、B、P、T 均不通;当电磁铁 9 通电时,推杆推动阀芯 2 向左移动,油口 P 与 A 接通,B 与 T 接通;当电磁铁 8 通电时,推杆推动阀芯 2 向右移动,油口 P 与 B 接通,A 与 T 接通。图 5-60(b)所示为三位四通电磁换向阀的职能符号。

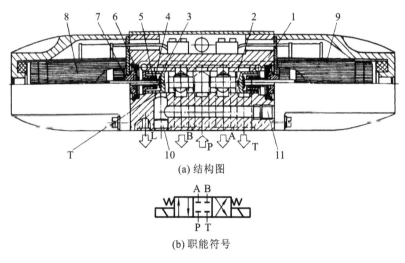

(a) 结构图

(b) 职能符号

图 5-60　三位四通电磁换向阀
1—阀体;2—阀芯;3—推杆;4—定位套;5—弹簧;
6、7—挡板;8、9—电磁铁;10—封堵;11—螺塞

(4) 液动换向阀。

液动换向阀是利用液压系统中控制油路的压力油来推动阀芯移动,实现油路的换向。由于控制油路的压力能调节,因此可以产生较大的推力。液动换向阀可以用于控制较大流量的回路。

图5-61(a)为三位四通液动换向阀的结构图。阀芯2上开有两个环槽,阀体1孔内开有五个沉割槽。阀体的沉割槽分别与油口P、A、B、T相连(左右两沉割槽在阀体内由内部通道相连),阀芯两端有两个控制油口K_1、K_2分别与控制油路连通。当控制油口K_1与K_2均无压力油时,阀芯2处于中间位置,油口P、A、B、T互不相通,当控制油口K_1有压力油时,压力油推动阀芯2向右移动,使之处于右端位置,油口P与A连通,油口B与T连通;当控制油口K_2有压力油时,压力油推动阀芯2向左移动,使之处于左端位置,油口P与B连通,油口A与T连通。图5-61(b)所示为三位四通液动换向阀的职能符号。

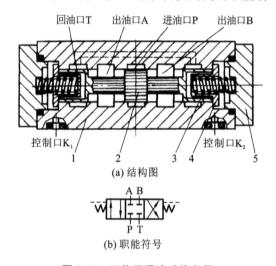

图5-61 三位四通液动换向阀
1—阀体;2—阀芯;3—弹簧;4—弹簧套;5—阀端盖

(5) 电液动换向阀。

电液动换向阀简称电液换向阀,由电磁换向阀和液动换向阀组成。电磁换向阀为Y型中位机能的先导阀,用于控制液动换向阀换向;液动换向阀为O型中位机能的主换向阀,用于控制主油路换向。

电液换向阀集中了电磁换向阀和液动换向阀的优点:既可方便的换向,也可控制较大的液流流量。图5-62(a)所示为三位四通电液换向阀结构原理图,图5-62(b)所示为该阀的职能符号,图5-62(c)所示为该阀的简化职能符号。

由图5-62(a)可知,电液换向阀的原理为:当电磁铁4、6均不通电时,电磁阀芯5处于中位,控制油进口P′被关闭,液动阀阀芯1两端均不通压力油,在弹簧作用下液动阀阀芯处于中位,主油路P、A、B、T互不相通;当电磁铁4通电时,电磁阀芯5处于右位,控制油口P′打开,油液通过单向阀2到达液动阀阀芯1左腔;回油经节流阀7、电磁阀芯5流回油箱T′,此时液动阀阀芯向右移动,主油路P与A连通,B与T连通。同理,当电磁铁6通电、电磁铁4断电时,先导阀芯向左移,控制油压使液动阀阀芯向左移动,主油路P与B连通,A与T连通。

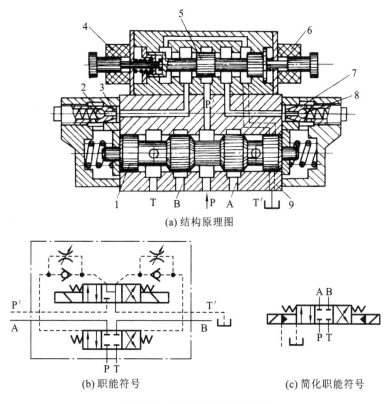

(a) 结构原理图

(b) 职能符号 (c) 简化职能符号

图 5-62 三位四通电液换向阀

1—液动阀阀芯；2、8—单向阀；3、7—节流阀；4、6—电磁铁；5—电磁阀阀芯；9—阀体

电液换向阀内的节流阀可以调节液动阀阀芯的移动速度，从而使主油路的换向平稳性得到控制。有的电磁换向阀无此调节装置。

3. 转阀式换向阀

转阀式换向阀又称为转阀。图 5-63 所示为转阀式换向阀工作原理图，阀芯 1 上开有 4 个对称的圆缺，两两对应连通，阀体 2 上开有四个油口分别与油泵 P、油箱 T，以及油缸两腔 A、B 连通。当阀芯处于图 5-63(a) 所示位置时，P 与 A 连通，B 与 T 连通，活塞向右运动；当阀芯处于图 5-63(b) 所示位置时，P、A、B、T 均不连通，活塞停止运动；当阀芯处于图 5-63(c) 所示位置时，P 与 B 连通，A 与 T 连通，活塞向左运动。图 5-63(d) 所示为转阀的职能符号。

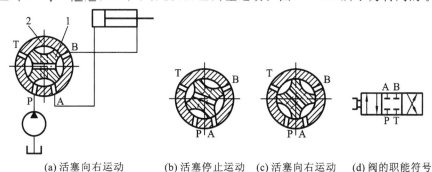

(a) 活塞向右运动 (b) 活塞停止运动 (c) 活塞向右运动 (d) 阀的职能符号

图 5-63 转阀式换向阀工作原理

转阀阀芯上的径向液压力是不平衡的,转动比较费力,而且内部密封也比较差,一般只适用于低压小流量的场合,常作为先导阀或小流量换向阀。

4. 球阀式换向阀

球阀式换向阀又称为球阀。图 5-64 所示为电磁球阀的结构图,它主要由左阀座、右阀座、球阀、操纵杆、杠杆、弹簧等组成。图中 P 口压力油除通过右阀座孔作用在球阀的右边外,还经过阀体上的通道 b 进入操纵杆的空腔并作用在球阀的左边,于是球阀所受轴向液压力平衡。图 5-64(b)所示为该阀的职能符号。

在电磁铁不通电无电磁力输出时,球阀在右端弹簧力的作用下紧压在左阀座孔上,油口 P 与 A 连通,油口 T 关闭。当电磁铁通电后,则电磁吸力推动铁芯左移,杠杆绕支点逆时针方向转动,电磁吸力经放大(一般放大 3~4 倍)后通过操纵杆给球阀施加一个向右的力。该力克服球阀右边的弹簧力将球阀推向右阀座孔,于是油口 P 与 T 不通,油口 A 与 T 连通,油路换向。

图 5-64 所示球阀式换向阀为二位三通阀,在装上专用底板后可构成四通阀。与电磁滑阀相比,电磁球阀有下列几个特点。

(1) 无液压卡死现象,对油液污染不敏感,换向性能好。
(2) 密封为线密封,密封性能好,最高工作压力可达 63 MPa。
(3) 电磁吸力经放大后传给阀芯,推动力大。
(4) 使用介质的黏度范围大,可以直接用于高水基、乳化液。
(5) 球阀换向时,中间过渡位置三个油口互通,故不能像滑阀那样具有多种中位机能。
(6) 因要保证左、右阀座孔与阀体孔同心,因此加工、装配工艺难度较大,成本较高。
(7) 目前主要用在超高压小流量的液压系统中或作为二通插装阀的先导阀。

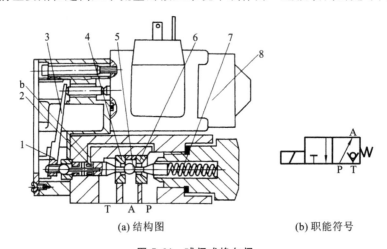

(a) 结构图　　(b) 职能符号

图 5-64　球阀式换向阀

1—支点;2—操纵杆;3—杠杆;4—左阀座;
5—球阀;6—右阀座;7—弹簧;8—电磁铁

5. 多路换向阀

多路换向阀是一种集成化结构的手动控制复合式换向阀,通常由多个换向阀及单向阀、溢流阀、补油阀等组成,其换向阀的个数由多路集成控制的执行机构数目而定,溢流阀、补油阀、单向阀、过载阀可根据要求装设。多路换向阀以其多项的功能、集成的结构和方便的操作性,在矿山机械、冶金机械、工程机械等行走液压设备中得到广泛的应用。

1) 多路阀的结构形式

多路阀的结构形式常分为组合式多路阀和整体式多路阀两种。组合式多路阀又称为分片式多路阀。它由若干片阀体组成,一个换向阀称为一片,用螺栓将叠加的各片连接起来。它可以用很少几种单元阀体组合成多种不同功能的多路阀,能够适应多种机械的需要。它具有通用性较强、制造工艺性好等特点,但也存在阀体积大、片间需密封、阀体容易变形而卡住阀芯、内泄漏较为严重等问题。

整体式多路阀是把具有固定数目的多个换向阀体铸造成一个整体,所有换向阀滑阀及各种阀类元件均装在这一阀体内。该阀体铸造成油道,有利于设计安排,其拐弯处过渡圆滑,过流损失小,通流能力大,阀体刚性好,阀芯配合精度可得到较大的提高,机加工工作量减小,内外泄漏小,结构更加紧凑。这种阀的缺点是铸造及加工要求的工艺性高、清砂工作困难、制造时质量控制难度较大。

2) 多路阀油路的连接方式

根据主机工作性能要求,各换向阀之间的油路连接,通常有并联、串联、混联三种方式。

图 5-65(a)所示为并联油路的多路阀。这类多路阀,从系统来的压力油可直接通到各联滑阀的进油腔,各联滑阀的回油腔又都直接通到多路换向阀的总回油口。当采用这种油路连通方式的多路换向阀同时工作时,压力油总是先进入油压较低的执行元件,因此,只有执行元件进油腔的油压相等时,它们才能同时动作。并联油路的多路换向阀压力损失较小。

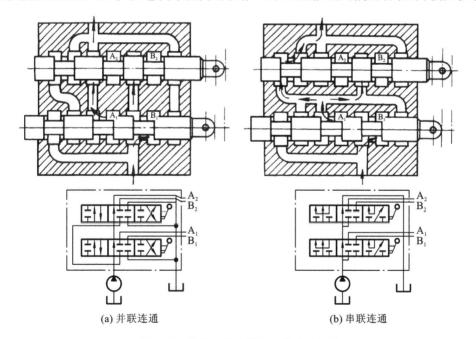

(a) 并联连通　　　　　　　　(b) 串联连通

图 5-65　多路阀的油路连接方式及符号

A_1—第一个执行元件的工作油口;B_1—第一个执行元件的工作油口;
A_2—第二个执行元件的工作油口;B_2—第二个执行元件的工作油口

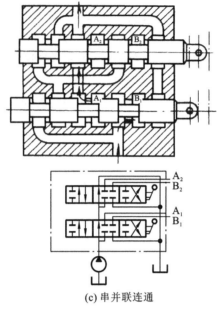

(c) 串并联连通

续图 5-65

图 5-65(b)所示为串联油路连接的多路阀。在这类阀中,每一联滑阀的进油腔都与前一联滑阀的中位回油路相通,这样,可使串联油路内数个执行元件同时动作。实现上述动作的条件是液压泵所能提供的油压要大于所有正在工作的执行元件两腔压差之和。串联油路的多路换向阀的压力损失较大。

图 5-65(c)所示为串并联油路连接的多路阀。在此阀中,每一联滑阀的进油腔都与前一联滑阀的中位回油路相通,每一联滑阀的回油腔则直接与总回油路连接,即各滑阀的进油腔串联,回油腔并联。它的特点是当某一联滑阀进行换向时,其后各联滑阀的进油通路均被切断。因此,各滑阀之间具有互锁功能,可以防止误动作。

除上述三种基本方式外,当多路换向阀的联数较多时,还常常采用上述几种油路连接方式的组合,称为复合油路连接。

5.5 插装阀、叠加阀、数字阀

5.5.1 插装阀

插装阀又称为二通插装阀、逻辑阀、锥阀,是一种以二通型单向元件为主体、采用先导控制和插装式连接的新型液压控制元件。插装阀具有一系列的优点:主阀芯质量小、行程短、动作迅速、响应灵敏、结构紧凑、工艺性好、工作可靠、寿命长、便于实现无管化连接和集成化控制等。该阀特别适用于高压大流量系统,二通插装阀控制技术在锻压机械、塑料机械、冶金机械、铸造机械,船舶、矿山及其他工程领域得到了广泛的应用。

1. 插装阀的基本结构及工作原理

二通插装阀的主要结构由插装件、控制盖板、先导控制阀和集成块四部分组成,如图5-66(a)所示。图5-66(b)所示为其原理符号图。

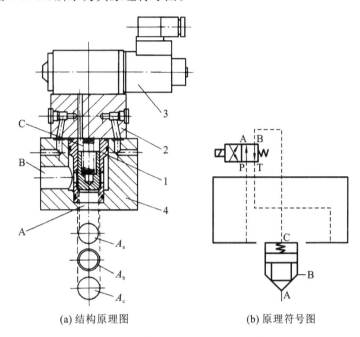

(a) 结构原理图　　　　(b) 原理符号图

图 5-66　插装阀结构原理图和原理符号图
1—插装件;2—控制盖板;3—先导控制阀;4—集成块

插装阀有两个主通道进出油口A、B和一个控制油口C。工作时,阀口是开启还是关闭取决于阀芯的受力状况。通常状况下,阀芯的质量、阀芯与阀体的摩擦力和液动力可以忽略不计,则

$$\Sigma F = p_c A_c - p_b A_b - p_a A_a + F_s + F_y \tag{5-17}$$

式中:p_c——控制腔C腔的压力;

A_c——控制腔C腔的面积,$A_c = A_a + A_b$;

p_b——主油路B口的压力;

A_b——主油路B口的控制面积;

p_a——主油路A口的压力;

A_a——主油路A口的控制面积;

F_s——弹簧力;

F_y——液动力(一般可忽略不计)。

当$\Sigma F > 0$时,阀芯处于关闭状态,A口与B口不通;当$\Sigma F < 0$时,阀芯开启,A口与B口连通;$\Sigma F = 0$时,阀芯处于平衡位置。由式(5-17)可以看出,采取适当的方式控制C腔的压力p_c就可以控制主油路中A口与B口的油流方向和压力。由图5-66(a)还可以看出,如果采取措施控制阀芯的开启高度(也就是阀口的开度),就可以控制主油路中的流量。

以上所述即为二通插装阀的基本工作原理。在这里特别要强调的一点是:二通插装阀A口控制面积与C腔控制面积之比,$\beta = A_c / A_a$,称为面积比,它是一个十分重要的参数,对

二通插装阀的工作性能有重要的影响。

1) 插装阀的插装件

插装件是由阀芯、阀体、弹簧和密封件等组成,根据其用途不同分为方向阀插装件、压力阀插装件和流量阀插装件三种。其结构可以是锥阀式结构,也可以是滑阀式结构。插装件是插装阀的主体。插装元件为中空的圆柱形,前端为圆锥形封面的组合体,性能不同的插装阀其阀芯的结构不同,如插装阀芯的圆锥端可以为封堵的锥面,也可以是带阻尼孔或开三角槽的圆锥面。插装元件安装在插装块体内,可以自由地轴向移动。控制插装阀芯的启闭和开启量的大小,可以控制主油路液体的流动方向、压力和流量。同一通径的三种插装件的安装尺寸相同,但阀芯的结构形式和阀体孔直径不同。图 5-67 所示为三种插装件的结构图及职能符号。

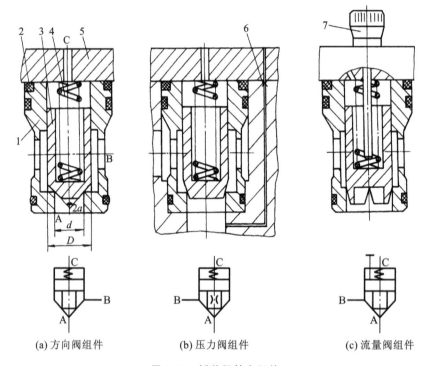

图 5-67 插装阀基本组件

1—阀套;2—密封圈;3—阀芯;4—弹簧;5—盖板;6—阻尼孔;7—阀芯行程调节杆

方向阀插装件的阀芯半锥角 $\alpha=45°$,面积比 $\beta=2$,即油口作用面积 $A_a=A_b$,油口 A、B 可双向流动。

压力阀插装件中的减压阀阀芯为滑阀,面积比 $\beta=1$,即油口作用面积 $A_a=A_c$,$A_b=0$,油口 A 出油,溢流阀和顺序阀的阀芯半锥角 $\alpha=15°$,面积比 $\beta=1.1$,油口 A 进油,油口 B 出油。

流量阀插装件为得到好的压力流量增益,常把阀芯设计成带尾部的结构,尾部窗口可以是矩形,也可以是三角形,面积比 $\beta=1$ 或 $\beta=1.1$,一般油口 A 进油,油口 B 出油。

2) 插装阀的控制盖板

控制盖板由盖板内嵌装各种微型先导控制元件(如梭阀、单向阀、插式调压阀等)及其他元件组成。内嵌的各种微型先导控制元件与先导控制阀结合可以控制插装件的工作状态,在控制盖板上还可以安装各种检测插装件工作状态的传感器等。根据控制功能不同,控制盖板可以分为方向控制盖板、压力控制盖板和流量控制盖板三大类。当具有两种以上功能时,称为复合控制盖板。控制盖板主要功能是固定插装件、建立控制油路与主阀控制腔之间的联系等。

3)插装阀的先导控制阀

插装阀的先导控制阀是指安装在控制盖板上(或集成块上),对插装件动作进行控制的小通径控制阀,主要有 6 mm 和 10 mm 通径的电磁换向阀、电磁球阀、压力阀、比例阀、可调阻尼器、缓冲器及液控先导阀等。当主插件通径较大时,为了改善其动态特性,也可以用较小通径的插装件进行两级控制。先导控制元件用于控制插装件阀芯的动作,以实现插装阀的各种功能。

4)集成块

集成块用来安装插装件、控制盖板和其他控制阀,以及沟通主要油路。

2. 插装阀的应用

1)插装方向控制阀

同普遍液压阀相类似,插装阀与换向阀组合,可形成各种形式的插装方向阀。图 5-68 所示为几种插装方向阀的示例。

(1)插装单向阀如图 5-68(a)所示,将插装阀的控制油口 C 与 A 或 B 连接,形成插装单向阀。若 C 口与 A 口连接,则阀口 B 到 A 导通,A 口到 B 口不通;若 C 口与 B 口连接,则阀口 A 到 B 口导通,B 口到 A 口不通。

(2)电液控单向阀如图 5-68(b)所示,当电磁阀不通电时,B 口与 C 口连通,此时只能从 A 口到 B 口导通,B 口到 A 口不通;当电磁阀通电时,C 口通过电磁阀接油箱,此时 A 口与 B 口可以两方向导通。

(3)二位二通插装换向阀如图 5-68(c)所示,当电磁阀不通电时,A 口与 B 口关闭;当电磁阀通电时,A 口与 B 口导通。

(4)二位三通插装换向阀如图 5-68(d)所示,当电磁阀不通电时,A 口与 T 口导通,P 口关闭;当电磁阀通电时,P 口与 A 口导通,T 口关闭。

(5)三位三通插装换向阀如图 5-68(e)所示,当电磁阀不通电时,控制油液使二个插装件关闭,P 口、T 口、A 口互不连通;当电磁阀左电磁铁通电时,P 口与 A 口导通,T 口关闭;当电磁阀右电磁铁通电时,A 口与 T 口导通,P 口关闭。

(6)二位四通插装换向阀如图 5-68(f)所示,当电磁阀不通电时,P 口与 B 口导通,A 口与 T 口导通;当电磁阀通电时,P 口与 A 口导通,B 口与 T 口导通。

(7)三位四通插装换向阀如图 5-68(g)所示,当电磁阀不通电时,控制油液使四个插装件关闭,P 口、T 口、A 口、B 口互不连通;当电磁阀左电磁铁通电时,P 口与 A 口导通,B 口与 T 口导通;当电磁阀右电磁铁通电时,P 口与 B 口导通,A 口与 B 口导通。

根据需要还可以组成具有更多位置和不同机能的四通换向阀。例如一个由二位四通电磁阀控制的三通阀和一个由三位四通电磁阀控制的三通阀组成的四通阀则具有 6 种工作机能。如果用两个三位四通电磁阀来控制,则可构成一个九位的四通换向阀。

如果 4 个插装件各自用一个电磁阀进行分别控制时,就可以构成一个具有 12 种工作机

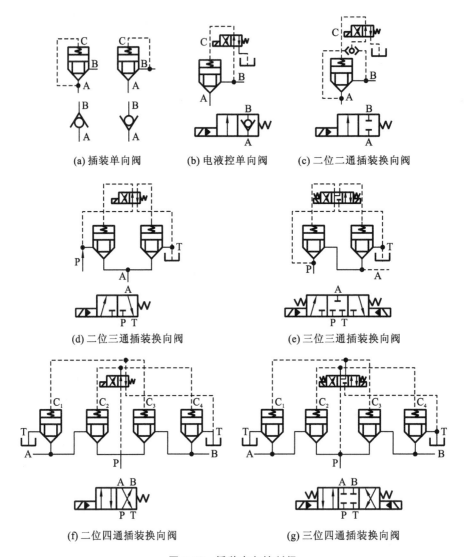

图 5-68 插装方向控制阀

能的四通换向阀。这种组合形式机能最全、适用范围最广、通用性最好,但是应用的电磁阀数量最多,对电气控制的要求较高,成本也高。在实际使用中,一个四通换向阀通常不需要这么多的工作机能,所以,为了减少电磁阀数量,减少故障,应该多采用上述的只用一个或两个电磁阀集中控制的形式。

2) 压力控制插装阀

采用带阻尼的插装阀芯并在控制口 C 安装压力控制阀,就组成了图 5-69 所示的各种插装式压力控制阀。

(1) 图 5-69(a)所示为插装式溢流阀,用直动式溢流阀来控制油口 C 的压力,当油口 B 接油箱时,阀口 A 处的压力达到溢流阀控制口的调定值后,油液从 B 口溢流,其工作原理与传统的先导式溢流阀完全一样。

(2) 图 5-69(b)所示为插装式电磁溢流阀,溢流阀的先导回路上再加一个电磁阀来控制其卸荷,便构成一个电磁溢流阀,这种形式在二通插装阀系统中是很典型的,它的应用极其普遍。电磁阀不通电时,系统卸荷;通电时溢流阀工作,系统升压。

(3) 图5-69(c)所示为插装式卸荷溢流阀,用卸荷溢流阀来控制油口C的压力,当远控油路没有油压时,系统按溢流阀调定的压力工作;当远控油路有控制油压时,系统卸荷。

(4) 图5-69(d)所示为插装式减压阀,当A口的压力低于先导溢流阀调定的压力时,A口与B口直通,不起减压作用;当A口压力达到先导溢流阀调定的压力时,先导溢流阀开启,减压阀芯动作,使B口的输出压力稳定在调定的压力。

(5) 图5-69(e)所示为插装式远控顺序阀,B口不接油箱,与负载相接,先导溢流阀的出口单独接油箱,就成为一个先导式顺序阀。当远控油路没有油压时,就是内控式顺序阀;当远控油路有控制油压时,就是远控式顺序阀。

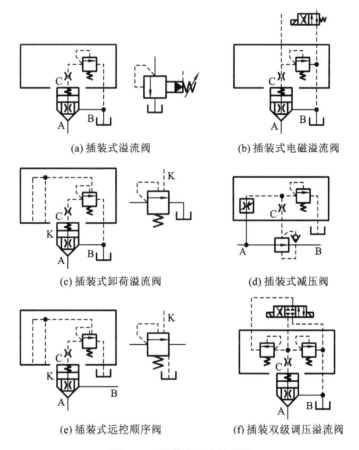

图 5-69 插装式压力控制阀

(6) 图5-69(f)所示为插装双级调压溢流阀,用两个先导溢流阀控制一个压力插装件,用一个三位四通换向阀控制两个先导阀的导通,更换不同中位机能的换向阀,就有不同的控制方式。

3) 插装式流量阀

控制插装件阀芯的开启高度就能使它起到节流作用。如图5-70(a)所示,插装件与带行程调节器的盖板组合,由调节器上的调节杆限制阀芯的开口大小,就形成了插装式节流阀。若将插装式节流阀与定差减压阀连接,就组成了插装式调速阀,如图5-70(b)所示。

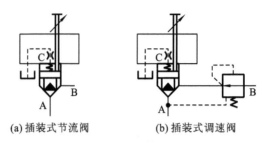

(a) 插装式节流阀　　(b) 插装式调速阀

图 5-70　插装式流量阀

总之,插装阀经过适当的连接和组合,可组成各种功能的液压控制阀。实际上插装阀系统是一个集方向、流量、压力于一体的复合油路,一组插装油路也可以由不同通径规格的插装件组合,也可与普通液压阀组合,组成复合系统;也可以与比例阀组合,组成电液比例控制的插装阀系统。

5.5.2　叠加阀

叠加阀是叠加式液压阀的简称。叠加阀是在集成块的基础上发展起来的一种新型液压元件。叠加阀的结构特点是阀体本身既是液压阀的机体,又具有通道体和连接体的功能。使用叠加阀可实现液压元件间无管化集成连接,使液压系统连接方式大为简化,系统紧凑,功耗减少,设计安装周期缩短。

目前,叠加阀的生产已形成系列化。每一种通径系列的叠加阀的主油路通道的位置、直径,安装螺钉的大小、位置、数量都与相应通径的主换向阀相同。因此,每一通径系列的叠加阀都可叠加起来组成相应的液压系统。

在叠加式液压系统中,一个主换向阀及相关的其他控制阀所组成的子系统可以叠加成一阀组,阀组与阀组之间可以用底板或油管连接形成总液压回路。因此,在进行液压系统设计时,完成了系统原理图的设计后,还要绘制成叠加阀式液压系统图。为便于设计和选用,目前所生产的叠加阀都给出其型谱符号。有关部门已颁布了国产普通叠加阀的典型系列型谱。

叠加阀根据工作性能,可分为单功能叠加阀和复合功能叠加阀两类。

1. 单功能叠加阀

单功能叠加阀与普通液压阀一样,也具有压力控制阀(如溢流阀、减压阀、顺序阀等)、流量阀(如节流阀、单向节流阀、调速阀等)和方向阀(如换向阀、单向阀、液控单向阀等)。为便于连接形成系统,每个阀体上都具备 P、T、A、B 四条以上贯通的通道,阀内油口根据阀的功能分别与自身相应的通道相连接。为便于叠加,在阀体的结合面上,上述各通道的位置相同。由于结构的限制,这些通道多数是精密铸造成型的异型孔。

单功能叠加阀的控制原理、内部结构,均与普通同类板式液压阀相似,为避免重复,在此仅以 Y_1 型溢流阀为例,说明叠加阀的结构特点。

图 5-71 所示为先导叠加式溢流阀。图中先导阀为锥阀,主阀芯为前端是锥形面的圆柱体。压力油从阀口 P 进入主阀芯右端 e 腔,作用于主阀芯 6 右端,同时通过小孔 d 进入主阀芯左腔 b,再通过小孔 a 作用于锥阀芯 3 上。当进油口压力小于阀的调整压力时,锥阀芯关

闭,主阀芯无溢流;当进油口压力升高,达到阀的调整压力后,锥阀芯打开,液流流经小孔 d、a 到达出油口 T_1,液流流经阻尼孔 d 时产生压力降,使主阀芯两端产生压力差,此压力差克服弹簧力使主阀芯 6 向左移动,主阀芯开始溢流。调节螺钉 1,可压缩弹簧 2,从而调节阀的调定压力。图 5-71(b)所示为叠加式溢流阀的型谱符号。

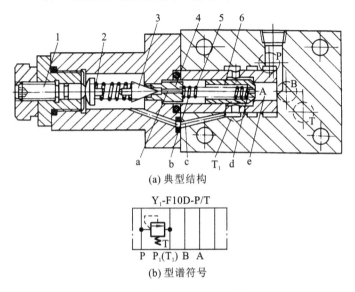

图 5-71 先导叠加式溢流阀

1—螺钉;2、5—弹簧;3—锥阀芯;4—锥阀座;6—主阀芯

2. 复合功能叠加阀

复合功能叠加阀又称之为多机能叠加阀。它是在一个控制阀芯单元中实现两种以上的控制机能的叠加阀。在此以顺序背压叠加阀为例,介绍复合叠加阀的结构特点。

图 5-72 所示为顺序背压叠加阀,其作用是在差动系统中,当执行元件快速运动时,保证液压缸回油畅通;当执行元件进入工进工作过程后,顺序阀自动关闭,背压阀工作,在油缸回油腔建立起所需的背压。该阀的工作原理为:当执行元件快进时,A 口的压力低于顺序阀的调定压力值,主阀芯 1 在调压弹簧 2 的作用下,处于左端,油口 B 液流畅通,顺序阀处于常通状态。执行件进入工进后,由于流量阀的作用,使系统的压力提高,当进油口 A 的压力超过

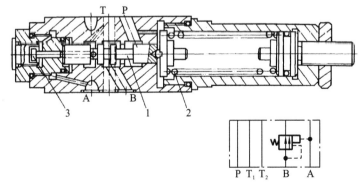

图 5-72 顺序背压叠加阀

1—主阀芯;2—调压弹簧;3—控制活塞

顺序阀的调定值时,控制活塞 3 推动主阀芯右移,油路 B 被截断,顺序阀关闭,此时 B 腔回油阻力升高,压力油作用在主阀芯上开有轴向三角槽的台阶左端面上,对阀芯产生向右的推力,主阀芯 1 在 A、B 两腔油压的作用下,继续向右移动使节流阀口打开,B 腔的油液经节流口回油,维持 B 腔回油并保持一定的压力值。

5.5.3 数字阀

用数字信息直接控制阀口的开启和关闭,从而实现液流压力、流量、方向控制的液压控制阀,称为电液数字阀,简称数字阀。数字阀可直接与计算机的数据口连接,不需要 D/A 转换器。数字阀与伺服阀和比例阀相比,其结构简单、工艺性好、价格低廉、抗污染能力强、工作稳定可靠、功耗小。在计算机实时控制的电液系统中,数字阀已部分取代比例阀或伺服阀,为计算机在液压领域的应用开拓了一个新的途径。

1. 数字阀的工作原理与组成

对计算机而言,最普通的信号是量化为两个量级的信号,即"开"和"关"。用数字量来控制阀口的方法很多,常用的是由脉数调制(PNM)演变而来的增量式控制法及脉宽调制(PWM)控制法。

增量式数字阀采用步进电机-机械转换器,通过步进电动机,在脉数调制信号的基础上,使每个采样周期的步数在前一个采样周期步数上增加或减少步数,以达到需要的幅值,由机械转换器输出位移控制液压阀阀口的开启和关闭。图 5-73 所示为增量式数字阀控制系统的框图。

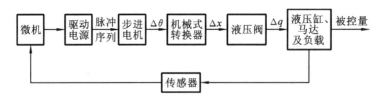

图 5-73 增量式数字阀控制系统的框图

脉宽调制式数字阀通过脉宽调制放大器将连续信号调制为脉冲信号并放大,然后输送给高速开关数字阀,以开启时间的长短来控制阀的开口大小。在需要作两个方向运动的系统中,要用两个数字阀分别控制不同方向的运动,这种数字阀用于控制系统的框图如图5-74所示。

以上两种控制方式中步进电动机使用较成熟,国外已有系列产品,脉宽调制式数字阀尚在研制阶段。

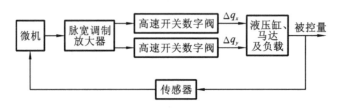

图 5-74 脉宽调制式数字阀控制系统的框图

2. 数字阀的典型结构

1) 数字式流量控制阀

图 5-75 所示为步进电动机直接驱动的数字式流量控制阀的结构。当计算机给出脉冲信号后,步进电动机 1 转过一个角度 $\Delta\theta$,作为机械转换装置的滚珠丝杠 2 将旋转角度 $\Delta\theta$ 转换为轴向位移 Δx 直接驱动节流阀阀芯 3,开启阀口。步进电动机转过一定步数,可控制阀口的一定开度,从而实现流量控制。

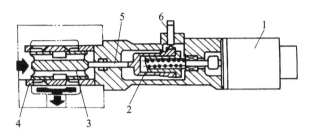

图 5-75 数字式流量控制阀的结构

1—步进电动机;2—滚珠丝杠;3—节流阀阀芯;4—阀套;5—连杆;6—零位移传感器

如图 5-75 所示,开在阀套上的节流口有两个,其中右节流口为非圆周通流,左节流口为全圆周通流。阀芯向左移时先开启右节流口,阀开口较小,移动一段距离后左节流口打开,两节流口同时通油,阀的开口增大。这种节流开口大小分两段调节的形式,可改善小流量时的调节性能。

2) 高速开关型数字阀

图 5-76 所示为力矩马达与球阀组成的高速开关型数字阀。力矩马达得到计算机输入的脉冲信号后,衔铁偏转(图示为顺时针方向),推动球阀 2 向下运动,关闭压力油口 P_P,油腔 L_2 连通回油口 P_R,球阀 4 在下端压力油的作用下向上运动,开启 P_P 口和 P_A 口。与此同

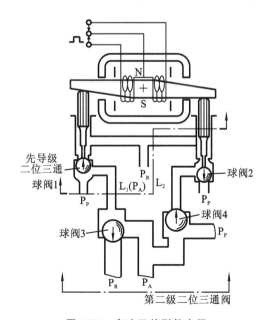

图 5-76 高速开关型数字阀

时,球阀 1 因压力油的作用而处在上边位置,油腔 L_1 与 P_P 口连通,球阀 3 向下关闭,切断 P_P 口与 P_R 口的通路。如力矩马达衔铁反向偏转,则压力油腔 P_P 口与回油腔 P_R 口连通,油口 P_A 被切断。由此可知,此阀为二位三通换向阀。其工作压力可达 20 MPa,额定流量为 1.2 L/min,切换时间为 0.8 ms。

习 题 5

5-1 何谓液压控制阀?按机能分有哪几类?按连接方式分有哪几类?

5-2 何谓单向阀?其工作原理如何?开启压力有何要求?当将其做背压阀时要采取何种措施?

5-3 液控单向阀为什么要有内泄式和外泄式之分?什么情况下采用外泄式?

5-4 何谓换向阀的"位"与"通"?图形符号应如何表达?

5-5 换向阀的操纵、定位和复位方式有哪些?电液换向阀有何特点?

5-6 何谓换向阀的中位机能?选用时应考虑哪些因素?

5-7 溢流阀的作用是什么?其工作原理如何?

5-8 先导型溢流阀的阻尼孔有什么作用?是否可将它堵死或随意加大?

5-9 先导型溢流阀远程控制口的压力设计有何要求?可否直接通油箱?

5-10 减压阀的作用是什么?其工作原理如何?其进、出油口可否接反?

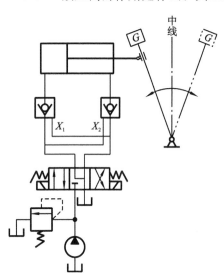

图 5-77 题 5-16 图

5-11 减压阀常用于夹紧油路,当夹紧液压缸使工件夹紧,无流量通过减压阀时,其夹紧缸的工作压力是否还存在?其大小如何?

5-12 顺序阀的控制与泄油的组合方式有哪几类?请简述其用途。

5-13 现有一溢流阀和一减压阀,由于铭牌不清,在不拆开阀的情况下,如何区分?

5-14 影响节流阀流量稳定性的因素有哪些?

5-15 调速阀与节流阀的结构及流量-压力曲线有何区别?当调速阀进、出油口接反时会出现什么情况?

5-16 试说明图 5-77 所示回路中液压缸往复移动的工作原理。为什么无论是进还是退,只要负载 G 一过中线,液压缸就会发生断续停顿的现象?为什么换向阀一到中位,液压缸便左右推不动?

5-17 如图 5-78 所示系统,若不计管路压力损失,液压泵的输出压力为多少?

5-18 两个不同调整压力的减压阀串联后的出口压力取决于哪一个减压阀的调整压力?为什么?如两个不同调整压力的减压阀并联时,出口压力又取决于哪一个减压阀?为什么?

5-19 图 5-79 中溢流阀的调定压力为 5 MPa,减压阀的调定压力为 2.5 MPa,设缸的无杆腔面积 $A=50$ cm^2,液流通过单向阀和非工作状态下的减压阀时的压力损失分别为 0.2 MPa 和 0.3 MPa。试问,当负载为 0、7.5 kN 和 30 kN 时:

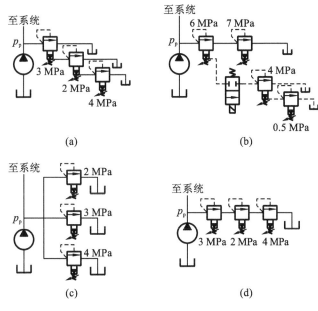

图 5-78 题 5-17 图

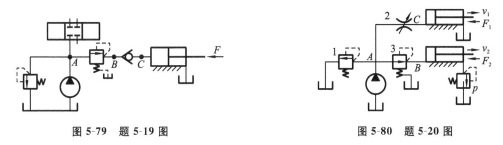

图 5-79 题 5-19 图   图 5-80 题 5-20 图

(1) 缸能否移动？

(2) A、B、C 三点的压力数值各为多少？

5-20 如图 5-80 所示的减压回路,已知液压缸无杆腔的有效面积均为 100 cm²,有杆腔的有效面积均为 50 cm²,当最大负载均为 $F_1=14\times10^3$ N, $F_2=4\,500$ N,背压 $p=1.5\times10^5$ Pa,节流阀 2 的压差 $\Delta p=2\times10^5$ Pa 时,试问:

(1) A、B、C 各点的压力(忽略管路损失);

(2) 泵和阀 1、阀 2、阀 3 最小应选多大的额定压力？

(3) 若两缸进给速度分别为 $v_1=3.5$ cm/s, $v_2=4$ cm/s,泵和各阀的额定流量应选多大？

(4) 若通过节流阀的流量为 10 L/min,通过减压阀的流量为 20 L/min,试求两缸的运动速度。

5-21 如图 5-81 所示系统,缸Ⅰ、缸Ⅱ的外负载 $F_1=20\,000$ N, $F_2=30\,000$ N,有效工作面积都是 $A=50$ cm²,要求缸Ⅱ先于缸Ⅰ动作,问:

(1) 顺序阀和溢流阀的调整压力分别为多少？

(2) 不计管道阻力损失,缸Ⅰ动作时,顺序阀进口、出口压力分别为多少？

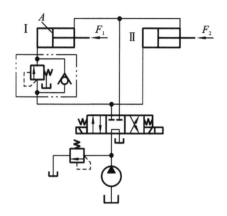

图 5-81 题 5-21 图

5-22 如图 5-82 所示,A 缸速度可调节。试回答:

(1) 在 A 缸运动到底后,B 缸能否自动顺序动作而向右移动？试说明理由。

(2) 在不增加也不改换元件的条件下,如何修正顺序动作而使其向右移动？试说明理由。

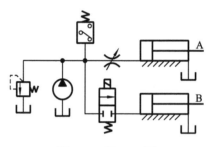

图 5-82 题 5-22 图

5-23 如图 5-83 所示的回路中,溢流阀的调整压力为 $p_Y=5$ MPa,减压阀的调整压力 $p_J=2.5$ MPa。试分析下列情况,并说明减压阀的阀口处于什么状态？

(1) 当泵压力 $p_p=p_Y$ 时,夹紧缸使工件夹紧后,A、C 点的压力各为多少？

(2) 当泵压力由于工作缸快进而降到 $p_Y=1.5$ MPa 时,A、C 点的压力各为多少？

(3) 夹紧缸在未夹紧工件前作空载运动时,A、B、C 三点的压力各为多少？

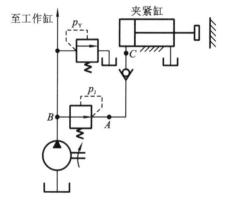

图 5-83 题 5-23 图

5-24 节流阀的最小稳定流量具有什么意义？影响其数值的因素主要有哪些？

5-25 图 5-84 所示为用插装阀组成的两组方向控制阀，试分析其功能相当于什么换向阀，并用标准的职能符号画出示意图。

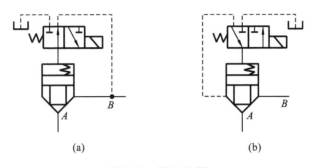

图 5-84 题 5-25 图

5-26 图 5-85 所示为插装式锥阀组成方向阀的两个例子。如果阀关闭时 A 处与 B 处有压力差，试判断 DT 得电和断电时，图 5-85(a) 和图 5-85(b) 所示的压力油能否开启锥阀产生流动？并分析锥阀的密封性。

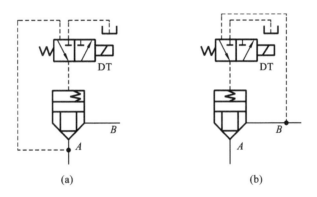

图 5-85 题 5-26 图

第6章 液压辅助元件

液压辅助元件有过滤器、蓄能器、管件、密封件、油箱和热交换器等,除油箱通常需要自行设计外,其余皆为标准件。液压辅助元件和液压元件一样,都是液压系统中不可缺少的组成部分。它们对系统的性能、效率、温升、噪声和寿命的影响不亚于液压元件本身。本章主要介绍了这些液压辅助元件的结构、特点、应用等。

通过本章的学习,要求学生掌握液压辅助元件的结构原理,熟知这些液压辅助元件的使用方法及适用场合。

6.1 液压辅助元件概述

液压辅助元件有过滤器、蓄能器、管件、密封件、油箱和热交换器等,除油箱通常需要自行设计外,其余皆为标准件。液压辅助元件和液压元件一样,都是液压系统中不可缺少的组成部分。它们对系统的性能、效率、温升、噪声和寿命的影响和液压元件本身一样重要,必须加以重视。

6.2 滤油器

液压油中往往含有颗粒状杂质,这些杂质会造成液压元件相对运动表面的磨损、滑阀卡滞、节流孔口堵塞,使系统工作可靠性大为降低。在系统中安装一定精度的过滤器,是保证液压系统正常工作的必要手段。

6.2.1 油液的污染度和过滤器的过滤精度

1. 油液的污染度

液压油液的污染是液压系统发生故障的主要原因。关于液压油液的污染及其控制,已在前面的章节中作了详细的叙述,这里不再重复。控制污染最主要的措施是控制过滤精度及使用过滤器和过滤装置。

2. 过滤器的过滤精度

过滤器的过滤精度是指滤芯能够滤除的最小杂质颗粒的大小,以直径 d 作为公称尺寸表示,按精度可分为粗过滤器($d<100~\mu m$)、普通过滤器($d<10~\mu m$)、精过滤器($d<5~\mu m$)、特精过滤器($d<1~\mu m$)。一般对过滤器的基本要求有以下几点。

(1) 能满足液压系统对过滤精度的要求,即能阻挡一定尺寸的杂质进入系统。

(2) 滤芯应有足够强度,不会因压力而损坏。

(3) 通流能力大,压力损失小。

(4) 易于清洗或更换滤芯。

各种液压系统的过滤精度要求如表 6-1 所示。

表 6-1 各种液压系统的过滤精度要求

系统类别	润滑系统	传动系统		伺服系统
工作压力/MPa	0~2.5	<14	14~32	>32	≤21
精度 $d/\mu m$	≤100	25~50	≤25	≤10	≤5

6.2.2 过滤器的种类和典型结构

按滤芯的材料和结构形式,可将过滤器分为网式过滤器、线隙式过滤器、纸质过滤器、烧结式过滤器及磁性过滤器等。按过滤器安放的位置不同,还可以分为吸滤器、压滤器和回油过滤器。考虑到泵的自吸性能,吸油过滤器多为粗滤器。

1. 网式滤油器

网式过滤器如图 6-1 所示,其滤芯以铜网为过滤材料,在周围开有很多孔的塑料或金属筒形骨架上,包着一层或两层铜丝网,其过滤精度取决于铜网层数和网孔的大小。这种过滤器结构简单、通流能力大、清洗方便,但过滤精度低,一般用于液压泵的吸油口。

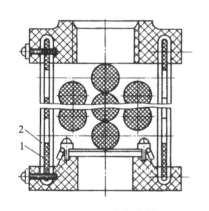

图 6-1 网式滤油器
1—骨架;2—铜丝网

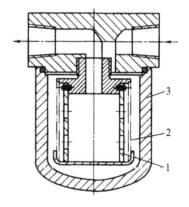

图 6-2 线隙式滤油器
1—骨架;2—滤网;3—外壳

2. 线隙式滤油器

线隙式过滤器如图 6-2 所示,用钢线或铝线密绕在筒形骨架的外部来组成滤芯,依靠铜丝间的微小间隙滤除混入液体中的杂质。其结构简单、通流能力大、过滤精度比网式过滤器高,但不易清洗,多为回油过滤器。

3. 纸质过滤器

纸质过滤器如图 6-3 所示,其滤芯为平纹或波纹的酚醛树脂或木浆微孔滤纸制成的纸芯,将纸芯围绕在带孔的镀锡铁做成的骨架上,以增大强度。为增加过滤面积,纸芯一般做成折叠形。其过滤精度较高,一般用于油液的精过滤,但堵塞后无法清洗,须经常更换滤芯。

4. 烧结式滤油器

烧结式过滤器如图 6-4 所示,其滤芯用金属粉末烧结而成,利用颗粒间的微孔来挡住油液中的杂质通过。其滤芯能承受高压,抗腐蚀性好,过滤精度高,适用于要求精滤的高压、高温液压系统。

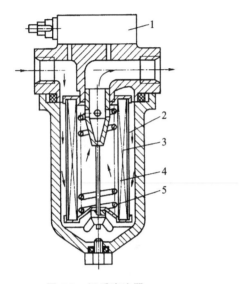

图 6-3 纸质滤油器

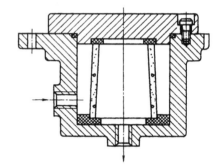

图 6-4 烧结式滤油器

1—压差报警器;2—粗眼钢板网;3—滤纸;4—金属丝网

6.2.3 过滤器的选用原则、安装位置及注意的问题

1. 过滤器的选用原则

滤油器按其过滤精度(滤去杂质的颗粒大小)的不同,有粗过滤器、普通过滤器、精密过滤器和特精过滤器四种,它们分别能滤去大于 $100~\mu m$、$10~\mu m$、$5~\mu m$ 和 $1~\mu m$ 的杂质。

选用过滤器时,要考虑下列几点。

(1) 过滤精度应满足预定要求。

(2) 能在较长时间内保持足够的通流能力。

(3) 滤心具有足够的强度,不因液压的作用而损坏。

(4) 滤心抗腐蚀性能好,能在规定的温度下持久地工作。

(5) 滤心清洗或更换简便。

因此,过滤器应根据液压系统的技术要求,按过滤精度、通流能力、工作压力、油液黏度、工作温度等条件选定其型号。

2. 安装位置及注意的问题

如图 6-5 所示,过滤器在液压系统中的安装位置通常有以下几种。

1) 安装在泵的吸油口处

泵的吸油路上一般都安装有表面型滤油器,目的是滤去较大的杂质微粒以保护液压泵,此外过滤器的过滤能力应为泵流量的两倍以上,压力损失小于 0.02 MPa。

2) 安装在系统分支油路上

过滤器也可安装在系统的分支油路上。

3) 安装在泵的出口油路上

此处安装过滤器的目的是用来滤除可能侵入阀类等元件的污染物。其过滤精度应为 $5\sim10~\mu m$,且能承受油路上的工作压力和冲击压力,压力损失应小于 0.35 MPa。同时应安装安全阀以防过滤器堵塞。

4) 安装在系统的回油路上

这种安装起间接过滤作用,一般与过滤器并联安装一背压阀,当过滤器堵塞达到一定压力值时,背压阀打开。

5) 单独过滤系统

大型液压系统可专设一液压泵和过滤器组成独立过滤回路。

液压系统中除了整个系统所需的过滤器外,还常常在一些重要元件(如伺服阀、精密节流阀等)的前面单独安装一个专用的精过滤器来确保它们的正常工作。

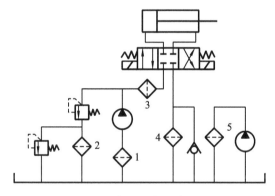

图 6-5 滤油器的安装位置

6.3 蓄能器

蓄能器是液压系统中的储能元件,它能储存多余的压力油液,并在系统需要时释放出来。

6.3.1 蓄能器的作用、类型及其结构

1. 蓄能器的作用

蓄能器的作用是将液压系统中的压力油储存起来,在需要时又重新释放出来。其主要

作用表现在以下几个方面。

1）作辅助动力源

在间歇工作或实现周期性动作循环的液压系统中,蓄能器可以把液压泵输出的多余压力油储存起来。当系统需要时,由蓄能器释放出来。这样可以减少液压泵的额定流量,从而减小电机功率消耗,降低液压系统温升。

2）系统保压或作紧急动力源

对于执行元件长时间不动作,而要保持恒定压力的系统,可用蓄能器来补偿泄漏,从而使压力恒定。对某些系统要求当泵发生故障或停电时,执行元件应继续完成必要的动作,这时需要有适当容量的蓄能器作紧急动力源。

3）吸收系统脉动,缓和液压冲击

蓄能器能吸收系统压力突变时的冲击,如液压泵突然启动或停止;液压阀突然关闭或开启;液压缸突然运动或停止;也能吸收液压泵工作时的流量脉动所引起的压力脉动,相当于油路中的平滑滤波,这时需在泵的出口处并联一个反应灵敏而惯性小的蓄能器。

2. 蓄能器的结构形式

图6-6所示为蓄能器的结构形式,通常有重力式、弹簧式和充气式等几种。目前常用的是利用气体压缩和膨胀来储存、释放液压能的充气式蓄能器。

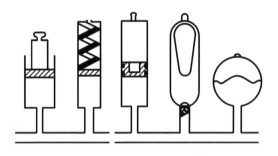

图6-6 蓄能器的结构形式

1）活塞式蓄能器

活塞式蓄能器中的气体和油液由活塞隔开,其结构如图6-7所示。活塞1的上部为压缩空气,气体由阀3充入,其下部经油孔a通向液压系统,活塞1随下部压力油的储存和释放而在缸筒2内来回滑动。这种蓄能器结构简单、寿命长,它主要用于大体积和大流量的场合。但因活塞有一定的惯性和O形密封圈存在较大的摩擦力,所以反应不够灵敏。

2）皮囊式蓄能器

皮囊式蓄能器中气体和油液用皮囊隔开,其结构如图6-8所示。皮囊用耐油橡胶制成,固定在耐高压的壳体的上部,皮囊内充入惰性气体,壳体下端的提升阀A由弹簧加菌形阀构成,压力油由此通入,并能在油液全部排出时,防止皮囊膨胀挤出油口。这种结构使气、液密封可靠,并且因皮囊惯性小而克服了活塞式蓄能器响应慢的弱点,因此,它的应用范围非常广泛,其弱点是工艺性较差。

3）薄膜式蓄能器

薄膜式蓄能器利用薄膜的弹性来储存、释放压力能,主要用于体积和流量较小的场合,如用做减振器、缓冲器等。

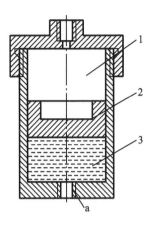 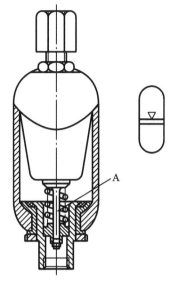

图 6-7 活塞式蓄能器　　　　　　　图 6-8 皮囊式蓄能器
1—活塞；2—缸筒；3—阀

4）弹簧式蓄能器

弹簧式蓄能器利用弹簧的压缩和伸长来储存、释放压力能，它的结构简单、反应灵敏，但容量小，可用于小容量、低压回路起缓冲作用，不适用于高压或高频的工作场合。

5）重力式蓄能器

重力式蓄能器主要用于冶金等大型液压系统的恒压供油，其缺点是反应慢、结构庞大，现在已很少使用。

6.3.2 蓄能器的参数计算

容量是选用蓄能器的依据，其大小视用途而异，现以皮囊式蓄能器为例加以说明。

1. 作辅助动力源时的容量计算

当蓄能器作动力源时，蓄能器储存和释放的压力油容量和皮囊中气体体积的变化量相等，而气体状态的变化遵守玻意耳定律，即

$$p_0 V_0^n = p_1 V_1^n = p_2 V_2^n \tag{6-1}$$

式中：p_0——皮囊的充气压力；

V_0——皮囊充气的体积，由于此时皮囊充满壳体内腔，故 V_0 亦即蓄能器容量；

p_1——系统最高工作压力，即泵对蓄能器充油结束时的压力；

V_1——皮囊被压缩后相应于 p_1 时的气体体积；

p_2——系统最低工作压力，即蓄能器向系统供油结束时的压力；

V_2——气体膨胀后相应于 p_2 时的气体体积。

体积差 $\Delta V = V_2 - V_1$ 为供给系统油液的有效体积，将它代入式(6-1)，可求得蓄能器容量 V_0，即

$$V_0 = \left(\frac{p_2}{p_0}\right)^{1/n} V_2 = \left(\frac{p_2}{p_0}\right)^{1/n}(V_1 + \Delta V) = \left(\frac{p_2}{p_0}\right)^{1/n}\left[\left(\frac{p_2}{p_0}\right)^{1/n} V_0 + \Delta V\right] \tag{6-2}$$

由式(6-2)得

$$V_0 = \frac{\Delta V \left(\frac{p_2}{p_0}\right)^{1/n}}{1 - \left(\frac{p_2}{p_1}\right)^{1/n}} \tag{6-3}$$

充气压力 p_0 在理论上可与 p_2 相等,但是为保证在 p_2 时蓄能器仍有能力补偿系统泄漏,则应使 $p_0 < p_2$,一般取 $p_0 = (0.8 \sim 0.85) p_2$,如已知 V_0,也可反过来求出储能时的供油体积,即

$$\Delta V = V_0 p_0^{1/n} \left[\left(\frac{1}{p_2}\right)^{1/n} - \left(\frac{1}{p_1}\right)^{1/n}\right] \tag{6-4}$$

在以上各式中,n 是与气体变化过程有关的指数。当蓄能器用于保压和补充泄漏时,气体压缩过程缓慢,与外界热交换得以充分进行,可认为是等温变化过程,这时取 $n=1$;而当蓄能器作辅助或应急动力源时,释放液体的时间短,气体快速膨胀,热交换不充分,这时可视为绝热过程,取 $n=1.4$。在实际工作中,气体状态的变化在绝热过程和等温过程之间,因此,$n=1 \sim 1.4$。

2. 用来吸收冲击时的容量计算

当蓄能器用于吸收冲击时,其容量的计算与管路布置、液体流态、阻尼及泄漏大小等因素有关,准确计算比较困难。一般按经验公式计算缓冲最大冲击力时所需要的蓄能器最小容量,即

$$V_0 = \frac{0.004 q p_1 (0.016\ 4L - t)}{p_1 - p_2} \tag{6-5}$$

式中:p_1——允许的最大冲击,单位为 kgf/cm^2;

p_2——阀口关闭前管内压力,单位为 kgf/cm^2;

V_0——用于冲击的蓄能器的最小容量,单位为 L;

L——发生冲击的管长,即压力油源到阀口的管道长度,单位为 m;

t——阀口关闭的时间,单位为 s,实然关闭时取 $t=0$。

6.3.3 蓄能器的安装、使用与维护

蓄能器的安装、使用与维护应注意的事项如下。

(1) 蓄能器作为一种压力容器,选用时必须采用有完善质量体系保证并取得有关部门认可的产品。

(2) 选择蓄能器时必须考虑与液压系统工作介质的相容性。

(3) 气囊式蓄能器应垂直安装,油口向下,否则会影响气囊的正常收缩。

(4) 蓄能器用于吸收液压冲击和压力脉动时,应尽可能安装在振动源附近;用于补充泄漏,使执行元件保压时,应尽量靠近该执行元件。

(5) 安装在管路中的蓄能器必须用支架或支承板加以固定。

(6) 蓄能器与管路之间应安装截止阀,以便于充气检修;蓄能器与液压泵之间应安装单向阀,以防止液压泵停车或卸载时,蓄能器内的液压油倒流回液压泵。

6.4 油箱

6.4.1 油箱的作用和种类

油箱的基本功能是储存工作介质、散发系统工作中产生的热量、分离油液中混入的空气、沉淀污染物及杂质。

按油面是否与大气相通,可将油箱分为开式油箱与闭式油箱。开式油箱广泛用于一般的液压系统;闭式油箱则用于水下和高空无稳定气压的场合。这里仅介绍开式油箱。

液压系统中的油箱有整体式和分离式两种。整体式油箱利用主机的内腔作为油箱,这种油箱结构紧凑,各处漏油易于回收,但增加了设计和制造的复杂性,维修不便,散热条件不好,且会使主机产生热变形。分离式油箱单独设置,与主机分开,减少了油箱发热和液压源振动对主机工作精度的影响,因此得到了普遍的应用,特别是应用在精密机械上。

6.4.2 油箱的基本结构、设计、使用和维护

1. 油箱的基本结构

油箱的典型结构如图6-9所示。由图可见,油箱内部用隔板7、9将吸油管1与回油管4隔开。顶部、侧部和底部分别装有过滤网2、液位计6和排放污油的放油阀8。安装液压泵及其驱动电机的安装板5则固定在油箱顶面上。

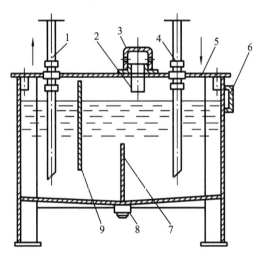

图 6-9 油箱的典型结构

1—吸油管;2—过滤网;3—空气过滤器;4—回油管;
5—安装板;6—液位计;7、9—隔板;8—放油阀

此外,近年来又出现了充气式的闭式油箱,它与开式油箱的不同之处在于油箱是整个封闭的,顶部有一充气管,可送入0.05~0.07 MPa过滤纯净的压缩空气。空气或者直接与油液接触,或者被输入到蓄能器式的皮囊内不与油液接触。这种油箱的优点是改善了液压泵

的吸油条件,但它要求系统中的回油管、泄油管承受背压。油箱本身还须配置安全阀、电接点压力表等元件以稳定充气压力,因此它只在特殊场合下使用。

2. 油箱的设计

在初步设计时,油箱的有效容量可按下述经验公式确定

$$V = mq_p \tag{6-6}$$

式中:V——油箱的有效容量;

q_p——液压泵的流量;

m——经验系数。低压系统时,$m=2\sim4$;中压系统时,$m=5\sim7$;中高压或高压系统时,$m=6\sim12$。

对功率较大且连续工作的液压系统,必要时还要进行热平衡计算,以此确定油箱容量。下面根据图6-9所示的油箱结构图分述设计要点如下。

(1) 泵的吸油管与系统回油管之间的距离应尽可能远些,管口都应插于最低液面以下,但与油箱底的距离要大于管径的2~3倍,以免吸空和飞溅起泡,吸油管端部所安装的滤油器,离箱壁要有3倍管径的距离,以便四面进油。回油管口应截成45°斜角,以增大回流截面,并使斜面对着箱壁,以利于散热和沉淀杂质。

(2) 在油箱中设置隔板,以便将吸油和回油隔开,迫使油液循环流动,以利于散热和沉淀。

(3) 设置空气滤清器与液位计。空气滤清器的作用是使油箱与大气相通,保证泵的自吸能力,滤除空气中的灰尘杂物,有时兼作加油口,它一般布置在顶盖上靠近油箱边缘处。

(4) 设置放油口与清洗窗口。将油箱底面做成斜面,在最低处设放油口,平时用螺塞或放油阀堵住,换油时将其打开放掉油污。为了便于换油时清洗油箱,大容量的油箱一般均在侧壁设清洗窗口。

(5) 最高油面只允许达到油箱高度的80%,油箱底脚高度应在150 mm以上,以便散热、搬移和放油,油箱四周要有吊耳,以便起吊装运。

(6) 油箱正常工作温度应在15~66 ℃,必要时应安装温度控制系统,或者设置加热器和冷却器。

6.5 密封装置

密封是解决液压系统泄漏问题最重要、最有效的手段。液压系统如果密封不良,可能出现不允许的外泄漏,外漏的油液将会污染环境;还可能使空气进入吸油腔,影响液压泵的工作性能和液压执行元件运动的平稳性(爬行);泄漏严重时,系统容积效率过低,甚至工作压力达不到要求值。若密封过度,虽可防止泄漏,但会造成密封部分的剧烈磨损,缩短密封件的使用寿命,增大液压元件内的运动摩擦阻力,降低系统的机械效率。因此,合理地选用和设计密封装置在液压系统的设计中十分重要。

6.5.1 系统对密封装置的要求

系统对密封装置的要求具体如下。

(1) 在工作压力和一定的温度范围内,应具有良好的密封性能,并随着压力的增加能自动提高密封性能。

(2) 密封装置和运动件之间的摩擦力要小,摩擦系数要稳定。

(3) 抗腐蚀能力强,不易老化,工作寿命长,耐磨性好,磨损后在一定程度上能自动补偿。

(4) 结构简单,使用、维护方便,价格低廉。

6.5.2 常用密封装置的结构特点

密封按其工作原理来分,可分为非接触式密封和接触式密封。前者主要指间隙密封,后者指密封件密封。

1. 间隙密封

间隙密封(见图 6-10)是靠相对运动件配合面之间的微小间隙来进行密封的,常用于柱塞、活塞或阀的圆柱配合副中,一般在阀芯的外表面开有几条等距离的均压槽,它的主要作用是使径向压力分布均匀,减少液压卡紧力,同时使阀芯在孔中的对中性好,以减小间隙的方法来减少泄漏。同时,均压槽所形成的阻力,对减少泄漏也有一定的作用。均压槽一般宽 0.3~0.5 mm,深为 0.5~1.0 mm。圆柱面配合间隙与直径大小有关,对于阀芯与阀孔一般取 0.005~0.017 mm。

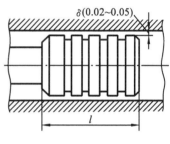

图 6-10 间隙密封

这种密封的优点是摩擦力小,缺点是磨损后不能自动补偿,主要用于直径较小的圆柱面之间,如液压泵内的柱塞与缸体之间,滑阀的阀芯与阀孔之间的配合。

2. O 形密封圈

O 形密封圈一般用耐油橡胶制成,其横截面呈圆形,它具有良好的密封性能,内外侧和端面都能起密封作用,结构紧凑,运动件的摩擦阻力小,制造容易,装拆方便,成本低,且高、低压均可以使用,所以在液压系统中得到广泛的应用。

图 6-11 所示为 O 形密封圈的结构。图 6-11(a)所示为其外形圈;图 6-11(b)所示为装入密封沟槽的情况,δ_1、δ_2 为 O 形圈装配后的预压缩量,通常用压缩率 W 表示,即 $W=(d_0-h)/d_0 \times 100\%$,对于固定密封、往复运动密封和回转运动密封,应分别达到 15%~20%、10%~20% 和 5%~10%,才能取得满意的密封效果。当油液工作压力超过 10 MPa 时,O 形圈在往复运动中容易被油液压力挤入间隙而提早损坏,如图 6-12(a)所示,为此要在它的侧面安放 1.2~1.5 mm 厚的聚四氟乙烯挡圈,单向受力时在受力侧的对面安放一个挡圈,如图 6-12(b)所示;双向受力时则在两侧各放一个挡圈,如图 6-12(c)所示。

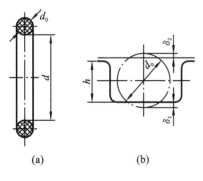

图 6-11 O 形密封圈

O 形密封圈的安装沟槽的形状除矩形外,也有 V

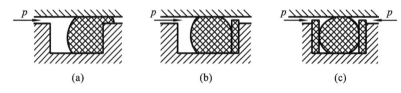

图 6-12　O 形密封圈的工作情况

形、燕尾形、半圆形、三角形等,实际应用中可查阅有关手册及国家标准。

3. 唇形密封圈

唇形密封圈根据截面的形状可分为 Y 形、V 形、U 形、L 形等。其工作原理如图 6-13 所示。液压力将密封圈的两唇边 h 压向形成间隙的两个零件的表面。这种密封作用的特点是能随着工作压力的变化自动调整密封性能,压力越高则唇边被压得越紧,密封性越好;当压力降低时唇边压紧程度也随之降低,从而减少了摩擦阻力和功率消耗,除此之外,还能自动补偿唇边的磨损,保持密封性能不降低。

目前,液压缸中普遍使用如图 6-14 所示的小 Y 形密封圈作为活塞和活塞杆的密封件。其中图 6-14(a)所示为轴用密封圈,图 6-14(b)所示为孔用密封圈。这种小 Y 形密封圈的特点是断面宽度和高度的比值大,增加了底部支承宽度,可以避免摩擦力造成的密封圈的翻转和扭曲。

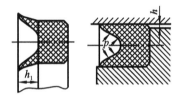

图 6-13　唇形密封圈的工作原理

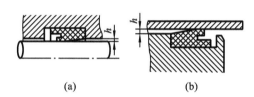

图 6-14　小 Y 形密封圈

在高压和超高压情况下(压力大于 25 MPa),V 形密封圈也有应用。V 形密封圈的形状如图 6-15 所示,它由多层涂胶织物压制而成,通常由压环、密封环和支承环三个圈叠在一起使用,此时已能保证良好的密封性,当压力更高时,可以增加中间密封环的数量,这种密封圈在安装时要预压紧,所以摩擦阻力较大。

唇形密封圈安装时应使其唇边开口面对压力油,使两唇张开,分别贴紧在机件的表面上。

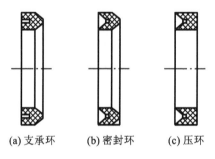

图 6-15　V 形密封圈

4. 组合式密封装置

随着液压技术的应用日益广泛,系统对密封的要求越来越高,普通的密封圈单独使用已不能很好地满足密封性能的要求,特别是使用寿命和可靠性方面的要求,因此,研究和开发了由包括密封圈在内的两个以上元件组成的组合式密封装置。

图 6-16(a)所示为 O 形密封圈与截面为矩形的聚四氟乙烯塑料滑环组成的组合密封装置。其中,滑环 2 紧贴密封面,O 形圈 1 为滑环提供弹性预压力,在介质压力等于零时构成密封,由于密封间隙由滑环决定,而不是 O 形圈来决定,因此摩擦阻力小而且稳定,可以用于 40 MPa 的高压环境。往复运动密封时,速度可达 15 m/s;往复摆动与螺旋运动密封时,速度可达 5 m/s。矩形滑环组合密封的缺点是抗侧倾能力稍差,在高低压交变的场合下工作容易漏油。图 6-16(b)所示为由支持环 2 和 O 形圈 1 组成的轴用组合密封,由于支持环与被密封件之间为线密封,其工作原理类似唇边密封。支持环采用一种经特别处理的化合物,具有极佳的耐磨性、低摩擦性和保形性,不存在橡胶密封低速时易产生的爬行现象,工作压力可达 80 MPa。

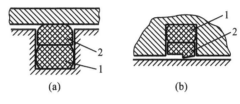

图 6-16 组合式密封装置

组合式密封装置由于充分发挥了橡胶密封圈和滑环(支持环)的长处,因此不仅工作可靠、摩擦力低而稳定,而且使用寿命比普通橡胶密封装置提高近百倍,在工程上的应用日益广泛。

5. 回转轴的密封装置

回转轴的密封装置形式很多,图 6-17 所示为一种由耐油橡胶制成的回转轴用密封圈,它的内部由直角形圆环铁骨架支撑着,密封圈的内边围着一条螺旋弹簧,把内边收紧在轴上来进行密封。这种密封圈主要用做液压泵、液压马达和回转式液压缸的伸出轴的密封,以防止油液漏到壳体外部,它的工作压力一般不超过 0.1 MPa,最大允许线速度为 4~8 m/s,须在有润滑的情况下工作。

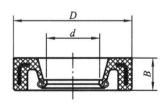

图 6-17 回转轴用密封圈

6.5.3 密封装置的选用

密封件在选用时必须考虑以下一些因素。

(1) 密封的性质:是动密封,还是静密封;是平面密封,还是环行间隙密封。

(2) 动密封是否要求静、动摩擦系数要小,运动是否平稳,同时考虑相对运动耦合面之间的运动速度、介质工作压力等因素。

(3) 工作介质的种类和温度对密封件材质的要求,同时考虑制造和拆装是否方便。

6.6 管道与管接头

液压系统中将管道、管接头和法兰等通称为管件,其作用是保证油路的连通,并便于拆卸、安装;根据工作压力、安装位置确定管件的连接结构;与泵、阀等连接的管件应由其接口尺寸决定管径。

6.6.1 管道

1. 管道的分类及应用

液压系统中管道的分类特点和应用场合如表 6-2 所示。

表 6-2 管道的分类特点和应用场合

种 类	特点和应用范围
钢管	价廉、耐油、抗腐、刚性好,但装配不易弯曲成形,常在拆装方便处用做压力管道,中压以上用无缝钢管,低压用焊接钢管
紫铜管	价格高,抗震能力差,易使油液氧化,但易弯曲成形,用于仪表和装配不便处
尼龙管	半透明材料,可观察流动情况,加热后可任意弯曲成形和扩口,冷却后即定形,承压能力较低,一般在 2.8~8 MPa 之间
塑料管	耐油、价廉、装配方便,长期使用会老化,只用于压力低于 0.5 MPa 的回油或泄油管路
橡胶管	用耐油橡胶和钢丝编织层制成,价格高,多用于高压管路;还有一种用耐油橡胶和帆布制成,用于回油管路

2. 管道的尺寸计算

管道的内径 d 和壁厚可采用下列两式计算,并需圆整为标准数值,即

$$d = 2\sqrt{\frac{q}{\pi[v]}} \tag{6-7}$$

$$\delta = \frac{pdn}{2[\sigma_b]} \tag{6-8}$$

式中:$[v]$——允许流速。其推荐值如下:吸油管为 0.5~1.5 m/s,回油管为 1.5~2 m/s,压力油管为 2.5~5 m/s,控制油管为 2~3 m/s,橡胶软管应小于 4 m/s;

N——安全系数。对于钢管,$p \leqslant 7$ MPa 时,$n=8$;7 MPa$< p \leqslant 17.5$ MPa 时,$n=6$;$p > 17.5$ MPa 时,$n=4$;

$[\sigma_b]$——管道材料的抗拉强度,单位为 Pa,可由《材料手册》查出。

3. 管道的安装要求

管道的安装有以下几点要求。

(1) 管道应尽量短,最好横平竖直,拐弯少,为避免管道皱折,减少压力损失,管道装配的弯曲半径要足够大,管道悬伸较长时要适当设置管夹及支架。

(2) 管道尽量避免交叉,平行管距要大于 10 mm,以防止干扰和振动,并便于安装管接头。

(3) 软管直线安装时要有一定的余量,以适应油温变化、受拉和振动产生的-2%～+4%的长度变化的需要。弯曲半径要大于 10 倍软管外径,弯曲处到管接头的距离至少等于 6 倍外径。

6.6.2 管接头

管接头用于管道和管道、管道和其他液压元件之间的连接。对管接头的主要要求是安装、拆卸方便,抗振动,密封性能好。

目前用于硬管连接的管接头形式主要有扩口式管接头、卡套式管接头和焊接式管接头三种。用于软管连接的主要有扣压式管接头。

1. 硬管接头

硬管接头的结构形式如图 6-18 所示,具体特点如下。

扩口式管接头适用于紫铜管、薄钢管、尼龙管和塑料管等低压管道的连接,拧紧接头螺母,通过管套使管子压紧密封。

卡套式管接头在拧紧接头螺母后,卡套发生弹性变形便将管子夹紧,它对轴向尺寸要求不严,装拆方便,但对连接用管道的尺寸精度要求较高。

焊接式管接头的接管与接头体之间的密封方式有球面、锥面接触密封和平面加 O 形圈密封两种。前者有自位性,安装要求低,耐高温,但密封可靠性稍差,适用于工作压力不高的液压系统;后者密封性好,可用于高压系统。

此外还有二通、三通、四通、铰接等数种形式的管接头,供不同情况下选用,具体可查阅有关手册。

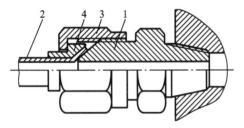

(a) 扩口式
1—接头体;2—接管;3—接头螺母;4—卡套

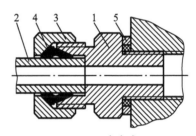

(b) 卡套式
1—接头体;2—接管;3—接头螺母;
4—卡套;5—组合密封圈

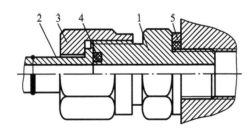

(c) 焊接式
1—接头体;2—接管;3—接头螺母;4—O 型密封圈;5—组合密封圈

图 6-18 硬管接头的结构形式

2. 软管接头

胶管接头随管径和所用胶管钢丝层数的不同，工作压力在 6～40 MPa 之间，图 6-19 所示为扣压式胶管接头的具体结构。

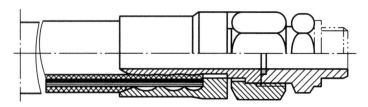

图 6-19 扣压式胶管接头的具体结构

6.7 热交换器

液压系统的工作温度一般希望保持在 30～50 ℃，最高不超过 65 ℃，最低不低于 15 ℃，如果液压系统靠自然冷却仍不能使油温控制在上述范围内时，就需要安装冷却器；反之，如环境温度太低，无法使液压泵启动或正常运转时，就需要安装加热器。

6.7.1 冷却器

液压系统中用得较多的冷却器是强制对流式多管头冷却器，如图 6-20 所示，油液从进油口 5 流入，从出油口 3 流出，冷却水从进水口 7 流入，通过多根散热管 6 后由出水口 1 流出，油液在水管外部流动时，它的行进路线因冷却器内设置了隔板 4 而加长，因而增强了散热效果。近来出现一种翅片管式冷却器，水管外面增加了许多横向或纵向散热翅片，大大扩大了散热面积和热交换效果，其散热面积可达光滑管的 8～10 倍。

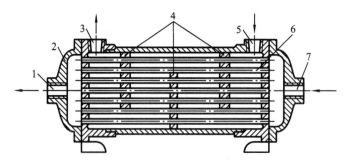

图 6-20 强制对流式多管头冷却器
1—出水口；2—壳体；3—出油口；4—隔板；5—进油口；6—散热管；7—进水口

当液压系统散热量较大时，可使用化工行业中的水冷式板式换热器，它可及时地将油液中的热量散发出去，其参数及使用方法见相应的产品样本。

一般冷却器的最高工作压力在 1.6 MPa 以内，使用时应安装在回油管路或低压管路上，所造成的压力损失一般为 0.01～0.1 MPa。

6.7.2 加热器

液压系统的加热一般采用结构简单、能按需要自动调节最高和最低温度的电加热器,这种加热器的安装方式如图 6-21 所示,它用法兰盘水平安装在油箱侧壁上,发热部分全部浸在油液内,加热器应安装在油液流动处,以利于热量的交换。由于油液是热的不良导体,单个加热器的功率容量不能太大,以免其周围油液的温度过高而发生变质现象。

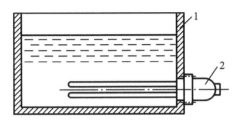

图 6-21 加热器的安装方式
1—油箱；2—电加热器

习 题 6

6-1 试列举系统中滤油器的安装位置及其各自的作用。

6-2 某皮囊式蓄能器用做动力源,其容积为 4 L,充气压力 $p_0=3.2$ MPa,系统的最高工作压力 $p_1=8$ MPa,最低工作压力 $p_2=8$ MPa,试求蓄能器排出的油液体积(蓄能器的工作状态为等温过程)。

6-3 简述蓄能器在液压系统中的功用。蓄能器在安装使用中应注意哪些问题?

6-4 简述油箱的功用及设计时应注意的问题。

6-5 液压系统对密封装置有哪些要求?有哪些常用的密封装置?如何选用?

6-6 简述各种油管的特点及使用场合。

第 7 章 液压基本回路

随着现代工业技术的迅速发展,各种机械设备所使用的液压系统变得越来越复杂,但是,无论液压系统如何复杂,总不外乎是由一个或多个基本液压回路组成的。所谓基本液压回路就是由一些液压元件组成的实现某种特定功能的典型油路。例如用来控制系统整体或局部压力的回路,调节执行元件(液压缸或液压马达)运动速度的回路,改变执行元件运动方向的回路等,都是最常见的基本液压回路。掌握液压基本回路的组成、工作原理和性能,是分析、设计和使用液压传动系统的重要基础。

7.1 压力控制回路

压力控制回路是利用压力控制阀来调定系统或某一局部的压力,以满足液压执行元件对力或力矩要求的回路。这类回路包括调压回路、减压回路、增压回路、卸荷回路、保压回路和平衡回路等多种回路。

7.1.1 调压回路

调压回路的功用是使液压系统整体或部分的压力保持恒定或限制系统压力的最大值。在定量泵系统中,液压泵的供油压力可以通过溢流阀来调节;在变量泵系统中,用安全阀来限定系统的最高压力,防止系统过载。若系统中需要两种以上的压力,则可采用多级调压回路。实现调压的主要元件是溢流阀。

1. 单级调压回路

如图 7-1(a)所示,在液压泵 1 出口处并联溢流阀 2,节流阀 3 可以调节进入液压缸的流量,若液压泵输出的流量大于进入液压缸的流量,则多余的油液便从溢流阀流回油箱。液压泵的出口压力由溢流阀的调定压力决定,且溢流阀的调定压力必须大于液压缸最大工作压力和油路上各种压力损失的总和。

2. 二级调压回路

如图 7-1(b)所示,先导型溢流阀 2 的遥控口串接二位二通电磁换向阀 3 和远程调压阀 4。当阀 3 处于图示位置时,系统压力由阀 2 调定;当阀 3 电磁线圈通电后处于右工位时,系统压力由阀 4 调定。但要注意:阀 4 的调定压力一定要低于阀 2 的调定压力,否则不能实现二级调压；当系统压力由阀 4 调定时，阀 2 的先导阀口关闭，但主阀开启，液压泵的溢流流量经主阀流回油箱。

3. 多级调压回路

如图 7-1(c)所示为多级调压回路。将溢流阀 5 和溢流阀 6 通过三位四通电磁换向阀 4 与先导型溢流阀 3 的外控口相连，阀 3 的调整压力低于阀 2 的调整压力，阀 3 的调整压力大于阀 5 和阀 6 的调整压力，阀 5 和阀 6 的调整压力不相等。这样，系统可获得三种压力值：当阀 4 处于中位时，系统的压力由阀 3 调定；当阀 4 处于左位时，系统的压力由阀 5 调定；当阀 4 处于右位时，系统的压力由阀 6 调定。其中阀 2 多作为安全阀使用。

4. 无级调压回路

如图 7-1(d)所示，阀 2 为电液比例溢流阀，调节阀 2 的输入电流，即可实现系统压力的

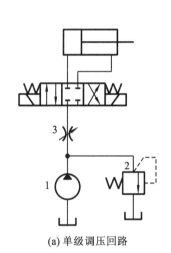

(a) 单级调压回路

1—液压泵；2—溢流阀；3—节流阀

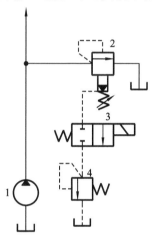

(b) 二级调压回路

1—液压泵；2—先导型溢流阀；3—二位二通电磁换向阀；4—远程调压阀

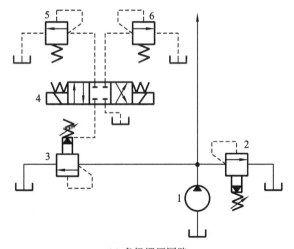

(c) 多级调压回路

1—液压泵；2、3—先导型溢流阀；4—三位四通电磁换向阀；5、6—溢流阀

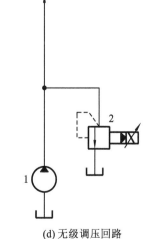

(d) 无级调压回路

1—液压泵；2—电流比例溢流阀

图 7-1 调压回路

无级调节。此回路不但结构简单、压力切换平稳,且易于实现系统的远距离控制或计算机控制。

7.1.2 减压回路

减压回路的功用是使单泵供油液压系统中的某一部分油路具有比主油路更低的稳定压力,常用于液压系统中的一些辅助回路,如控制回路、夹紧回路和润滑回路等的支路上。

1. 单级减压回路

最常见的减压回路采用定值减压阀与主油路相连接,如图 7-2(a)所示。回路中的单向阀 3 用来防止由于主油路压力降低(低于定值减压阀 2 的调整压力)时油液倒流,起短时保压作用。

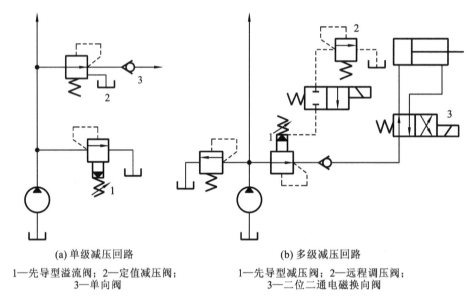

(a) 单级减压回路
1—先导型溢流阀;2—定值减压阀;
3—单向阀

(b) 多级减压回路
1—先导型减压阀;2—远程调压阀;
3—二位二通电磁换向阀

图 7-2 减压回路

2. 多级减压回路

在减压回路中,也可以采用类似两级或多级调压的方法获得两级或多级减压。图 7-2(b)所示为工件夹紧机构中常用的减压回路,先导型减压阀 1 的远控口接一远程调压阀 2,使减压油路获得两种预定的减压压力:当二位二通换向阀 3 处于图示位置时,减压油路的压力由先导型减压阀 1 调定;当二位二通换向阀 3 通电后,减压油路的二次压力由远程调压阀 2 调定,但要注意,远程调压阀 2 的调定压力值一定要低于先导型减压阀 1 的调定压力值。

为了使减压回路工作可靠,负载在减压阀出口处所产生的压力应不低于减压阀的调定压力,否则,减压阀将不起减压作用,处于非工作状态。此外,减压阀的最低调整压力应不小于 0.5 MPa,最高调整压力至少应比系统压力小 0.5 MPa。当减压回路中的执行元件需要调速时,调速元件应放在减压阀的后面,以避免减压阀泄漏(指由减压阀泄油口流回油箱的油液)对执行元件的速度发生影响。

7.1.3 增压回路

增压回路是用以使液压系统中某些支路获得高于系统压力的回路。当液压系统中局部油路需要较高压力而流量却很小时，采用低压大流量泵加上增压回路比选用高压大流量泵要经济得多。

1. 单作用增压缸的增压回路

图 7-3(a)所示为单作用增压缸的增压回路。在图示位置时，系统的供油压力 p_1 进入增压缸的大活塞左腔，此时在小活塞右腔可得到所需的较高压力 p_2，增压倍数等于增压缸大、小活塞工作面积之比(A_1/A_2)。当二位四通电磁换向阀处在右工位时，增压缸返回，辅助油箱中的油液经单向阀补入小活塞右腔。该回路只能间断增压，适宜执行器单向作用和小行程场合。

2. 双作用增压缸的增压回路

图 7-3(b)所示为采用双作用增压缸的增压回路，能连续输出高压油。在图示位置，液压泵输出的压力油经换向阀 5 和单向阀 1 进入增压缸左端大、小活塞腔，右端大活塞腔的回油通油箱，右端小活塞腔增压后的高压油经单向阀 4 输出，此时单向阀 2、3 被关闭。当增压缸活塞移到右端时，换向阀得电换向，增压缸活塞向左移动。同理，左端小活塞腔输出的高压油经单向阀 3 输出，这样，增压缸的活塞不断往复运动，两端便交替输出高压油，从而实现连续增压供油。

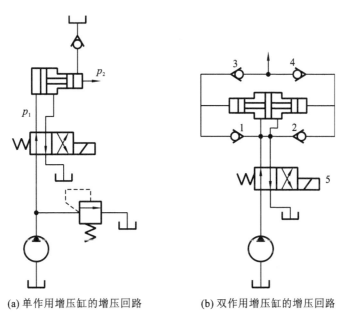

(a) 单作用增压缸的增压回路　　(b) 双作用增压缸的增压回路

图 7-3 增压回路

7.1.4 卸荷回路

当液压系统中的执行元件短时间停止工作(如装卸载荷或测量工件)时，为避免因频繁启闭而对液压泵和驱动电机的寿命产生影响，一般不采取停止液压泵的工作方式。但若让这些液压泵在溢流阀调定压力下回油,又会造成很大的能量浪费,还会使油温升高,系统性能下降,为此应设置卸荷回路解决上述矛盾。

液压泵卸荷回路的功用是在液压泵处于运转的状态下,使其输出功率近似为零,以减少功率损耗,降低系统发热,延长泵和驱动电机的使用寿命。液压泵的输出功率为压力和流量的乘积,因而,两者任一近似为零,输出功率即近似为零,故液压泵的卸荷有流量卸荷和压力卸荷两种方式。流量卸荷适用于变量泵,泵仅为补偿泄漏而以最小流量运转,此方法比较简单,但泵仍处在高压状态下运行,磨损比较严重;压力卸荷是使液压泵在近似零压下工作,这是常用的卸荷方法。

实现卸荷的方法通常有以下几种。

1. 换向阀卸荷回路

当具有 M、H 和 K 型等中位机能的三位换向阀处于中位时,可使泵卸荷。图 7-4(a)所示为采用 M 型中位机能的电液换向阀的卸荷回路,这种回路切换时压力冲击小,但回路中必须设置单向阀,以使系统能保持 0.3 MPa 左右的压力,供控制油路之用。

2. 二位二通阀卸荷回路

如图 7-4(b)所示,当执行元件停止工作时,二位二通阀断电,液压泵与油箱连通,液压泵卸荷。在这种回路中,二位二通阀通过泵的全部流量,卸荷效果较好,但选用二位二通阀的规格时应与泵的额定流量相适应。

3. 插装阀卸荷回路

图 7-4(c)所示为二通插装阀的卸荷回路。正常工作时,泵压力由溢流阀调定。当二位二通电磁换向阀通电后,主阀上腔接通油箱,主阀口全部打开,实现泵的卸荷。由于二通插装阀通流能力大,因而这种卸荷回路适用于大流量的液压系统。

4. 先导型溢流阀卸荷回路

如图 7-4(d)所示,在先导型溢流阀的远控口接一个小流量的二位二通电磁换向阀。当二位二通电磁换向阀电磁线圈通电时,先导型溢流阀的远控口与油箱相通,液压泵输出的液压油以很低的压力经先导型溢流阀返回油箱,实现压力卸荷。这种卸荷回路便于远距离控制,同时卸荷压力小,切换时的压力冲击也小。

5. 卸荷阀卸荷回路

如图 7-4(e)所示,泵 1 为低压大流量泵,泵 2 为高压小流量泵,两泵并联,可组成双联泵。先导型溢流阀 5 一般作为安全阀使用,卸荷阀 3(外控内泄式顺序阀)的开启压力比先导型溢流阀 5 低。当系统压力较低时,两泵同时向系统供油,使执行元件获得快速运动;当系统压力随负载变化而升高时,卸荷阀 3 打开,泵 2 输出的油液经卸荷阀流回油箱卸荷,泵 1 单独向系统供油,执行元件实现低速运动。这种载荷回路能随外载的变化自动实现液压缸轻载高速、重载低速的切换,以充分发挥原动机的功率。

6. 变量泵卸荷回路

图 7-4(f)所示为限压式变量泵的卸荷回路。根据限压式变量泵的工作原理可知,泵的输出压力超过限定压力以后,泵的输出流量将随泵出口压力的增加而直线下降,减少到只补充液压缸或换向阀的泄漏,此时尽管泵出口的压力很大,但由于泵输出的流量很小,其耗费的功率大为降低,实现了泵的卸荷。

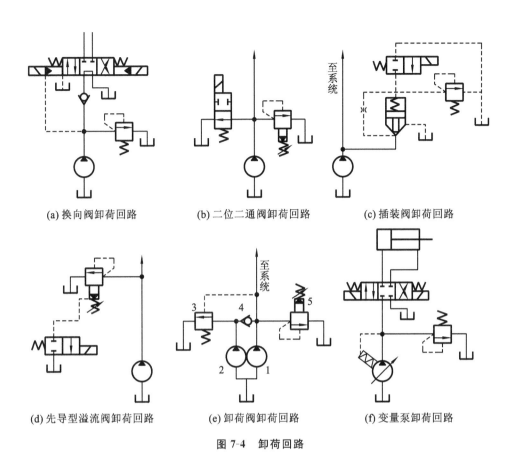

(a) 换向阀卸荷回路　(b) 二位二通阀卸荷回路　(c) 插装阀卸荷回路

(d) 先导型溢流阀卸荷回路　(e) 卸荷阀卸荷回路　(f) 变量泵卸荷回路

图 7-4　卸荷回路

7.1.5　保压回路

有的机械设备在工作过程中,常常要求液压执行机构在其行程终止时保持一段时间的压力,这时需采用保压回路。所谓保压回路,是指使系统在液压缸不动或仅有工件变形所产生的微小位移的情况下,能稳定地维持系统压力的回路。最简单的保压方法是采用密封性能好的单向阀,但这种方法对液压缸自身的泄漏及单向阀后面油路的泄漏不起作用,且保压时间短,压力稳定性不高,只能短时保压。为了使液压缸获得有效的保压,通常将蓄能器、压力继电器与单向阀联合使用,即可实现长时间保压。

1. 利用液压泵的保压回路

利用液压泵使回路保压是一种最简单的方法。在这种保压回路中,液压泵始终以较高的压力(保压所需要的压力)工作。此时,定量泵排出的压力油几乎全部经溢流阀流回油箱,系统功率损失大,发热严重,所以这种回路只在小功率系统且需保压时间较短时使用。

2. 利用蓄能器的保压回路

利用蓄能器的保压回路是指借助蓄能器来保持系统压力、补偿系统泄漏的回路。如图 7-5(a)所示,当主换向阀在左位工作时,液压缸向前运动且压紧工件,进油路压力升高至调定值,压力继电器发出信号使二通阀通电,泵即卸荷,单向阀自动关闭,液压缸则由蓄能器保压。液压缸压力不足时,压力继电器复位时泵重新工作。保压时间的长短取决于蓄能器的容量,调节压力继电器的工作区间即可调节缸中压力的最大值和最小值。如图 7-4(b)所示为多缸系统中的一种保压回路,当主油路压力降低时,单向阀关闭,支路由蓄能器保压并补偿泄漏,压力继电器的作用是当支路中压力达到预定值时发出信号,使主油路开始工作。

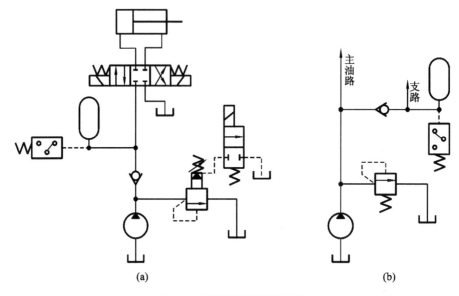

图 7-5 用蓄能器的保压回路

3. 利用液控单向阀的保压回路

图 7-6 所示为采用液控单向阀和电接触式压力表的自动补油式保压回路。其工作原理如下:当电磁线圈 1YA 通电,换向阀处于右工位,液压缸上腔压力上升至电接点压力表的上限值时,压力表上触点通电,1YA 断电,换向阀回到中位,液压泵卸荷,液压缸由液控单向阀保压。当液压缸上腔压力下降到电接点压力表调定的下限值时,压力表下触点接通并发出信号,使 1YA 通电,液压泵向液压缸上腔供油,使压力上升。该回路能自动地保持液压缸上腔的压力在某一范围内。

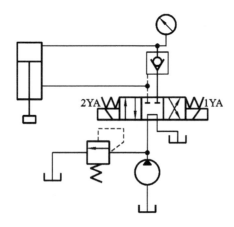

图 7-6 利用液控单向阀的保压回路

7.1.6 平衡回路

在有垂直负载的液压系统中,为了防止立式液压缸的运动部件在悬空停止期间因自重而自行下落或下行时超速失控,运动不平稳,常采用平衡回路。该回路的功用是在负载下行的回油路上设置一个适当的阻力,使之产生一定的背压,以便与自重相平衡,并起限速作用。

图 7-7(a)所示为采用单向顺序阀的平衡回路。顺序阀的调定压力应稍大于工作部件的自重在液压缸下腔形成的压力。这样,当换向阀处在中位,液压缸不工作时,顺序阀关闭,工作部件不会自行下滑。当换向阀在左位工作,液压缸上腔通压力油,下腔的背压大于顺序阀的调定压力时,顺序阀开启,活塞与运动部件下行,由于自重得到平衡,故不会产生超速现象。当换向阀采用 M 型中位机能换向阀,可使液压缸停止工作时,缸上下腔的油被封闭,从而有助于锁住工作部件,另外还可使泵卸荷,以减少能耗。这种回路,当活塞向下快速运动时功率损失大,锁住时活塞和与之相连的工作部件会因单向顺序阀和换向阀的泄漏而缓慢下落,因此它只适用于工作部件质量不大、活塞锁住时定位要求不高的场合。

图 7-7(b)所示为采用液控顺序阀的平衡回路。换向阀在右位工作时,压力油进入缸下腔,缸上腔回油,使活塞上升吊起重物。当换向阀处于中位时,缸上腔卸压,液控顺序阀关闭,缸下腔油被封闭,活塞及工作部件停止运动被锁住。当换向阀在左位工作时,压力油进入缸上腔,同时进入液控顺序阀的外控口,使顺序阀开启,液压缸下腔可顺利回油,于是活塞下行,放下重物。由于背压较小,因而功率损失较小。下行时,若速度过快,必然使液压缸上腔油压降低,将使液控顺序阀关闭。当顺序阀关闭时,因活塞停止下行,使液压缸上腔油压升高,又打开液控顺序阀。因此液控顺序阀始终工作于启闭的过渡状态,影响工作的平稳性,这种回路适用于运动部件质量不大、停留时间较短的液压系统。

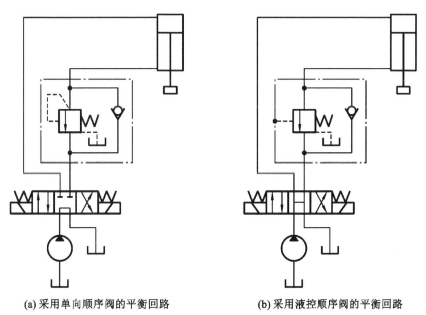

(a) 采用单向顺序阀的平衡回路　　(b) 采用液控顺序阀的平衡回路

图 7-7　采用顺序阀的平衡回路

7.2 速度控制回路

速度控制回路主要是研究液压系统中执行元件的速度调节和变换问题的回路,它包括调节液压执行元件运动速度的调速回路,以及使之得以快速运动的快速运动回路和使工作进给速度改变的速度换接回路等。速度控制回路是液压系统的核心部分,其他回路往往都是围绕着速度调节来进行选配,因而其工作性能的质量对整个系统起着决定性的作用。

7.2.1 调速回路

调速是为了满足液压执行元件对工作速度的要求,在不考虑液压油的压缩性和泄漏的情况下,液压缸的运动速度为

$$v = \frac{q}{A} \tag{7-1}$$

液压马达的转速为

$$n = \frac{q}{V_M} \tag{7-2}$$

式中:q——输入液压执行元件的流量;
A——液压缸的有效面积;
V_M——液压马达的排量。

由式(7-1)和式(7-2)可知,通过改变输入液压执行元件的流量 q、改变液压缸的有效工作面积 A 或液压马达的排量 V_M 均可达到调速的目的。但在实际中,液压缸的工作面积不易改变,故只能用改变输入液压执行元件的流量或改变液压马达的排量的方法来调速。为了改变进入液压执行元件的流量,可采用定量泵和流量控制阀的节流调速方法,也可采用改变变量泵或变量马达排量的容积调速方法,或者同时采用变量泵和流量阀调速的容积节流调速方法。

1. 节流调速回路

节流调速回路的工作原理是通过改变设置在回路中的流量控制元件(节流阀或调速阀)的通流截面面积的大小来控制流入执行元件或流出执行元件的流量,达到调节其运动速度的目的。根据流量阀在回路中的位置不同,分为进油节流调速、回油节流调速和旁路节流调速三种回路。前两种调速回路由于在工作中回路的进油压力由溢流阀确定而基本不随负载的变化而变化,故又称为定压式节流调速回路;而在旁路节流调速回路中,由于回路的供油压力会随负载的变化而变化,所以又称为变压式节流调速回路。

1) 进油节流调速回路

如图7-8(a)所示,节流阀串联在液压泵和液压缸之间,液压泵输出的油液一部分经节流阀进入液压缸工作腔,推动活塞运动,多余的油液经溢流阀流回油箱,这就是所谓的"分流调速"。有溢流(分流)是这种调速回路能够正常工作所必不可少的。由于在调速时溢流阀经常处于溢流状态,泵的出口压力 p_p 保持基本恒定,这就是人们常说的"溢流定压"。只要调节节流阀的通流面积,即可调节通过节流阀的流量,从而达到调节液压缸运动速度的目的。

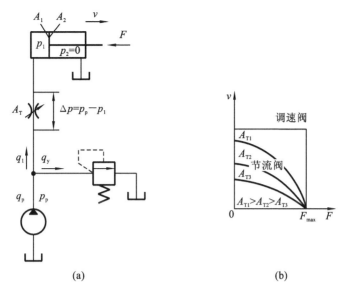

图 7-8 进油节流调速回路

(1) 速度负载特性。

液压缸在稳定工作时,其压力平衡方程式为

$$p_1 A_1 = F + p_2 A_2 \tag{7-3}$$

式中:p_1、p_2——液压缸进、回油腔的压力,由于回油腔通油箱,$p_2 \approx 0$;

F——液压缸的负载;

A_1、A_2——液压缸无杆腔和有杆腔的有效面积。

所以液压缸进油腔的压力为

$$p_1 = \frac{F}{A_1} \tag{7-4}$$

因为液压泵的供油压力 p_p 为定值,则节流阀两端的压力差为

$$\Delta p = p_p - p_1 = p_p - \frac{F}{A_1} \tag{7-5}$$

经节流阀进入液压缸的流量为

$$q_1 = K A_T \Delta p^m = K A_T \left(p_p - \frac{F}{A_1} \right)^m \tag{7-6}$$

式中:A_T——节流阀的通流面积;

K,m——节流系数及由孔口形状决定的指数。

故液压缸的运动速度为

$$v = \frac{q_1}{A_1} = \frac{K A_T}{A_1} \left(p_p - \frac{F}{A_1} \right)^m \tag{7-7}$$

式(7-7)即为进油节流调速回路的速度负载特性方程,由该式可知,液压缸的运动速度 v 与节流阀通流面积 A_T 成正比。调节 A_T 即可实现无级调速。这种回路的调速范围比较大(速度比最大可达 100)。当 A_T 调定后,速度随负载的增大而减小,故这种回路的速度负载特性较"软"。

若按式(7-7)选用不同的 A_T 值绘制 v-F 坐标曲线图,可得一组曲线,即为该回路的速度

负载特性曲线,如图 7-8(b)所示。该组曲线表示液压缸运动速度随负载变化的规律,斜率越大,说明负载变化对速度的影响越大,即速度刚性越差。由式(7-7)和图 7-8(b)还可以看出:当节流阀通流面积 A_T 一定时,重载区域比轻载区域的速度刚性差;而在相同负载条件下,节流阀通流面积大的比通流面积小的速度刚性差,即速度高时速度刚性差。所以这种调速回路适用于低速、轻载的场合。

(2) 最大承载能力。

由式(7-7)可知,无论 A_T 为何值,当 $F = p_p A_1$ 时,节流阀两端压差 $\Delta p = 0$,活塞运动也就停止,此时液压泵输出的流量全部经溢流阀流回油箱。所以该点的 F 值即为该回路的最大承载值,即 $F_{\max} = p_p A_1$。

(3) 功率和效率。

在节流阀进油节流调速回路中,由于液压泵出口压力 p_p 由溢流阀调定,基本为一定值,故液压泵的输出功率为

$$P_p = p_p q_p = \text{const}$$

而液压缸的输出功率为

$$P_1 = Fv = F\frac{q_1}{A_1} = p_1 q_1 \tag{7-8}$$

所以该回路的功率损失为

$$\Delta P = P_p - P_1 = p_p q_p - p_1 q_1 = p_p(q_1 + q_y) - (p_p - \Delta p)q_1 = p_p q_y + \Delta p q_1 \tag{7-9}$$

式中:q_y——通过溢流阀的溢流量,$q_y = q_p - q_1$;

$p_p q_y$——溢流损失功率;

$\Delta p q_1$——节流损失功率。

由此可知,进油节流调速回路的功率损失由两部分组成:溢流功率损失和节流功率损失。这些损失将都转变为热量,使液压系统的温度升高,影响系统工作。

回路的效率为

$$\eta_c = \frac{P_1}{P_p} = \frac{Fv}{p_p q_p} = \frac{p_1 q_1}{p_p q_p} \tag{7-10}$$

由于存在两部分的功率损失,故这种调速回路的效率低,当负载恒定或变化很小时,η_c 可达 0.2~0.6;当负载变化时,回路的效率 $\eta_{\max} = 0.385$。机械加工设备常有快进—工进—快退的工作循环,工进时泵的大部分流量溢流,所以回路效率极低,而低效率导致温升和泄漏增加,进一步影响了速度稳定性和效率。回路功率越大,问题越严重。

2) 回油节流调速回路

如图 7-9 所示,节流阀串联在执行元件(此处为液压缸)和油箱之间,通过调节节流阀的通流面积,即可调节液压缸的排油量 q_2,从而控制进入液压缸的流量 q_1,达到了调节液压缸活塞运动速度的目的。定量泵输出的多余油液仍经溢流阀流回油箱,溢流阀的调定压力 p_p 因溢流阀的溢流基本保持不变。

(1) 速度负载特性。

类似于进油节流调速回路的推导过程,由液压缸的力平衡方程($p_2 \neq 0$)及流量阀的流量方程($\Delta p = p_2$),可得液压缸的速度负载特性为

$$v = \frac{q_2}{A_2} = \frac{KA_{\rm T}\left(p_{\rm p}\dfrac{A_1}{A_2} - \dfrac{F}{A_2}\right)^m}{A_2} \tag{7-11}$$

式中：A_1、A_2——分别为液压缸无杆腔和有杆腔的有效面积；

   F——液压缸的负载；

   $p_{\rm p}$——溢流阀的调定压力。

比较式(7-11)和式(7-7)可以发现，回油节流调速和进油节流调速的速度负载特性及速度刚性基本相同，若液压缸两腔有效面积相同(双杆液压缸)，那么两种节流调速回路的速度负载特性和速度刚性就完全一样。因此对进油节流调速回路的一些分析完全适用于回油节流调速回路。

（2）最大承载能力。

回油节流调速回路的最大承载能力与进油节流调速回路相同，即 $F_{\max} = p_{\rm p}A_1$。

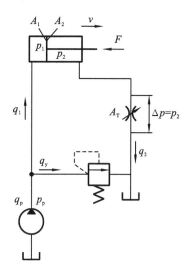

图 7-9 回油节流调速回路

（3）功率和效率。

液压泵的输出功率与进油节流调速相同，即 $P_{\rm p} = p_{\rm p}q_{\rm p}$，且为常数；液压缸的输出功率为

$$P_1 = Fv = (p_{\rm p}A_1 - p_2 A_2)v = p_{\rm p}q_1 - p_2 q_2 \tag{7-12}$$

则该回路的功率损失为

$$\Delta P = P_{\rm p} - P_1 = p_{\rm p}q_{\rm p} - p_{\rm p}q_1 + p_2 q_2 = p_{\rm p}(q_{\rm p} - q_1) + p_2 q_2 = p_{\rm p}q_{\rm y} + \Delta p q_2 \tag{7-13}$$

式中：$p_{\rm p}q_{\rm y}$——溢流损失功率；

   $\Delta p q_2$——节流损失功率。

显然与进油节流调速回路相似，其回路的效率为

$$\eta_{\rm c} = \frac{Fv}{p_{\rm p}q_{\rm p}} = \frac{p_{\rm p}q_1 - p_2 q_2}{p_{\rm p}q_{\rm p}} = \frac{\left(p_{\rm p} - p_2 \dfrac{A_1}{A_2}\right)q_1}{p_{\rm p}q_{\rm p}} \tag{7-14}$$

当采用同一个液压缸和同一个节流阀，而负载 F 和活塞运动速度相同时，则式(7-14)与式(7-10)是相同的，因此可以认为进油节流调速回路的效率和回油节流调速回路的效率相同。但是，在回油节流调速回路中，液压缸工作腔和回油腔的压力都比进油节流调速回路的压力高，特别是在负载变化大，尤其是当 $F=0$ 时，回油腔的背压有可能比液压泵的供油压力还要高，这会使节流功率损失大大提高，且加大泄漏，因而其效率实际上比进油调速回路要低。

根据上述分析可知，尽管进、回油节流调速回路在调速性能方面有许多相似之处，但是，他们也有许多不同的地方。

① 承受负值负载(与运动方向相同的负载)的能力。回油节流调速回路由于节流阀在回油上形成一定的背压，所以能在负值负载下工作，而进油节流调速回路由于回油腔直接通油箱，因此一旦承受负值负载，必然会失控前冲，故有时在回油路中安装背压阀，以克服此缺点，但这样会增加一些能量损耗。

② 运动的平稳性。在使用单杆液压缸的情况下，由于进油节流调速是调节面积较大的无杆腔的进油量，而回油节流调速回路是调节面积较小的有杆腔的排油量，故在相同的速度

条件下,进油节流调速回路的节流阀通流面积较大,低速时不易堵塞。因此,若选用具有相同最小稳定流量的节流阀,则进油节流调速回路能得到更低的稳定速度。

③ 实现压力控制的方便性。进油节流调速回路中,进油腔的压力将随负载的变化而变化,当工作部件碰到挡块而停止运动后,其压力将迅速上升到溢流阀的调定压力,利用这一特点实现压力控制是很方便的。而在回油节流调速回路中,只有回油腔的压力才会随负载变化,当工作部件碰到挡块后,其压力将降至零。

④ 停车后的启动性能。长期停车后液压缸油腔内的油液会流回油箱,当液压泵重新向液压缸供油时,在回油节流调速回路中,由于进油路上没有节流阀控制流量,会使活塞前冲;而在进油节流调速回路中,由于进油路上有节流阀控制流量,故活塞前冲很小,甚至没有前冲。

⑤ 发热及泄漏的影响。在进油节流调速回路中,经过节流阀发热后的液压油将直接进入液压缸的进油腔;而在回油节流调速回路中,经过节流阀发热后的液压油将直接流回油箱冷却。因此,发热和泄漏对进油节流调速的影响均大于对回油节流调速的影响。

综上所述,一般采用在回油路上加背压阀的进油节流调速回路,使其兼备两者的优点。

3) 旁路节流调速回路

将节流阀安装在与执行元件并联的旁路上,就构成了旁路节流调速回路。如图 7-10(a)所示,节流阀调节液压泵流回油箱的流量,从而控制进入液压缸的流量,调节节流阀的通流面积,即可实现调速。在此回路中,由于溢流任务已由节流阀承担,故溢流阀作安全阀用,常态时关闭,过载时才打开,因而液压缸正常运动时泵的出口压力不再恒定,与液压缸的进油压力相等(忽略管路泄漏和压力损失),直接随负载变化而变化。

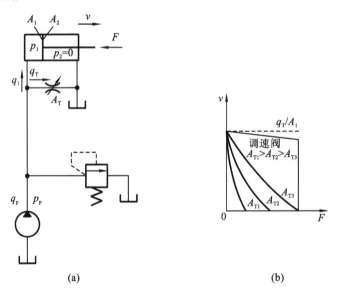

图 7-10 旁路节流调速回路

(1) 速度负载特性。

根据式(7-7)的推导过程,可得到旁路节流调速回路的速度负载特性方程。与其不同之处主要是进入液压缸的流量 q_1 为泵的流量 q_p 与节流阀流走的流量 q_T 之差,由于在回路中泵的工作压力随负载变化而变化,泄漏正比于压力,对速度产生了附加影响,因而泵的流量

中要计入泵的泄漏流量 Δq_p，所以有

$$q_1 = q_p - q_T = (q_t - \Delta q_p) - KA_T \Delta p^m = q_t - k_1 \left(\frac{F}{A_1}\right) - KA_T \left(\frac{F}{A_1}\right)^m \quad (7\text{-}15)$$

式中：q_t——泵的理论流量；

k_1——泵的泄漏系数。

所以液压缸的速度为

$$v = \frac{q_1}{A_1} = \frac{q_t - k_1\left(\dfrac{F}{A_1}\right) - KA_T\left(\dfrac{F}{A_1}\right)^m}{A_1} \quad (7\text{-}16)$$

式(7-16)即为旁路节流调速回路的负载特性方程。通过选取不同的节流阀通流面积 A_T 值，作出一组速度负载特性曲线，如图 7-10(b)所示。由曲线可见，当 A_T 一定而负载增加时，速度显著下降，即特性很软；当 A_T 一定时，负载越大，速度刚度越大；当负载一定时，A_T 越小(即活塞运动速度越高)，速度刚度越大。

(2) 最大承载能力。

旁路节流调速回路的最大承载能力随节流阀开口面积 A_T 的增大而减小，即该回路低速时承载能力很差，调速范围小。同时该回路最大承载能力还受溢流阀的安全压力值的限制。

(3) 功率和效率。

由于旁路节流调速回路只有节流损失而无溢流损失，且液压泵的输出压力随负载变化而变化，即节流损失和输入功率随负载变化而变化，故它的效率比前两种调速回路高。但旁路节流调速回路负载特性很软，低速承载能力又差，所以其应用比前两种少，只适用于高速、重载、对速度平稳性要求不高的较大功率系统中。

在上述节流调速回路中，采用节流阀的节流调速回路，速度负载特性都比较"软"，变载荷下的运动平稳性都比较差，为了克服这个缺点，回路中的节流阀可用调速阀来代替，由于调速阀本身能在负载变化的条件下保证节流阀进、出油口间的压力差基本不变，因而使用调速阀后，节流调速回路的速度负载特性将得到改善。

2. 容积调速回路

容积调速回路的工作原理是通过改变回路中变量泵或变量马达的排量来实现调速的。在这种回路中，液压泵输出的油液直接进入执行元件，没有溢流损失和节流损失，而且工作压力随负载的变化而变化，因此效率高、发热少，适用于高速、大功率调速系统；缺点是变量泵和变量马达的结构复杂、成本较高。

按油液循环方式不同，容积调速回路有开式和闭式两种。开式回路中的液压泵从油箱吸油后输入执行元件，执行元件排出的油液直接返回油箱，故油液的冷却性好，回路的结构简单，但油箱的结构尺寸大，空气和脏物易进入回路，产生污染。闭式回路中的液压泵将油液输入执行元件的进油腔，又从执行元件的回油腔吸油，回路的结构紧凑，减少了污染的可能性。若采用双向液压泵或双向液压马达时，还可方便地变换执行元件的运动方向，但油液的冷却条件较差，常常需要设置补油装置以补偿回路中的泄漏，从而使回路的结构复杂化。

容积调速回路常用的三种形式：变量泵和定量液压执行元件组成的容积调速回路；定量泵和变量马达组成的容积调速回路；变量泵和变量马达组成的容积调速回路。

1) 变量泵和定量液压执行元件组成的容积调速回路

图 7-11 所示为变量泵和定量液压执行元件组成的容积调速回路。其中图 7-11(a)所示的执行元件为液压缸 3,且是开式回路;图 7-11(b)所示的执行元件为液压马达 4,且是闭式回路。两回路中的执行元件速度均是通过改变变量泵 1 的排量来调节的。两图中的溢流阀 2 均起安全阀作用,防止系统过载。图 7-11(b)中的定量泵 5 为补油泵,用于补偿泵、马达及管路的泄漏,以及置换部分发热的油液、降低回路温升,补油泵的工作压力由溢流阀 6 调节和设定。

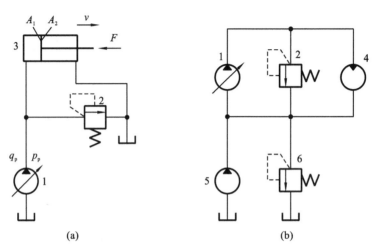

图 7-11 变量泵和定量执行元件组成的容积调速回路
1—变量泵;2、6—溢流阀;3—液压缸;4—液压马达;5—定量泵

在图 7-11(a)所示的回路中,若不考虑除液压泵以外的元件和管道的泄漏时,该回路液压缸活塞的运动速度为

$$v = \frac{q_p}{A_1} = \frac{q_t - k_1\left(\dfrac{F}{A_1}\right)}{A_1} \tag{7-17}$$

式中的符号意义同前。

在图 7-11(b)所示回路中,若不计泵和马达的损失及泄漏,则液压马达的输出转速为

$$n_M = \frac{q_M}{V_M} = \frac{q_p}{V_M} = \frac{n_p V_p}{V_M} \tag{7-18}$$

液压马达的输出转矩为

$$T_M = \frac{\Delta p_M V_M}{2\pi} \tag{7-19}$$

液压马达的输出功率为

$$P_M = \Delta p_M V_M n_M = \Delta p_M n_p V_p \tag{7-20}$$

式中:Δp_M——液压马达两端的压力差;

q_M——液压马达的输入流量($q_M = q_p$);

V_p、V_M——变量泵的排量和液压马达的排量。

在这种回路中,由于液压泵转速 n_p 一般为定值,而液压马达的排量 V_M 也是恒量,故调节变量泵的排量 V_p 即可成比例地调节液压马达的转速 n_M 并使液压马达的输出功率 P_M 成比例变化。由于马达的输出转矩 T_M 和回路的工作压力均由负载转矩决定,若负载转矩恒定,则马达输出转矩恒定,因此这种回路常被称为恒转矩调速回路,其调速特性如图 7-12 所示。此种回路在小型内燃机车、工程机械的有关装置中得到了应用。

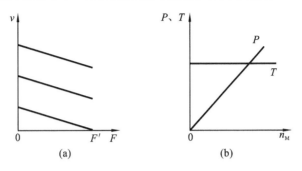

图 7-12 变量泵定量执行元件调速特性

2) 定量泵和变量马达组成的容积调速回路

图 7-13(a)所示为定量泵和变量马达组成的容积调速回路。定量泵 1 输出流量不变,其溢流阀 2(作安全阀用)、补油泵 4 和溢流阀 5 的作用与变量泵和定量马达组成的容积调速回路的相同。在这种调速回路中,由于液压泵的转速和排量均为常数,当负载功率恒定时,马达输出功率 P_M 和回路的工作压力都恒定不变,因为马达的输出转矩 T_M 与马达的排量 V_M 成正比,马达的转速则与 V_M 成反比,因此这种回路常被称为恒功率调速回路,其调速特性如图 7-13(b)所示。由于这种回路的调速范围很小,且不能实现马达反转,故这种回路仅在造纸、纺织机械的卷绕装置中得到了一些应用。

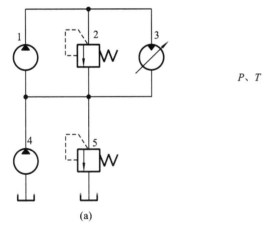

1、4—定量泵;2、5—溢流阀;3—变量泵

图 7-13 定量泵和变量马达组成的容积调速回路

3) 变量泵和变量马达组成的容积调速回路

图 7-14(a)所示为采用双向变量泵和双向变量马达组成的容积调速回路。单向阀 6、8 用于使辅助泵 4 能双向补油,而单向阀 7、9 使溢流阀 3 作安全阀用,起双向过载保护作用。这种调速回路实际是上述两种容积调速回路的组合。由于液压泵和液压马达的排量均可改变,故增大了调速范围,其工作特性曲线如图 7-14(b)所示。

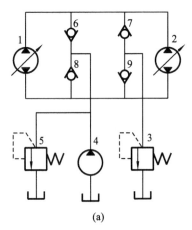 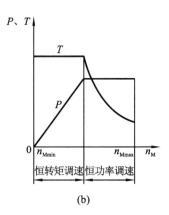

1—双向变量泵；2—双向变量马达；
3、5—溢流阀；4—定量泵；
6、7、8、9—单向阀

图 7-14 变量泵和变量马达组成的容积调速回路

一般执行元件都要求在启动时有低转速和大的输出转矩，而在正常工作时都希望有较高的转速和较小的输出转矩。因此，这种系统在低速范围内调速时，先将液压马达的排量调为最大(使马达能获得最大输出转矩)，然后改变泵的输出流量，当变量泵的排量由小变大，直至达到最大输出流量时，液压马达转速也随之升高，输出功率随之线性增加，此时液压马达处于恒转矩状态；若要进一步加大液压马达转速，则可将变量马达的排量由大变小，此时输出转矩随之降低，而泵则处于最大功率输出状态不变，故液压马达也处于恒功率输出状态。由于这种回路的调速范围很大，等于变量泵的调速范围与变量马达的调速范围之积，故这种回路适用于港口起重运输机械及矿山采掘机械等大功率机械设备的液压系统中。

3. 容积节流调速回路

容积节流调速回路采用压力补偿变量泵供油，用流量控制阀调节进入或流出液压缸的流量来控制其运动速度，并使变量泵的输出量自动地与液压缸所需流量相适应。这种调速回路没有溢流损失，效率较高，速度稳定性也比容积调速回路好，常用于速度范围大、功率不太大的场合，例如组合机床的进给系统等。

1) 限压式变量泵和调速阀组成的调速回路

图 7-15(a)所示为由限压式变量泵和调速阀组成的容积节流调速回路。该回路由限压式变量泵供油，压力油经调速阀进入液压缸无杆腔，回油经背压阀返回油箱，液压缸运动速度由调速阀中的节流阀的通流面积 A_T 来调节。设泵的流量为 q_p，则稳态工作时 $q_p = q_1$。如果关小节流阀，则在关小阀口的瞬间，q_1 减小，而此时液压泵的输出油量还未开始改变，于是出现了 $q_p > q_1$，因回路中没有溢流(阀 2 为安全阀)，多余的油液使泵输出流量减小，直至 $q_p = q_1$；反之亦然。由此可见调速阀不仅能保证进入液压缸的流量稳定，而且可以使泵的供油流量自动地和液压缸所需的流量相适应，因而也可使泵的供油压力基本恒定，这种调速回路也常被人们称为定压式容积节流调速回路。这种回路中的调速阀也可装在回油路上，它的承载能力、运动平稳性、速度刚性与对应的节流调速回路相同。

图 7-15(b)所示为限压式变量泵和调速阀组成的容积节流调速回路的调速特性，由图

可知,回路虽无溢流损失,但仍有节流损失,其大小与液压缸的工作腔压力 p_1 有关。液压缸工作腔压力的正常工作范围为

$$p_2 \frac{A_2}{A_1} \leqslant p_1 \leqslant p_p - \Delta p \tag{7-21}$$

式中:Δp——保持调速阀正常工作所需的压差,一般应在 0.5 MPa 以上;

p_2——液压缸回油背压。

当 $p_1 = p_{1\max}$ 时,回路中的节流损失为最小,此时液压泵工作点为 a,液压缸的工作点为 b;若 p_1 减小(即负载减小,b 点向左移动),则节流损失加大。这种调速回路的效率为

$$\eta_c = \frac{\left(p_1 - p_2 \dfrac{A_2}{A_1}\right) q_1}{p_p q_p} = \frac{p_1 - p_2 \dfrac{A_2}{A_1}}{p_p} \tag{7-22}$$

式(7-22)中没有考虑泵的泄漏。由于泵的输出流量越小,泵的压力 p_p 就越高;负载越小,p_1 便越小。所以该回路用在速度小、负载小的场合下,调速回路效率就很低。

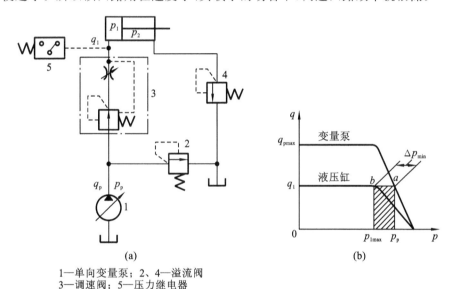

1—单向变量泵;2、4—溢流阀
3—调速阀;5—压力继电器

图 7-15 限压式变量泵和调速阀组成的容积节流调速回路

2)差压式变量泵和节流阀组成的调速回路

图 7-16 所示为差压式变量泵和节流阀组成的容积节流调速回路。这种回路的工作原理与上节所述回路基本类似:节流阀控制着进入液压缸的流量 q_1,并使变量泵输出流量 q_p 自动和 q_1 相适应。当 $q_p > q_1$ 时,泵的供油压力上升,泵内左、右两个控制柱塞便进一步压缩弹簧,推动定子向右运动,减少泵的偏心距,使泵的供油量下降到 $q_p \approx q_1$。反之,当 $q_p < q_1$ 时,泵的供油压力下降,弹簧推动定子和左、右柱塞向左运动,加大泵的偏心距,使泵的供油量增大到 $q_p \approx q_1$。

在这种容积节流调速回路中,输入液压缸的流量基本上不受负载变化的影响,因为节流阀两端的压差 $\Delta p = p_p - p_1$ 基本上是由作用在泵变量机构控制柱塞上的弹簧力来确定的,这和调速阀的原理相似。因此,这种回路的速度刚性、运动平稳性和承载能力都跟采用限压式变量泵的回路基本相同。它的调速范围也只受节流阀调节范围的限制。此外,这种回路

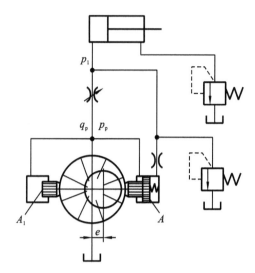

图 7-16　差压式变量泵和节流阀组成的容积节流调速回路

因能补偿由负载变化引起的泵的泄漏变化,因此,它在低速小流量的场合下使用显得特别优越。在这种调速回路中,不但没有溢流损失,而且泵的供油压力随着负载变化而变化,回路中的功率损失也只有节流阀处压降 Δp 所造成的节流损失一项,它比前一种回路调速阀处的节流损失还要小,因此发热少、效率高。

其回路的效率为

$$\eta_c = \frac{p_1 q_1}{p_p q_p} = \frac{p_1}{p_1 + \Delta p} \tag{7-23}$$

由式(7-23)可知,只要适当控制节流阀前后的压力差 Δp,就可以获得较高的效率。故这种回路宜用于负载变化大,速度较低的中、小功率场合。

7.2.2　快速运动回路

快速运动回路又称为增速回路,其作用是使液压执行元件在某段时间获得较快的速度,缩短机械空载运动时的时间,以提高系统的工作效率或充分利用功率。下面介绍几种常见的快速运动回路。

1. 使用蓄能器的快速运动回路

图 7-17 所示为使用蓄能器的快速运动回路。当系统短期需要较大流量时,泵 1 和蓄能器 4 共同向液压缸 6 供油,使液压缸速度加快;当三位四通电磁换向阀 5 处于中位时,液压缸停止工作,液压泵经单向阀 3 向蓄能器供油,蓄能器的压力上升到卸荷阀 2 的调定压力后,卸荷阀开启,液压泵卸荷。采用蓄能器的目的是可以采用较小规格的液压泵,节约能源。

2. 液压缸差动连接的快速运动回路

图 7-18 所示为利用 P 型中位机能三位四通电磁换向阀实现差动连接的快速运动回路。当电磁铁 1YA 和 2YA 均不通电,换向阀 3 处于中位时,液压缸 4 由换向阀 3 的 P 型中位机能实现差动连接,液压缸快速向前运动;当电磁铁 1YA 通电,换向阀 3 切换至左位时,液压

缸前进速度减慢。这种回路比较简单,应用较多;但是液压缸的速度增加得不多,当 $A_1 = 2A_2$ 时,差动连接只比非差动连接的最大速度快一倍,有时不能满足负载快进运动的要求,因此常常要和其他方法联合使用。

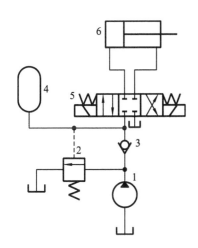

图 7-17　使用蓄能器的快速运动回路

1—单向定量液压泵;2—卸荷阀;3—单向阀;
4—蓄能器;5—三位四通电磁换向阀;6—液压缸

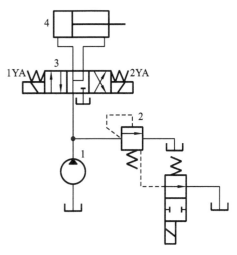

图 7-18　使用差动连接的快速运动回路

1—单向定量液压泵;2—溢流阀;
3—三位四通电磁换向阀;4—液压缸

3. 高低压双泵供油的快速运动回路

前面介绍的图 7-4(e)所示卸荷阀卸荷回路,也是高、低压双泵供油的快速运动回路。当载荷较小时,卸荷阀 3 关闭,两泵同时向系统供油,液压缸实现快速运动。这种高、低压双泵供油回路主要用于轻载时需要很大流量,而重载时却需高压小流量的场合,其特点是功率损耗小,系统效率高,应用较为普遍,但系统也稍复杂一些。

4. 使用增速缸的快速运动回路

图 7-19 所示为使用增速缸的快速运动回路。当换向阀 2 在左位工作时,液压泵输出的压力油先进入工作面积小的柱塞缸内,使活塞快进,增速缸Ⅰ腔内出现真空,便通过液控单向阀 7 补油。活塞快进结束时使二通阀 4 通电,工作在右位,压力油便同时进入增速缸Ⅰ腔和Ⅲ腔,此时因工作面积增大,从而获得大推力的低速运动,实现工作进给。换向阀 2 在右位工作时,压力油进入工作面积很小的Ⅱ腔并打开液控单向阀 7,实现快退。这种回路可以大幅度减小液压泵的规格及系统的运行能耗,由于通过液压缸的面积变化实现快慢速自动转换,故运动平稳。这种回路适合在试验机、液压机等机械设备的液压系统中使用。

7.2.3　速度换接回路

速度换接回路的功能是使液压执行元件在一个工作循环中从一种运动速度换接到另一种运动速度,这个转换不仅包括快速到慢速的换接,也包括两个慢速之间的换接。

1. 采用行程阀的速度换接回路

图 7-20 所示为采用行程阀来实现快慢速换接的回路。在图示状态下,液压缸快进,当

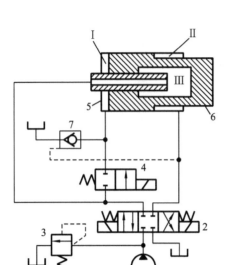

图 7-19 使用增速缸的快速运动回路

1—单向定量液压泵；2—三位四通电磁换向阀；3—溢流阀；
4—二位二通换向阀；5—增速缸；6—活塞缸；7—液控单向阀

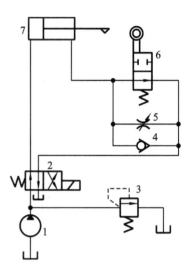

图 7-20 采用行程阀的速度换接回路

1—单向定量液压泵；2—二位四通电磁换向阀；
3—溢流阀；4—单向阀；5—节流阀；
6—行程阀；7—液压缸

活塞所连接的挡块压下行程阀6时，行程阀关闭，液压缸右腔的油液必须通过节流阀5才能流回油箱，活塞运动速度转变为慢速工进；当换向阀右位接入回路时，压力油经单向阀4进入液压缸右腔，活塞快速返回。这种回路的快慢速换接比较平稳，而且换接点位置比较准确。缺点是行程阀安装位置有所限制，管路连接较为复杂。若将行程阀改为电磁阀，安装连接比较方便，但速度换接的平稳性、可靠性及换向精度都较差。

2. 两种不同慢速的换接回路

图 7-21 所示为采用两个调速阀来实现不同工进速度的换接回路。图 7-21(a)中的两个调速阀2和调速阀3并联，由二位三通电磁换向阀4实现速度换接。在图示位置，输入液压缸5的流量由调速阀2控制。当换向阀4右位接入回路时，输入液压缸5的流量由调速阀3控制。当一个调速阀工作，另一个调速阀没有油液通过时，没有油液通过的调速阀内的定差减压阀处于最大开口位置，所以在速度换接开始的瞬间会有大量油液通过该开口，可使工作部件产生突然前冲的现象，因此，它不宜于在工作过程中进行速度换接，而只用于预先有速度换接的场合。

图 7-21(b)中的两个调速阀2和调速阀3串联。在图示位置时，因调速阀3被二位二通电磁换向阀6短路，输入液压缸5的流量由调速阀2控制。当换向阀6右位接入回路时，由于人为调节使通过调速阀3的流量比调速阀2的小，所以，输入液压缸5的流量由调速阀3控制。这种回路中由于调速阀2一直处于工作状态，它在速度换接时限制了进入调速阀3的流量，因此，它的速度换接平稳性较好，但由于油液要经过两个调速阀，所以能量损失较大。

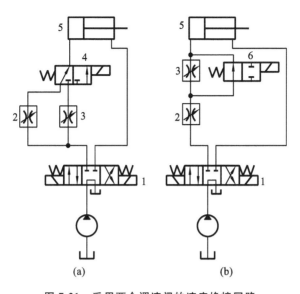

图 7-21 采用两个调速阀的速度换接回路

1—三位四通电磁换向阀；2、3—调速阀；4—二位三通电磁换向阀；
5—液压缸；6—二位二通电磁换向阀

7.3 方向控制回路

方向控制回路用来控制液压系统各油路中液流的接通、切断或改变流向，这类控制回路主要有换向回路、锁紧回路等。

7.3.1 换向回路

换向回路的作用是改变执行元件的运动方向。简单的换向回路只要采用标准的普通换向阀即可，但对于换向要求高的主机（如各类磨床），其换向回路的换向阀往往需要专门设计，换向过程一般分为执行元件的减速制动、短暂停留和反向启动三个阶段，这一过程是通过换向阀的阀芯与阀体之间位置变换来实现的，因此选用不同换向阀组成的换向回路，其换向性能也不同。根据换向制动原理的不同，分为时间控制制动式换向回路和行程控制制动式换向回路。

1. 时间控制制动式换向回路

所谓时间控制制动的换向指的是从发出换向信号到实现减速制动（停止），这一过程的时间基本上是可控的。

图 7-22 所示为时间控制制动式换向回路。其主油路只受换向阀 6 的控制，该阀的换向受控于机动先导阀 3。在图示位置，换向阀 6 处于左端，液压泵 1 的压力油经换向阀 6 进入液压缸 7 的右腔，故液压缸 7 的活塞向左运动，液压缸左腔的油液经换向阀 6 和主节流阀 10 排回油箱。当活塞带动工作台运动到终点时，工作台上的挡块通过杠杆使先导阀 3 换向，先导阀 3 左位接入回路。此时，控制压力油经先导阀 3、单向阀 4 进入液动换向阀 6 的

左腔,使其阀芯向右移动;换向阀 6 右腔的油液经节流阀 8、先导阀 3 排回油箱,阀芯的移动速度 v 可由节流阀 8 调节。在换向阀 6 的阀芯向右移动之前,活塞虽已使先导阀 3 换向,但活塞仍继续以原来的速度向前运动,在换向阀 6 的阀芯开始移动之后,液压缸左腔回油路上换向阀 6 的环槽开口逐渐减小而产生节流作用,使活塞得到制动。当环槽开口为零时,回油路封闭,活塞停止运动。回路的制动时间为 $t=b/v$(b 为换向阀 6 环槽开口的初始宽度),时间控制制动因此得名。显然,在制动时间调节为一定值后,活塞原来运动速度的大小直接影响换向时的冲击量。这种回路结构简单,制动时间可随工作情况不同进行调整,但缺点是换向时冲击量大,换向进度差,适用于对换向精度要求不高的场合。

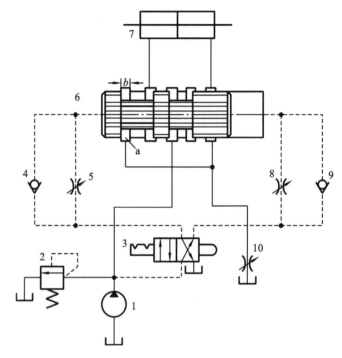

图 7-22　时间控制制动式换向回路

1—单向定量液压泵;2—溢流阀;3—机动先导阀;
4、9—单向阀;5、8—节流阀;6—换向阀;7—液压缸

2. 行程控制制动式换向回路

所谓行程控制制动的换向是指从发出信号到工作部件制动、停止这一过程中,工作部件所走过的行程基本上是一定的。

图 7-23 所示为一种较简单的行程控制制动式换向回路。与图 7-22 所示换向回路相比,其主要特点是液压缸 7 的回油路经过换向阀 6 后,还需再经机动先导阀 3 及节流阀 10 流回油箱。在图示位置,液压缸活塞向左运动,当活塞达到左端终点时,与活塞相连的挡铁 12 碰到杠杆 11,通过杠杆 11 推动先导阀 3 向右移动。这时主回油路上通过先导阀 3 的油口逐渐减小,使活塞得到制动作用。当先导阀 3 向右移动使油口接近封闭时,通向换向阀 6 左端的控制油口被打开,这时控制油经先导阀 3、单向阀 4 进入换向阀 6 左端,使换向阀的阀芯向右移动,换向阀右端的油液经节流阀 8、先导阀 3 流回油箱。活塞行程的极端位置就是当先导阀 3 的油口完全封闭时的位置,这时活塞完全停止运动。因此采用这种制动方式

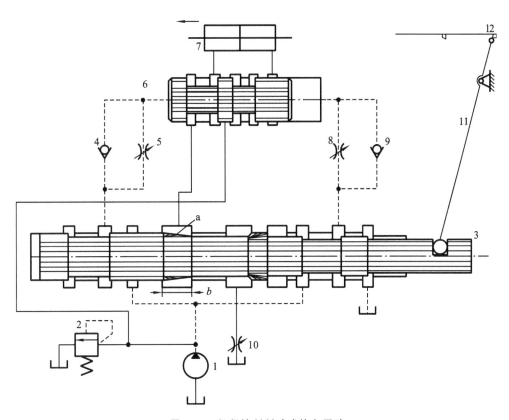

图 7-23 行程控制制动式换向回路
1—单向定量液压泵；2—溢流阀；3—机动先导阀；4、9—单向阀；
5、8、10—节流阀；6—换向阀；7—液压缸；11—杠杆；12—挡铁

时，不管活塞原来运动速度的快慢如何，先导阀3总是移动一定的行程后油缸活塞就停止运动，故这种制动方式称为行程控制制动。这种回路具有较小的冲击量，换向精度高，但由于运动部件的制动行程基本上是一定的，所以运动部件原来的运动速度越高，则制动时间就越短，换向时的冲击也就会越大。此外，其先导阀3的结构较复杂，制造精度要求也较高。所以，这种制动方式主要适用于运动速度不高，但换向精度要求较高的场合。

7.3.2 锁紧回路

锁紧回路的功能是使液压执行机构能在任意位置停留，且不会因外力作用而移动位置。采用O型或M型机能的三位换向阀，当阀芯处于中位时，液压缸的进、出口都被封闭，可以将活塞锁紧，但是这种锁紧回路由于受到滑阀泄漏的影响，锁紧效果较差。

图7-24所示为采用液控单向阀的锁紧回路。在液

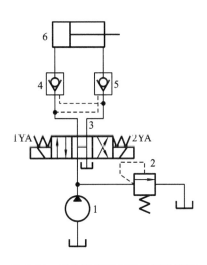

图 7-24 采用液控单向阀的锁紧回路
1—单向定量液压泵；2—溢流阀；
3—三位四通电磁换向阀；
4、5—液控单向阀；6—液压缸

压缸的进、回油路中都串接液控单向阀(又称双向液压锁),活塞可以在行程的任何位置锁紧。如图 7-24 所示,当电磁铁 1YA 通电使换向阀 3 处于左位时,液压泵 1 的压力油经左边液控单向阀 4 进入液压缸 6 的无杆腔,同时通过控制口导通右边液控单向阀 5,使液压缸右腔的回路可经液控单向阀 5 及换向 3 排回油箱,活塞向右运动;反之,活塞向左运动。到了需要停留的位置,只要使换向阀 3 处于中位,因阀的中位为 H 型机能,所以两个液控单向阀均关闭,液压缸双向锁紧,液压泵卸荷。应当注意,使用液控单向阀的锁紧回路,其换向阀的中位机能不宜采用 O 型,而应采用 H 型或 Y 型,以便在中位时,液控单向阀的控制压力能立即释放,液控单向阀关闭,活塞停止运动。在这种回路中,由于液控单向阀的密封性好,液压缸锁紧可靠,其锁紧精度主要取决于液压缸的泄漏。这种回路被广泛应用于工程机械、起重运输机械等有较高锁紧要求的场合。

7.4 多缸工作控制回路

在液压系统中,如果由一个油源给多个液压缸输送压力油,这些液压缸会因压力和流量的彼此影响而在动作上相互牵制。因此,必须使用一些特殊的回路才能实现预定的动作要求,常见的这类回路主要有以下三种。

7.4.1 顺序动作回路

顺序动作回路的功用是使多缸液压系统中的各个液压缸严格地按规定的顺序动作。按照控制方式的不同,有压力控制的顺序动作回路和行程控制的顺序动作回路两大类。

1. 压力控制的顺序动作回路

图 7-25 所示为使用顺序阀的压力控制的顺序动作回路。当换向阀 5 处于左工位且顺序阀 4 的调定压力大于液压缸 1 前进的最大工作压力时,压力油先进入液压缸 1 的左腔,实现动作①;当液压缸 1 行至终点后,压力上升,压力油打开顺序阀 4 进入液压缸 2 的左腔,实现动作②;同样,当换向阀处于右工位且顺序阀 3 的调定压力大于液压缸 2 返回的最大工作压力时,两液压缸按③、④的顺序返回。这种回路顺序动作的可靠性取决于顺序阀的性能及其压力调定值,一般后一个动作的压力必须比前一个动作的压力高 0.8~1 MPa。

2. 行程控制的顺序动作回路

图 7-26 所示为采用行程开关控制的远程控制的顺序动作回路。这种回路以液压缸 2 和液压缸 5 的行程位置为依据来实现相应的顺序动作。换向阀 1 和换向阀 8 的通、断电主要由固定在液压缸活塞杆前端的挡块触动其行程上布置的行程开关来完成。当按下启动按钮后,电磁铁 1YA 通电,使换向阀 1 切换至左工位,压力油先进入液压缸 2 的左腔,实现动作①;当液压缸 2 的挡块触动行程开关 4 时,电磁铁 3YA 通电,使换向阀 8 切换至左工位,压力油进入液压缸 5 的左腔,实现动作②;当液压缸 5 的挡块触动行程开关 7 时,电磁铁 2YA 通电,使换向阀 1 切换至右工位,液压缸 2 返回,实现动作③;当液压缸 2 的挡块触动行程开关 3 时,电磁铁 4YA 通电,使换向阀 8 切换至右工位,液压缸 5 返回,实现动作④,最后液压缸 5 的挡块触动行程开关 6,所有电磁铁均断电,液压缸 2 和液压缸 5 均停止动作,完成一个工作循环。表 7-1 所示为此回路的电磁铁动作顺序表。这种回路的可靠性取决于

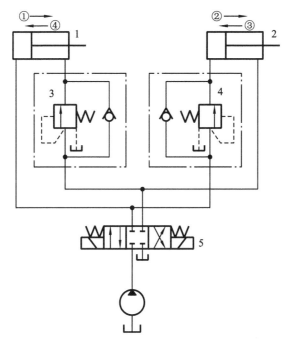

图 7-25 压力控制的顺序动作回路
1、2—液压缸;3、4—顺序阀;5—三位四通电磁换向阀

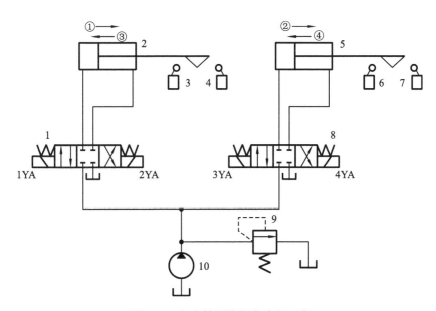

图 7-26 行程控制的顺序动作回路
1、8—三位四通电磁换向阀;2、5—液压缸;3、4、6、7—行程开关;
9—溢流阀;10—单向定量液压泵

电气行程开关和电磁阀的质量,对变更液压缸的动作行程和动作顺序来说都比较方便,因此

它在机床液压系统中得到了广泛的应用,特别适合于顺序动作的位置精度要求较高、动作循环经常要求改变的场合。

表 7-1 行程控制的顺序动作回路的电磁铁动作顺序表

信号来源	电磁铁状态			
	1YA	2YA	3YA	4YA
按下启动按钮	+	−	−	−
液压缸 2 挡块压下行程开关 4	−	−	+	−
液压缸 5 挡块压下行程开关 7	−	+	−	−
液压缸 2 挡块压下行程开关 3	−	−	−	+
液压缸 5 挡块压下行程开关 6	−	−	−	−

7.4.2 同步回路

同步回路的功用是保证系统中的两个或多个液压执行元件在运动中的位移量相同或以相同的速度运动。从理论上讲,对两个工作面积相同的液压缸输入等量的油液即可使两液压缸同步。但因液压缸外负载、泄漏、摩擦阻力、制造精度、结构弹性变形及油液中含气量等因素的影响,都会使运动不同步。为此,同步动作回路要尽量克服或减少这些因素的影响,有时要采取补偿措施,清除累积误差。

1. 用流量阀控制的同步回路

图 7-27 所示为并联调速阀的同步回路。液压缸 5 和液压缸 6 的油路并联,其运动速度分别用调速阀 1 和调速阀 3 调节。当两个工作面积相同的液压缸作同步运动时,通过两个调速阀的流量要调节得相同。当换向阀 7 处在右工位时,压力油可通过单向阀 2 和单向阀 4 使两缸的活塞快速退回。这种同步方法比较简单,但因为两个调速阀的性能不可能完全一致,同时还受到负载变化和泄漏的影响,故同步精度不高。

2. 带补偿措施的串联液压缸同步回路

如图 7-28 所示为带补偿措施的串联液压缸同步回路。回路中液压缸 1 有杆腔 A 的有效面积与液压缸 2 无杆腔 B 的有效面积相等,因而从 A 腔排出的油液进入 B 腔后,两液压缸便同步下降。回路中采取补偿措施使同步误差在每一次下行运动中都得到消除,以避免误差的积累。其原理为:当三位四通换向阀 6 处于右工位时,两液压缸活塞同时下行。若液压缸 1 的活塞先运动到底,它就触动行程开关 7,使电磁铁 3YA 通电,换向阀 5 处在右工位,压力油经换向阀 5 和液控单向阀 3 向液压缸 2 的 B 腔补油,推动活塞继续运动到底,误差即被清除。若液压缸 2 先运动到底,则触动行程开关 8,使电磁铁 4YA 通电,换向阀 4 处于上工位,控制压力油使液控单向阀反向通道打开,使液压缸 1 的 A 腔通过液控单向阀与回油接通,其活塞即可继续运动到底。这种串联式同步回路只适用于负载较小的液压系统。

7.4.3 多缸快慢速互不干扰回路

多缸快慢速互不干扰回路的功用是防止液压系统中的几个液压缸因速度快慢的不同而在动作上产生相互干扰。图 7-29 所示为用双泵供油来实现的多缸快慢速互不干扰回路。

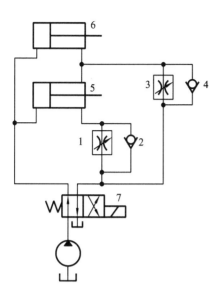

图 7-27 并联调速阀的同步回路
1、3—调速阀；2、4—单向阀；
5、6—液压缸；7—二位四通电磁换向阀

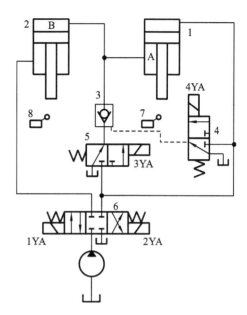

图 7-28 带补偿措施的串联液压缸同步回路
1、2—液压缸；3—调速阀；4、5—二位三通电磁换向阀；
6—三位四通电磁换向阀；7、8—行程开关

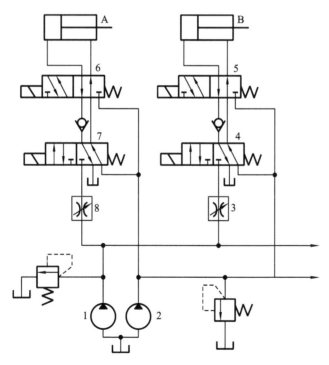

图 7-29 双泵供油互不干扰回路
1、2—单向定量液压泵；3、8—调速阀；4、5、6、7—二位五通电磁换向阀；A、B—液压缸

图中的液压缸 A 和 B 各自要完成"快进—工进—快退"的自动工作循环。其具体工作情况为：在图示状态下各缸原位停止。当换向阀 5、换向阀 6 均通电时，各缸均由双联泵中的大

流量泵 2 供油并作差动快进。这时如果其中一个液压缸,例如缸 A,先完成快进动作,由挡块和行程开关使换向阀 7 通电,换向阀 6 断电,此时大泵进入缸 A 的油路被切断,而双联泵中的高压小流量泵 1 的进油路打开,缸 A 由调速阀 8 调速工进,此时缸 B 仍作快进,互不影响。当各缸都转为工进后,它们全由小泵 1 供油。此后,若缸 A 又率先完成工进,行程开关应使换向阀 7 和换向阀 6 均通电,缸 A 即由大泵 2 供油快退,当电磁铁都断电时,各缸停止运动,并被锁在所处的位置上。由此可见,这个回路之所以能够防止多缸的快慢速运动互不干扰,是由于快速和慢速各由一个液压泵来分别供油,再由相应的电磁铁进行控制的缘故。

习 题 7

7-1 在图 7-30 所示的回路中,若溢流阀的调定压力分别为 $p_{Y1}=3$ MPa,$p_{Y2}=2$ MPa,$p_{Y3}=4$ MPa,问外负载无穷大时,泵的出口压力各为多少?

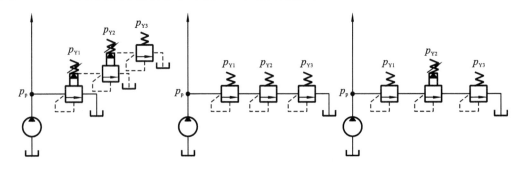

图 7-30 题 7-1 图

7-2 如图 7-31 所示的液压系统,两液压缸有效面积为 $A_1=A_2=100\times10^{-4}$ m^2,缸 I 的负载 $F_1=3.5\times10^4$ N,缸 II 的负载 $F_2=1\times10^4$ N,溢流阀、顺序阀和减压阀的调整压力分别为 4.0 MPa、3.0 MPa 和 2.0 MPa。试分析下列三种情况下 A、B、C 点的压力值。

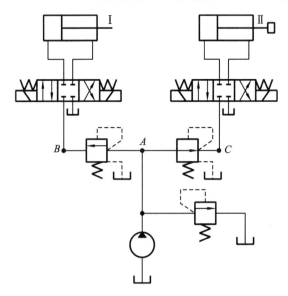

图 7-31 题 7-2 图

(1) 液压泵启动后,两换向阀处于中位。
(2) 1YA 通电,液压缸Ⅰ活塞移动时及活塞运动到终点时。
(3) 1YA 断电,2YA 通电,液压缸Ⅱ活塞移动时及活塞杆碰到挡铁时。

7-3 如图 7-7(a)所示的平衡回路中,若液压缸无杆腔面积为 $A_1=80\times10^{-4}$ m^2,有杆腔面积为 $A_2=40\times10^{-4}$ m^2,活塞与运动部件自重 $G=6\,000$ N,运动时活塞上的摩擦阻力为 $F_f=2\,000$ N,向下运动时要克服负载阻力为 $F_L=24\,000$ N,试问顺序阀和溢流阀的最小调整压力应各为多少?

7-4 如图 7-9 所示的回油节流调速回路,已知液压泵的供油流量 $q_p=25$ L/min,负载 $F=40\,000$ N,溢流阀的调定压力为 $p_p=5.4$ MPa,液压缸无杆腔面积为 $A_1=80\times10^{-4}$ m^2,有杆腔面积为 $A_2=40\times10^{-4}$ m^2,液压缸的工进速度 $v=0.18$ m/min,不考虑管路损失和液压缸的摩擦损失,试计算:
(1) 液压缸工进时液压系统的效率。
(2) 当负载 $F=0$ 时,活塞的运动速度和回油腔的压力。

7-5 在如图 7-32 所示的出口节流调速回路中,已知 $A_1=20$ cm^2,$A_2=10$ cm^2,液压泵的流量为 $q_p=16$ L/min,溢流阀的压力调定值为 $p_Y=5$ MPa,通过调速阀的流量为 $q_T=0.5$ L/min。液压缸的负载为 $F=5$ kN,试分析:
(1) 电磁铁断电时,$p_1=?$ $p_2=?$ $v=?$ 溢流阀的溢流量 $\Delta q=?$
(2) 电磁铁通电时,$p_1=?$ $p_2=?$ $v=?$ 溢流阀的溢流量 $\Delta q=?$

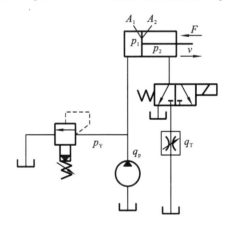

图 7-32 题 7-5 图

7-6 如图 7-8(a)所示的进油节流调速回路,已知液压泵的供油量 $q_p=6$ L/min,溢流阀调定压力 $p_p=3$ MPa,液压缸无杆腔面积 $A_1=20\times10^{-4}$ m^2,负载 $F=4\,000$ N,节流阀为薄壁孔口,开口面积为 $A_T=0.01\times10^{-4}$ m^2,$C_d=0.62$,$\rho=900$ kg/m^2,试求:
(1) 活塞杆的运动速度。
(2) 溢流阀的溢流量和回路的效率。

第 8 章 典型液压系统

本章详细介绍一些典型液压传动系统的应用实例,通过研究这些系统的工作原理和性能特点,研究各种元件在系统中的作用,为读懂较复杂的液压系统,为下一步进行液压系统设计打下坚实基础。通过前面基本回路的学习,结合本章典型液压系统的读图方法和分析步骤,要求能读懂一般的液压系统实例,能基本分析系统的特点和各种元件在系统中的作用。

液压技术广泛地应用于国民经济各个部门和各个行业,不同行业的液压机械,它的工况特点、动作循环、工作要求、控制方式等方面差别很大。但一台机器设备的液压系统无论有多复杂,都是由若干个基本回路组成的,基本回路的特性也就决定了整个系统的特性。本章通过介绍几种不同类型的液压系统,使大家能够掌握分析液压系统的一般步骤和方法。实际设备的液压系统往往比较复杂,要想真正读懂并非一件容易的事情,这就要求按照一定的方法和步骤,做到循序渐进、分块进行、逐步完成。读图的大致步骤一般如下。

(1) 首先要认真分析该液压设备的工作原理、性能特点,了解设备对液压系统的工作要求。

(2) 根据设备对液压系统执行元件动作循环的具体要求,从液压泵到执行元件(液压缸或马达)和从执行元件到液压泵双向同时进行,按油路的走向初步阅读液压系统原理图,寻找它们的连接关系,以执行元件为中心将系统分解成若干个子系统,读图时要按照先读控制油路后读主油路的读图顺序进行。

(3) 按照系统中组成的基本回路(如换向回路、调速回路、压力控制回路等)来分解系统的功能,并根据设备各执行元件间的互锁、同步、顺序动作和防干扰等要求,全面读懂液压系统原理图。

(4) 分析液压系统性能优劣,总结归纳系统的特点,以加深对系统的了解。

8.1 组合机床动力滑台液压系统

8.1.1 组合机床动力滑台液压系统概述

组合机床是一种由通用部件和部分专用部件组合而成的高效、工序集中的专用机床,具有加工能力强、自动化程度高、经济性好等优点。动力滑台是组合机床上实现进给运动的一种通用部件,配上动力头和主轴箱可以完成钻、扩、铰、镗、铣、攻丝等工序,能加工孔和端面,广泛应用于大批量生产的流水线。卧式组合机床的结构如图 8-1 所示。

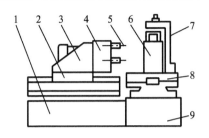

图 8-1 卧式组合机床的结构
1—床身;2—动力滑台;3—动力头;4—主轴箱;
5—刀具;6—工件;7—夹具;8—工作台;9—底座

8.1.2 YT4543 型动力滑台液压系统工作原理

图 8-2 所示为 YT4543 型动力滑台的液压系统图。该滑台由液压缸驱动,系统用限压式变量液压泵供油,三位五通电液换向阀换向,用液压缸差动连接实现快进,用调速阀调节实现工进,由两个调速阀串联及电磁铁来控制实现一工进和二工进的转换,用死挡铁保证进给的位置精度。可见,系统能够实现快进→一工进→二工进→死挡铁停留→快退→原位停止。表 8-1 为该滑台的动作循环表(表中"+"表示电磁铁得电)。

表 8-1 YT4543 型动力滑台液压系统动作循环表

动作名称	信号来源	电磁铁工作状态			液压元件工作状态				
		1YA	2YA	3YA	外控式顺序阀 3	电磁先导阀 5	主阀 4	电磁阀 8	行程阀 9
快进	人工启动按钮	+	−	−	关闭	左位	左位	右位	右位
一工进	挡块压下行程阀 9	+	−	−	打开	左位	左位	右位	左位
二工进	挡块压下行程开关	+	−	+	打开	左位	左位	左位	左位
停留	滑台靠压在死挡块处	+	−	+	打开	左位	左位	左位	左位
快退	压力继电器 17 发出信号	−	+	−	关闭	右位	右位	右位	右位
停止	挡块压下终点开关	−	−	−	关闭	中位	中位	右位	右位

该滑台的具体工作情况如下。

1. 快进

人工按下自动循环启动按钮,使电磁铁 1YA 得电,电液换向阀中的电磁先导阀 5 左位接入系统,在控制油路驱动下,液动换向阀 4 左位接入系统,系统开始实现快进。由于快进时滑台上无工作负载,液压系统只需克服滑台上负载的惯性力和导轨的摩擦力即可,泵的出口压力很低,使限压式变量液压泵 1 处于最大偏心距状态,输出最大流量,外控式顺序阀 3 处于关闭状态,通过单向阀 12 的单向导通和行程阀 9 右位接入系统,使液压缸处于差动连接状态,实现快进。这时油路的流动情况具体如下。

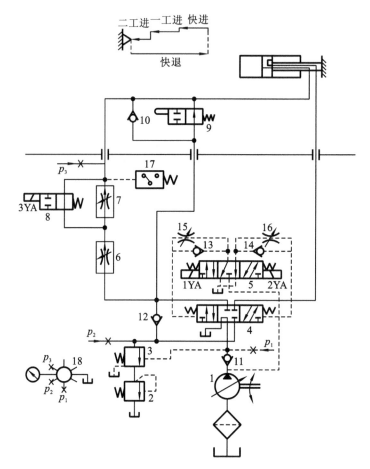

图 8-2 YT4543 型动力滑台的液压系统图

1—限压式变量液压泵；2—背压阀；3—外控式顺序阀；4—液动换向阀（主阀）；5—电磁先导阀；
6、7—调速阀；8—电磁阀；9—行程阀；10、11、12、13、14—单向阀；15、16—节流阀；
17—压力继电器；18—压力表开关；p_1、p_2、p_3—压力表接点

1) 控制油路

进油路：限压式变量液压泵 1→电磁先导阀 5（左位）→单向阀 13→主阀 4（左边）。

回油路：主阀 4（右边）→节流阀 16→电磁先导阀 5（左位）→油箱。

2) 主油路

进油路：限压式变量液压泵 1→单向阀 11→主阀 4（左位）→行程阀 9 常位→液压缸左腔。

回油路：液压缸右腔→主阀 4（左位）→单向阀 12→行程阀 9 常位→液压缸左腔。

2. 一工进

当滑台快进到预定位置时，滑台上的行程挡块压下行程阀 9，使行程阀左位接入系统，单向阀 12 与行程阀 9 之间的油路被切断，单向阀 10 反向截止，3YA 又处于失电状态，压力油只能经过调速阀 6、电磁阀 8 的右位后进入液压缸左腔，由于调速阀 6 接入系统，造成系统压力升高，系统进入容积节流调速工作方式，使系统开始第一次工进。这时，其余液压元件所处状态不变，但外控式顺序阀 3 被打开，由于压力的反馈作用，使限压式变量液压泵 1

输出流量与调速阀6的流量自动匹配。这时油路的流动情况具体如下。

进油路：限压式变量液压泵1→单向阀11→液动换向阀4(左位)→调速阀6→电磁阀8(右位)→液压缸左腔。

回油路：液压缸右腔→液动换向阀4(左位)→外控式顺序阀3→背压阀2→油箱。

3. 二工进

当滑台第一次工作进给结束时，装在滑台上的另一个行程挡块压下一行程开关，使电磁铁3YA得电，电磁阀8左位接入系统，压力油经调速阀6、调速阀7后进入液压缸左腔，此时，系统仍然处于容积节流调速状态，第二次工进开始。由于调速阀7的开口比调速阀6的小，使系统工作压力进一步升高，限压式变量液压泵1的输出流量进一步减少，滑台的进给速度降低。这时油路的流动情况具体如下。

进油路：限压式变量液压泵1→单向阀11→液动换向阀4(左位)→调速阀6→调速阀7→液压缸左腔。

回油路：液压缸右腔→液动换向阀4(左位)→外控式顺序阀3→背压阀2→油箱。

4. 进给终点停留

当滑台以二工进速度运动到终点时，碰上事先调整好的死挡块，使滑台不能继续前进，被迫停留。此时，油路状态保持不变，限压式变量液压泵1仍在继续运转，使系统压力不断升高，泵的输出流量不断减少，直到流量全部用来补偿泵的泄漏，此时系统就没有流量。由于流过调速阀6和调速阀7的流量为零，阀前后的压力差为零，从限压式变量液压泵1出口到液压缸之间的压力油路段变为静压状态，使整个压力油路上的油压力相等，即液压缸左腔的压力升高到泵出口的压力。由于液压缸左腔压力的升高，引起压力继电器17动作并发出信号给时间继电器(图8-2中未画出)，经过时间继电器的延时处理，使滑台在死挡铁停留一定时间后开始下一个动作。

5. 快退

当滑台停留一定时间后，时间继电器发出快退信号，使电磁铁1YA失电、2YA得电，电磁先导阀5右位接入系统，控制油路换向，使液动换向阀4右位接入系统，因而主油路换向。由于此时滑台没有外负载，系统压力下降，限压式变量液压泵1的流量又自动增至最大，有杆腔进油、无杆腔回油，使滑台实现快速退回。这时油路的流动情况具体如下。

1) 控制油路

进油路：限压式变量液压泵1→电磁先导阀5(右位)→单向阀14→主阀4(右边)。

回油路：主阀4(左边)→节流阀15→电磁先导阀5(右位)→油箱。

2) 主油路

进油路：限压式变量液压泵1→单向阀11→液动换向阀4(右位)→液压缸右腔。

回油路：液压缸左腔→单向阀10→液动换向阀4(右位)→油箱。

6. 原位停止

当滑台快退到原位时，另一个行程挡块压下原位行程开关，使电磁铁1YA、2YA和3YA都失电，电磁先导阀5在对中弹簧作用下处于中位，液动换向阀4左右两边的控制油路都通油箱，因而液动换向阀4也在对中弹簧作用下回到中位，液压缸两腔封闭，滑台停止运动，限压式变量液压泵1卸荷。此时，油路的流动情况具体如下。

卸荷油路：限压式变量液压泵1→单向阀11→液动换向阀4(中位)→油箱。

8.1.3 YT4543型动力滑台液压系统特点

由以上分析可以看出,该液压系统主要由以下一些基本回路组成:由限压式变量液压泵、调速阀和背压阀组成的容积节流调速回路;液压缸差动连接的快速运动回路;电液换向阀的换向回路;由行程阀、电磁阀、顺序阀、两个调速阀等组成的快慢速换接回路;采用电液换向阀 M 型中位机能和单向阀的卸荷回路等。该液压系统的主要性能特点如下。

(1) 采用了限压式变量液压泵和调速阀组成的容积节流调速回路,它能保证液压缸稳定地低速运动且有较好的速度刚性和较大的调速范围。回油路上的背压阀除了可防止空气渗入系统外,还可使滑台承受一定的负载。

(2) 系统采用了限压式变量液压泵和液压缸差动连接来实现快进,可得到较大的快进速度,能量利用也比较合理。滑台工作间歇停止时,系统采用单向阀和 M 型中位机能换向阀串联使液压泵卸荷,既减少了能量损耗,又使控制油路保持一定的压力,保证下一工作循环的顺利启动。

(3) 系统采用行程阀和外控顺序阀实现快进与工进的转换,不仅简化了油路,而且使动作可靠,换接位置精度较高。两次工进速度的换接采用布局简单、灵活的电磁阀,保证了换接精度,避免换接时滑台前冲,采用死挡块作限位装置,定位准确、可靠,重复精度高。

(4) 系统采用换向时间可调的三位五通电液换向阀来切换主油路,使滑台的换向平稳,冲击和噪声小。同时,电液换向阀的五通结构使滑台进和退时分别从两条油路回油,这样滑台快退时系统就没有背压,减少了压力损失。

(5) 系统回路中的三个单向阀10、11 和 12 的用途完全不同。单向阀 11 使系统在卸荷情况下能够得到一定的控制压力,实现系统在卸荷状态下平稳换向。单向阀 12 实现快进时的差动连接,工进时的压力油与回油隔离。单向阀 10 实现快进与两次工进时的反向截止与快退时的正向导通,使滑台快退时的回油通过管路和液动换向阀 4 直接回油箱,以尽量减少系统快退时的能量损失。

8.2 3150 kN 通用压力机液压系统

8.2.1 3150 kN 通用压力机液压系统概述

压力机是一种能完成锻压、冲压、冷挤、校直、折边、弯曲、成形打包等工艺的压力加工机械,它可用于加工金属、塑料、木材、皮革、橡胶等各种材料。压力机具有压力和速度调节范围大、可在任意位置输出全部功率和保持所需的压力等优点,在许多工业部门得到了广泛的应用。压力机的类型很多,其中以四柱式液压机最为典型,通常由横梁、导柱、工作台、滑块和顶出机构等部件组成,其结构原理图如图 8-3 所示。这种液压机在它的四个立柱之间安置着上、下两个液压缸,上液压缸驱动上滑块,实现"快速下行→慢速加压→保压延时→快速返回→原位停止"的动作循环;下液压缸驱动下滑块,实现"向上顶出→向下退回→原位停止"或"浮动压边下行→停止→顶出"的动作循环,如图 8-4 所示。液压机液压系统以压力控制为主,系统具有压力高、流量大、功率大的特点。

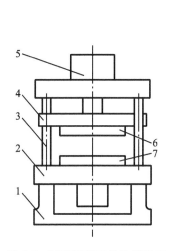

图 8-3 四柱液压机结构原理图

1—床身;2—工作平台;3—导柱;4—上滑块;
5—上缸;6—上滑块模具;7—下滑块模具

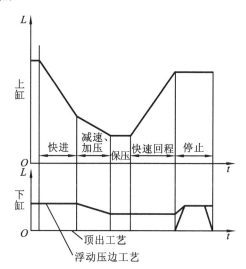

图 8-4 四柱液压机工作循环

8.2.2 3150 kN 通用压力机液压系统工作原理

图 8-5 所示为 YB32-200 型液压机的液压系统图,表 8-2 所示为该型号液压机的液压系统电磁铁动作顺序表。该液压机工作的特点是上缸竖直放置,当上滑块组件没有接触到工件时,系统为空载高速运动;当上滑块接触到工件后,系统压力急剧升高,且上缸的运动速度迅速降低,直至为零,进行保压。

1. 液压机上滑块的工作过程

1) 启动

按下启动按钮,主泵 1 和辅助泵 2 同时启动,此时系统中所有电磁阀的电磁铁均处于失电状态,主泵 1 输出的油经电液换向阀 6 的中位及电液换向阀 21 的中位流回油箱(处于卸荷状态),辅助泵 2 输出的油液经溢流阀 3 流回油箱,系统实现空载启动。

2) 快速下行

泵启动后,按下快速下行按钮,电磁铁 1YA、5YA 得电,电液换向阀 6 右位接入系统,控制油液经电磁换向阀 8 右位使液控单向阀 9 打开,上缸带动上滑块实现空载快速运动。这时油路的流动情况具体如下。

进油路:主泵 1→电液换向阀 6(右位)→单向阀 13→上缸 16(上腔)。

回油路:上缸 16(下腔)→液控单向阀 9→电液换向阀 6(右位)→电液换向阀 21(中位)→油箱。

由于上缸竖直安放,上缸滑块在自重作用下快速下降,此时主泵 1 虽处于最大流量状态,但仍不能满足上缸快速下降的流量需要,因而在上缸上腔会形成负压,上部油箱 15 的油液在一定的外部压力作用下,经液控单向阀 14(充液阀)进入上缸上腔,实现对上缸上腔的补油。

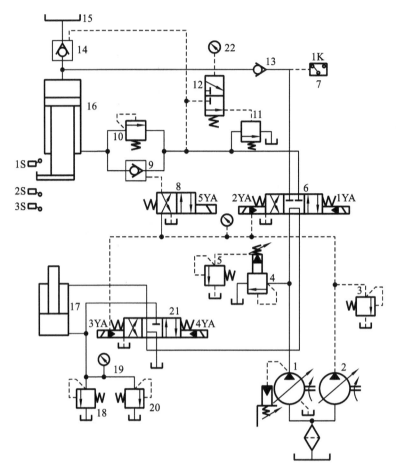

图 8-5　YB32-200 型液压机的液压系统图

1—主泵；2—辅助泵；3、4、18—溢流阀；5—远程调压阀；6、21—电液换向阀；7—压力继电器；
8—电磁换向阀；9—液控单向阀；10、20—背压阀；11—外控顺序阀；12—液动滑阀；13—单向阀；
14—充液阀；15—油箱；16—上缸；17—下缸；19—节流器；22—压力表

表 8-2　YB32-200 型液压机的液压系统电磁铁动作顺序表

动作程序		1YA	2YA	3YA	4YA	5YA
上缸	快速下行	+	−	−	−	+
	慢速加压	+	−	−	−	−
	保压	−	−	−	−	−
	泄压回程	−	+	−	−	−
	停止	−	−	−	−	−
下缸	顶出	−	−	+	−	−
	退回	−	−	−	+	−
	压边	+	−	−	−	−
	停止	−	−	−	−	−

3) 慢速下行接近工件并加压

当上滑块降至一定位置时(事先调好),按下电气行程开关2S后,电磁铁5YA失电,电磁换向阀8左位接入系统,使液控单向阀9关闭,上缸下腔油液经背压阀10、电液换向阀6右位、电液换向阀21中位回油箱。此时,上缸上腔压力升高,充液阀14关闭。上缸滑块在主泵1的压力油作用下慢速接近要压制成形的工件。当上缸滑块接触工件后,由于负载急剧增加,使上腔压力进一步升高,主泵1的输出流量自动减小。这时油路的流动情况具体如下。

进油路:主泵1→电液换向阀6(右位)→单向阀13→上缸16(上腔)。

回油路:上缸16(下腔)→背压阀10→电液换向阀6(右位)→电液换向阀21(中位)→油箱。

4) 保压

当上缸上腔压力达到预定值时,压力继电器7发出信号,使电磁铁1YA失电,电液换向阀6回中位,上缸的上、下腔封闭,由于充液阀14和单向阀13具有良好的密封性能,使上缸上腔实现保压,其保压时间由压力继电器7控制的时间继电器决定。在上腔保压期间,油泵卸荷,油路的流动情况具体如下。

主泵1→电液换向阀6(中位)→电液换向阀21(中位)→油箱。

5) 泄压、上缸回程

保压过程结束,时间继电器发出信号,电磁铁2YA得电,电液换向阀6左位接入系统。由于上缸上腔压力很高,液控滑阀12上位接入系统,压力油经电液换向阀6左位、液控滑阀12上位使外控顺序阀11开启,此时主泵1输出油液经外控顺序阀11流回油箱。主泵1在低压下工作,由于充液阀14的阀芯为复合式结构,具有先卸荷再开启的功能,所以充液阀14在主泵1较低压力作用下,只能打开其阀芯上的卸荷针阀,使上缸上腔的很小一部分油液经充液阀14流回油箱15,上腔压力逐渐降低。当该压力降到一定值后,液控滑阀12下位接入系统,外控顺序阀11关闭,主泵1供油压力升高,使充液阀14完全打开,这时油路的流动情况具体如下。

进油路:主泵1→电液换向阀6(左位)→液控单向阀9→上缸16(下腔)。

回油路:上缸16(上腔)→充液阀14→油箱15。

6) 原位停止

当上缸滑块上升至行程挡块压下电气行程开关1S时,电磁铁2YA失电,电液换向阀6中位接入系统,液控单向阀9将主缸下腔封闭,上缸在起点原位停止不动,油泵卸荷,油路的流动情况具体如下。

主泵1→电液换向阀6(中位)→电液换向阀21(中位)→油箱。

2. 液压机下滑块的工作过程

1) 向上顶出

工件压制完毕后,按下顶出按钮,使电磁铁3YA得电,电液换向阀21左位接入系统。这时油路的流动情况具体如下。

进油路:主泵1→电液换向阀6(中位)→电液换向阀21(左位)→下缸17(下腔)。

回油路:下缸17(上腔)→电液换向阀21(左位)→油箱。

2) 向下退回

下缸17的活塞上升,顶出压好的工件后,按下退回按钮。这时电磁铁3YA失电,4YA

得电,电液换向阀 21 右位接入系统,下缸的活塞下行,使下滑块退回到原位。这时油路的流动情况具体如下。

进油路:主泵 1→电液换向阀 6(中位)→电液换向阀 21(右位)→下缸 17(上腔)。

回油路:下缸 17(下腔)→电液换向阀 21(右位)→油箱。

3) 原位停止

下缸到达下终点后,使所有的电磁铁都断电,各电磁阀均处于原位,泵低压卸荷。

4) 浮动压边

有些模具工作时需要对工件进行压紧拉伸。当在压力机上用模具作薄板拉伸压边时,要求下滑块上升到一定位置实现上下模具的合模,使合模后的模具既保持一定的压力将工件夹紧,又能使模具随上滑块组件的下压而下降(浮动压边)。这时,电液换向阀 21 处于中位,由于上缸的压紧力远远大于下缸往上的上顶力,上缸滑块组件下压时下缸活塞被迫随之下行,下缸下腔油液经节流器 19 和背压阀 20 流回油箱,使下缸下腔保持所需的向上的压边压力。调节背压阀 20 的开启压力大小,即可起到改变浮动压边压力大小的作用。下缸上腔则经电液换向阀 21 中位从油箱补油。溢流阀 18 作为下缸下腔的安全阀,只有在下缸下腔压力过载时才起作用。

8.2.3 3150 kN 通用压力机液压系统性能分析

综上所述,该机液压系统主要由压力控制回路、换向回路、快慢速换接回路和平衡锁紧回路等组成。其主要性能特点如下。

(1) 系统采用高压大流量恒功率(压力补偿)柱塞变量泵供油,通过电液换向阀 6、21 的中位机能使主泵 1 空载启动,在上、下液压缸原位停止时主泵 1 卸荷,利用系统工作过程中压力的变化来自动调节主泵 1 的输出流量与上缸的运动状态相适应,这样既符合液压机的工艺要求,又节省能量。

(2) 系统利用上滑块的自重实现上液压缸快速下行,并用充液阀 14 补油,使快速运动回路结构简单、补油充分,且使用的元件少。

(3) 系统采用带缓冲装置的充液阀 14、液控滑阀 12 和外控顺序阀 11 组成的泄压回路,其结构简单,减小了上缸由保压转换为快速回程时的液压冲击,使液压缸运动平稳。

(4) 系统采用单向阀 13、充液阀 14 来保压,并使系统卸荷的保压回路在上缸上腔实现保压的同时实现系统卸荷,因此系统节能效果好。

(5) 系统采用液控单向阀 9 和内控顺序阀组成的平衡锁紧回路,使上缸滑块在任何位置都能够停止,且能够长时间保持在锁定的位置上。

8.3 注塑机液压系统

8.3.1 注塑机液压系统概述

注塑机是塑料注射成型机的简称,是热塑性塑料制品的成型加工设备。它将颗粒塑料加热熔化后,高压快速注入模腔,经一定时间的保压、冷却后成型就能制成相应的塑料制品。由于注塑机具有复杂制品一次成型的能力,因此在塑料机械中,它的应用非常广。

注射机是一种通用设备,通过它与不同专用注射模具配套使用,能够生产出多种类型的塑料制品。注射机主要由机架、动静模板、合模保压部件、预塑部件、注射部件、液压系统、电气控制系统等组成。注射机的动模板和静模板用来成对安装不同类型的专用注射模具。合模保压部件有两种结构形式:一种是用液压缸直接推动动模板工作;另一种是用液压缸推动机械机构,通过机械机构再驱动动模板工作(机液联合式)。注射机的结构原理图如图8-6所示。注塑机在整个工作过程中运动复杂、动作多变、系统压力变化大。

注射机的工作循环过程一般如下:

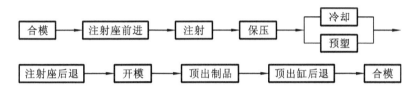

以上动作分别由合模液压缸、注射座移动缸、预塑液压马达、注射缸、顶出缸完成。

注塑机液压系统要求有足够的合模力、可调节的合模开模速度、可调节的注射压力和注射速度及可调的保压压力,系统还应设置安全联锁装置。

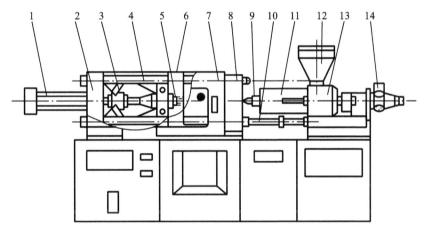

图8-6　注射机的结构原理图

1—合模液压缸;2—后固定模板;3—曲轴连杆机构;4—拉杆;5—顶出缸;
6—动模板;7—安全门;8—前固定模板;9—注射螺杆;10—注射座移动缸;
11—机筒;12—料斗;13—注射缸;14—预塑液压马达

8.3.2　注塑机液压系统工作原理

图8-7所示为250 g注射机液压系统原理图。该机每次最大注射量为250 g,属于中小型注射机。该注射机各执行元件的动作循环主要依靠行程开关切换电磁换向阀来实现。电磁铁动作顺序如表8-3所示。

为保证生产安全,注射机设置了安全门,并在安全门下装设一个行程阀21加以控制,只有在安全门关闭、行程阀21上位接入系统的情况下,系统才能进行合模运动。系统工作过

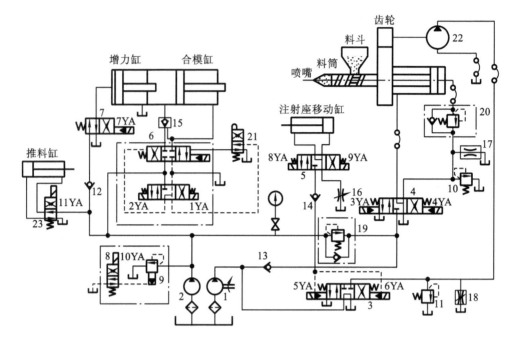

图 8-7 250 g 注射机液压系统原理图

1—大流量液压泵；2—小流量液压泵；3、4、6、7—电液换向阀；5、8、23—电磁换向阀；
9、10、11—溢流阀；12、13、14—单向阀；15—液控单向阀；16—节流阀；
17、18—调速阀；19、20—单向顺序阀；21—行程阀；22—液压马达

表 8-3 250 g 注射机液压系统原理图电磁铁动作顺序表

动作程序		1YA	2YA	3YA	4YA	5YA	6YA	7YA	8YA	9YA	10YA	11YA
合模	启动慢移	+	−	−	−	−	−	−	−	−	+	−
	快速合模	+	−	−	−	+	−	−	−	−	+	−
	增压锁模	+	−	−	−	−	−	+	−	−	+	−
	注射座整体快移	−	−	−	−	−	−	+	−	+	+	−
	注射	−	−	−	+	−	−	+	−	+	+	−
	注射保压	−	−	−	+	−	−	+	−	+	+	−
	减压排气	−	+	−	−	−	−	−	−	−	+	−
	再增压	+	−	−	−	−	−	+	−	−	+	−
	预塑进料	−	−	−	−	−	+	+	−	+	+	−
	注射座后移	−	−	−	−	−	−	−	+	−	−	−
开模	慢速开模	+	−	−	−	−	−	−	−	−	+	−
	快速开模	+	−	−	−	+	−	−	−	−	+	−
推料	顶出缸伸出	−	−	−	−	−	−	−	−	−	+	+
	顶出缸缩回	−	−	−	−	−	−	−	−	−	+	−
	系统卸荷	−	−	−	−	−	−	−	−	−	−	−

注："+"表示电磁得电，"−"表示电磁失电。

程如下。

1. 合模

合模是动模板向定模板靠拢并最终合拢的过程。动模板由合模液压缸或机液组合机构驱动,合模速度一般按慢—快—慢的顺序进行,具体如下。

(1) 动模板慢速合模运动　当按下合模按钮,电磁铁 1YA、10YA 得电,电液换向阀 6 右位接入系统,电磁换向阀 8 上位接入系统。低压大流量液压泵 1 通过电液换向阀 3 的 M 型中位机能卸荷,高压小流量液压泵 2 输出的压力油经电液换向阀 6、液控单向阀 15 进入合模缸左腔,右腔油液经电液换向阀 6 回油箱,合模缸推动动模板开始慢速向右运动。这时油路的流动情况具体如下。

进油路:小流量液压泵 2→电液换向阀 6(右位)→液控单向阀 15→合模缸(左腔)。

回油路:合模缸(右腔)→电液换向阀 6(右位)→油箱。

(2) 动模板快速合模运动　当慢速合模转为快速合模时,动模板上的行程挡块压下行程开关,使电磁铁 5YA 得电,电液换向阀 3 左位接入系统,大流量泵 1 不再卸荷,其压力油经单向阀 13、单向顺序阀 19 与小流量液压泵 2 的压力油汇合,双泵共同向合模缸供油,实现动模板快速合模运动。这时油路的流动情况具体如下。

进油路:[(大流量液压泵 1→单向阀 13→单向顺序阀 19)+(小流量液压泵 2)]→电液换向阀 6(右位)→液控单向阀 15→合模缸左腔。

回油路:合模缸右腔→电液换向阀 6(右位)→油箱。

(3) 合模前动模板的慢速运动　当动模快速靠近静模板时,另一行程挡块将压下其对应的行程开关,使 5YA 失电、电液换向阀 3 回到中位,大流量泵 1 卸荷,油路又恢复到以前状况,使快速合模运动又转为慢速合模运动,直至将模具完全合拢。

2. 增压锁模

当动模板合拢到位后又压下一行程开关,使电磁铁 7YA 得电、5YA 失电,大流量液压泵 1 卸荷、小流量液压泵 2 工作,电液换向阀 7 右位接入系统,增压缸开始工作,将其活塞输出的推力传给合模缸的活塞以增加其输出推力。此时,溢流阀 9 开始溢流,调定泵 2 输出的最高压力,该压力也是最大合模力下对应的系统最高工作压力。因此,系统的锁模力由溢流阀 9 调定,动模板的锁紧由单向阀 12 保证。这时油路的流动情况具体如下。

进油路:小流量液压泵 2→单向阀 12→电磁换向阀 7(右位)→增压缸(左腔)。

小流量液压泵 2→电液换向阀 6(右位)→液控单向阀 15→合模缸(左腔)。

回油路:增压缸右腔→油箱。

合模缸右腔→电液换向阀 6(右位)→油箱。

3. 注射座整体快进

注射座的整体运动由注射座移动液压缸驱动。当电磁铁 9YA 得电时,电磁换向阀 5 右位接入系统,小流量液压泵 2 的压力油经单向阀 14、电磁换向阀 5 进入注射座移动缸右腔,左腔油液经节流阀 16 回油箱。此时注射座整体向左移动,使注射嘴与模具浇口接触。注射座的保压顶紧由单向阀 14 实现。这时油路的流动情况具体如下。

进油路:小流量液压泵 2→单向阀 14→注射座移动缸(右腔)。

回油路:注射座移动缸(左腔)→电磁换向阀 5(右位)→节流阀 16→油箱。

4. 注射

当注射座到达预定位置后,压下行程开关,使电磁铁 4YA、5YA 得电,电液换向阀 4 右位接入系统,电液换向阀 3 左位接入系统。大流量液压泵 1 的压力油经单向阀 13,与经单向顺序阀 19 而来的小流量液压泵 2 的压力油汇合,一起经电液换向阀 4、单向顺序阀 20 进入注射缸右腔,左腔油液经电液换向阀 4 回油箱。注射缸活塞带动注射螺杆将料筒前端已经预塑好的熔料经注射嘴快速注入模腔。注射缸的注射速度由旁路节流调速的调速阀 17 调节。单向顺序阀 20 在预塑时能够产生一定背压,确保螺杆有一定的推力。溢流阀 10 起调定螺杆注射压力作用。这时油路的流动情况具体如下。

进油路:[(大流量液压泵 1→单向阀 13)+(小流量液压泵 2→单向顺序阀 19)]→电液换向阀 4(左位)→单向顺序阀 20→注射缸(右腔)。

回油路:注射缸(左腔)→电液电磁阀 4(左位)→油箱。

5. 注射保压

当注射缸对模腔内的熔料实行保压并补塑时,注射液压缸活塞工作位移量较小,只需少量油液即可。所以,电磁铁 5YA 失电,电液换向阀 3 处于中位,使大流量液压泵 1 卸荷,小流量液压泵 2 单独供油,以实现保压,多余的油液经溢流阀 9 回油箱。

6. 减压(放气)、再增压

先让电磁铁 1YA、7YA 失电,电磁铁 2YA 得电;后让电磁铁 1YA、7YA 得电,2YA 失电,使动模板略松一下后,再继续压紧,尽量排放模腔中的气体,以保证制品质量。

7. 预塑

保压完毕,从料斗加入的塑料原料被裹在机筒外壳上的电加热器加热,并随着螺杆的旋转将加热熔化好的熔塑带至料筒前端,并在螺杆头部逐渐建立起一定压力。当此压力足以克服注射液压缸活塞退回的背压阻力时,螺杆逐步开始后退,并不断将预塑好的塑料送至机筒前端。当螺杆后退到预定位置,即螺杆头部熔料达到所需注射量时,螺杆停止后退和转动,为下一次向模腔注射熔料做好准备。与此同时,已经注射到模腔内的制品冷却成型过程完成。

预塑螺杆的转动由液压马达 22 通过一对减速齿轮驱动实现。这时,电磁铁 6YA 得电,电液换向阀 3 右位接入系统,大流量液压泵 1 的压力油经电液换向阀 3 进入液压马达,液压马达回油直通油箱。马达转速由旁路调速阀 18 调节,溢流阀 11 为安全阀。螺杆后退时,电液换向阀 4 处于中位,注射缸右腔油液经单向顺序阀 20 和电液换向阀 4 回油箱,其背压力由单向顺序阀 20 调节。同时活塞后退时,注射缸左腔会形成真空,此时依靠电液换向阀 4 的 Y 型中位机能进行补油。此时系统油液流动情况具体如下。

液压马达回路的进油路:大流量液压泵 1→单向顺序阀 3 右位→液压马达 22 进油口。

液压马达回路的回油路:液压马达 22 回油口→单向顺序阀 3 右位→油箱。

液压缸背压回路:注射缸右腔→单向顺序阀 20→调速阀 17→油箱。

8. 注射座后退

当保压结束,电磁铁 8YA 得电,电磁换向阀 5 左位接入系统,小流量液压泵 2 的压力油经单向阀 14、电磁换向阀 5 进入注射座移动液压缸左腔,右腔油液经电磁换向阀 5、节流阀 16 回油箱,使注射座后退。大流量液压泵 1 经电液换向阀 3 卸荷。此时系统油液流动情况具体如下。

进油路：小流量液压泵 2→单向阀 14→电磁换向阀 5(左位)→注射座移动缸左腔。

回油路：注射座移动缸右腔→电磁换向阀 5(左位)→节流阀 16→油箱。

9. 开模

开模过程与合模过程相似，开模速度一般历经慢—快—慢的过程。

(1) 慢速开模。电磁铁 2YA 得电，电液换向阀 6 左位接入系统，液压泵的压力油经电液换向阀 6 进入合模液压缸右腔，左腔的油经液控单向阀 15、电液换向阀 6 回油箱。大流量液压泵 1 经电液换向阀 3 卸荷。

(2) 快速开模。此时电磁铁 2YA 和 5YA 都得电，大流量液压泵 1 和小流量液压 2 汇流向合模液压缸右腔供油，开模速度提高。

10. 顶出

模具开模完成后，压下一行程开关，使电磁铁 11YA 得电，从小流量液压泵 2 来的压力油，经过单向阀 12，电磁换向阀 23 上位，进入推料缸的左腔，右腔回油经电磁换向阀 23 的上位回油箱。推料顶出缸通过顶杆将已经成型好的塑料制品从模腔中推出。

11. 推料缸退回

推料完成后，电磁阀 11YA 失电，从小流量液压泵 2 来的压力油经电磁换向阀 23 下位进入推料缸油腔，左腔回油经过电磁换向阀 23 下位后回油箱。

12. 系统卸荷

上述循环动作完成后，系统所有电磁铁都失电。大流量液压泵 1 经电液换向阀 3 卸荷，小流量液压泵 2 经先导式溢流阀 8 卸荷。到此，注射机一次完整的工作循环完成。

8.3.3 注塑机液压系统性能分析

(1) 该系统在整个工作循环中，由于合模缸和注射缸等液压缸的流量变化较大，锁模和注射后系统有较长时间的保压，为合理利用能量，系统采用双泵供油方式。液压缸快速动作(低压大流量)时，采用双液压泵联合供油方式；液压缸慢速动作或保压时，采用高压小流量泵 2 供油、低压大流量泵 1 卸荷的供油方式。

(2) 由于合模液压缸要求实现快、慢速开模、合模以及锁模动作，系统采用电液换向阀换向回路控制合模缸的运动方向，为保证足够的锁模力，系统设置了增力缸作用合模缸的方式，再通过机液复合机构完成合模和锁模，因此，合模缸结构较小、回路简单。

(3) 由于注射液压缸运动速度较快，但运动平稳性要求不高，故系统采用调速阀旁路节流调速回路。由于预塑时要求注射缸有背压且背压力可调，所以，在注射缸的无杆腔出口处串联一个背压阀。

(4) 由于预塑工艺要求注射座移动缸在不工作时应处于背压且浮动状态，系统采用 Y 型中位机能的电磁换向阀，单向顺序阀 20 产生可调背压，回油节流调速回路等措施，调节注射座移动缸的运动速度，以提高运动的平稳性。

(5) 预塑时螺杆转速较高，对速度平稳性要求较低，系统采用调速阀旁路节流调速回路。

(6) 由于注射机的注射压力很大(最大注射压力达 153 MPa)，为确保操作安全，该机设置了安全门,在安全门下端装一个行程阀,串接在电液换向阀 6 的控制油路上,控制合模缸的动作。只有当操作者离开模具,将安全门关闭时压下行程阀后,电液换向阀才有控制油进入,合模缸才能实现合模运动,以确保操作者的人身安全。

(7) 由于注射机的执行元件较多,其循环动作主要由行程开关控制,按预定顺序完成。这种控制方式机动灵活,且系统较简单。

(8) 系统工作时,各种执行装置的协同运动较多、工作压力的要求较多、变化较大,分别通过溢流阀 9,溢流阀 10、11,再加上单向顺序阀 19、20 的联合作用,实现系统中不同位置、不同运动状态的不同压力控制。

8.4 汽车起重机液压系统

8.4.1 汽车起重机液压系统概述

汽车起重机机动性好,适应性强,自备动力,能在野外作业,操作简便灵活,能以较快速度行走,在交通运输、城建、消防、大型物料场、基建、急救等领域得到了广泛的使用。汽车起重机上采用液压起重技术,具有承载能力大,可在有冲击、振动和环境较差的条件下工作。由于系统执行元件需要完成的动作较为简单,位置精度要求较低,所以系统以手动操纵为主。对起重机械液压系统,设计中确保工作可靠与安全至关重要。

汽车起重机是用相配套的载重汽车为基本部分,在其上添加相应的起重功能部件,组成完整汽车起重机,并且利用汽车自备的动力作为起重机的液压系统动力。起重机工作时,汽车的轮胎不受力,依靠四条液压支腿将整个汽车抬起来,并将起重机的各个部分展开,进行起重作业。当需要转移起重作业现场时,只需要将起重机的各个部分收回到汽车上,使汽车恢复到车辆运输功能状态,进行转移。

图 8-8 所示为汽车起重机的结构原理图。它主要由以下五个部分构成。

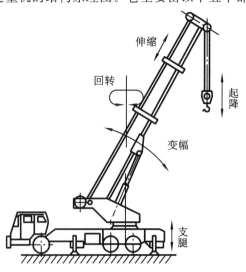

图 8-8 汽车起重机工作机构原理图

1. 支腿装置

起重作业时,支腿装置使汽车轮胎离开地面,架起整车,不使载荷压在轮胎上,并可调节整车的水平度。

2. 吊臂回转机构

吊臂回转机构使吊臂实现360°任意回转,并在任何位置能够锁定停止。

3. 吊臂伸缩机构

吊臂伸缩机构使吊臂在一定尺寸范围内可调,并能够定位,用以改变吊臂的工作长度。一般为3节或4节套筒伸缩结构。

4. 吊臂变幅机构

吊臂变幅机构使吊臂在一定角度范围内任意可调,用以改变吊臂的倾角。

5. 吊钩起降机构

吊钩起降机构使重物在起吊范围内任意升降,并在任意位置负重停止,起吊和下降速度在一定范围内无级可调。

8.4.2 Q2-8型汽车起重机工作原理

Q2-8型汽车起重机是一种中小型起重机(最大起重能力8 t),表8-4列出了该汽车起重机液压系统的工作情况,其液压系统如图8-9所示。它都是通过手动操纵来实现多缸各自动作的。起重作业时一般为单个动作,少数情况下有两个缸的复合动作。为简化结构,系统采用一个液压泵给各执行元件串联供油。在轻载情况下,各串联的执行元件可任意组合,使几个执行元件同时动作,如伸缩和回转,或伸缩和变幅同时进行等。

表8-4 Q2-8型汽车起重机液压系统的工作情况

手动阀位置						系统工作情况						
阀A	阀B	阀C	阀D	阀E	阀F	前支腿液压缸	后支腿液压缸	回转液压马达	伸缩液压缸	变幅液压缸	起升液压马达	制动液压缸
左位	中位	中位	中位	中位		伸出	不动	不动	不动	不动	不动	制动
右位						缩回						
中位	左位					不动	伸出	不动	不动	不动	不动	制动
	右位						缩回					
中位	中位	左位				不动	不动	正转	不动	不动	不动	制动
		右位						反转				
中位	中位	中位	左位			不动	不动	不动	缩回	不动	不动	制动
			右位						伸出			
中位	中位	中位	中位	左位		不动	不动	不动	不动	减幅	不动	制动
				右位						增幅		
中位	中位	中位	中位	中位	左位	不动	不动	不动	不动	不动	正转	松开
					右位						反转	

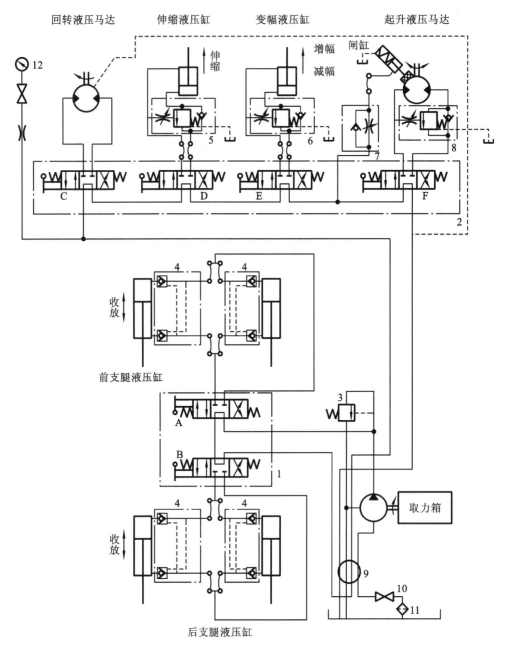

图 8-9 Q2-8 型汽车起重机液压系统图

1、2—手动阀组；3—溢流阀；4—双向液压锁；5、6、8—平衡阀；
7—节流阀；9—中心回转接头；10—开关；11—过滤器；12—压力计；
A、B、C、D、E、F—手动换向阀

汽车起重机液压系统中液压泵的动力，都是由汽车发动机通过装在底盘变速箱上的取力箱提供。液压泵为高压定量齿轮泵。由于发动机的转速可以通过油门人为调节控制，因此尽管是定量泵，但在一定的范围内，其输出的流量可以通过控制汽车油门开度的大小来人为控制，从而实现无级调速。该泵的额定压力为 21 MPa，排量为 40 mL/r，额定转速为 1500

r/min。液压泵通过中心回转接头 9、开关 10 和过滤器 11 从油箱吸油；输出的压力油经中心回转接头 9、手动阀组 1 和手动阀组 2 的操作，将压力油串联地输送到各执行元件。当起重机不工作时，液压系统处于卸荷状态。系统工作的具体情况如下。

1. 支腿缸收放回路

汽车起重机的底盘前后各有两条支腿，在每一条支腿上都装着一个液压缸，支腿的动作由液压缸驱动。两条前支腿和两条后支腿分别由手动阀组 1 中的三位四通手动换向阀 A 或 B 控制其伸出或缩回。换向阀均采用 M 型中位机能，且油路采用串联方式。每个液压缸的油路上均设有双向锁紧回路，以保证支腿被可靠地锁住，防止在起重作业时发生"软腿"现象或行车过程中支腿自行滑落。这时油路的流动情况具体如下。

1）前支腿

进油路：取力箱→液压泵→手动阀组 1 中的换向阀 A（左位或右位）→两个前支腿缸进油腔（换向阀 A 左位进油，前支腿放下；换向阀 A 右位进油，前支腿收回）。

回油路：两个前支腿缸回油腔→手动阀组 1 中的换向阀 A（左位或右位）→换向阀 B（中位）→中心回转接头 9→手动阀组 2 中换向阀 C、D、E、F 的中位→中心回转接头 9→油箱。

2）后支腿

进油路：取力箱→液压泵→手动阀组 1 中的换向阀 A（中位）→换向阀 B（左位或右位）→两个后支腿缸进油腔（换向阀 B 左位进油，后支腿放下；换向阀 B 右位进油，后支腿收回）。

回油路：两个后支腿缸回油腔→手动阀组 1 中的换向阀 B（左位或右位）→换向阀 A（中位）→中心回转接头 9→手动阀组 2 中换向阀 C、D、E、F 的中位→中心回转接头 9→油箱。

前后四条支腿可以同时收和放，当手动阀组 1 中的换向阀 A 和换向阀 B 同时左位工作时，四条支腿都放下；换向阀 A 和换向阀 B 同时右位工作时，四条支腿都收回；当手动阀组 1 中的换向阀 A 左位工作，换向阀 B 右位工作时，前支腿放下，后支腿收回；当手动阀组 1 中的换向阀 A 右位工作，换向阀 B 左位工作时，前支腿收回，后支腿放下。

2. 吊臂回转回路

吊臂回转机构采用液压马达作为执行元件。液压马达通过蜗轮蜗杆减速箱和一对内啮合的齿轮传动来驱动转盘回转。由于转盘转速较低（1～3 r/min），故液压马达的转速也不高，没有必要设置液压马达的制动回路。系统中用手动阀组 2 中的一个三位四通手动换向阀 C 来控制转盘正、反转和锁定不动三种工况。这时油路的流动情况具体如下。

进油路：取力箱→液压泵→手动阀组 1 中的换向阀 A、换向阀 B 中位→中心回转接头 9→手动阀组 2 中的换向阀 C（左位或右位）→回转液压马达进油腔。

回油路：回转液压马达回油腔→手动阀组 2 中的换向阀 C（左位或右位）→手动阀组 2 中的换向阀 D、E、F 的中位→中心回转接头 9→油箱。

3. 伸缩回路

起重机的吊臂由基本臂和伸缩臂组成，伸缩臂套在基本臂之中，用一个由三位四通手动换向阀 D 控制的伸缩液压缸来驱动吊臂的伸出和缩回。为防止因自重而使吊臂下落，油路中设有平衡回路。这时油路的流动情况具体如下。

进油路：取力箱→液压泵→手动阀组 1 中的换向阀 A、换向阀 B 中位→中心回转接头 9→手动阀组 2 中的换向阀 C 中位→换向阀 D（左位或右位）→伸缩缸进油腔。

回油路：伸缩缸回油腔→手动阀组 2 中的换向阀 D（左位或右位）→手动阀组 2 中的换向阀 E、F 的中位→中心回转接头 9→油箱。

当手动阀组 2 中的换向阀 D 左位工作时，伸缩缸上腔进油，缸缩回；换向阀 D 右位工作时，伸缩缸下腔进油，缸伸出。

4. 变幅回路

吊臂变幅是用一个液压缸来改变起重臂的角度。变幅液压缸由三位四通手动换向阀 E 控制。同理，为防止在变幅作业时因自重而使吊臂下落，在油路中设有平衡回路。这时油路的流动情况具体如下。

进油路：取力箱→液压泵→手动阀组 1 中的换向阀 A、换向阀 B 中位→中心回转接头 9→换向阀 C 中位→换向阀 D 中位→换向阀 E（左位或右位）→变幅缸进油腔。

回油路：变幅缸回油腔→换向阀 E（左位或右位）→换向阀 F 中位→中心回转接头 9→油箱。

当手动阀组 2 中的换向阀 E 左位工作时，变幅缸上腔进油，缸减幅；换向阀 E 右位工作时，变幅缸下腔进油，缸增幅。

5. 起降回路

起降机构是汽车起重机的主要工作机构，它由一个低速大转矩定量液压马达来带动卷扬机工作。液压马达的正、反转由三位四通手动换向阀 F 控制。起重机起升速度的调节是通过改变汽车发动机的转速从而改变液压泵的输出流量和液压马达的输入流量来实现的。在液压马达的回油路上设有平衡回路，以防止重物自由落下。在液压马达上还设有单向节流阀的平衡回路，以防止重物自由落下。此外，在液压马达上还设有由单向节流阀和单作用闸缸组成的制动回路，当系统不工作时，通过闸缸中的弹簧力实现对卷扬机的制动，防止起吊重物下滑。当起重机负重起吊时，利用制动器延时张开的特性，可以避免卷扬机起吊时发生溜车下滑现象。这时油路的流动情况具体如下。

进油路：取力箱→液压泵→手动阀组 1 中的换向阀 A、换向阀 B 中位→中心回转接头 9→换向阀 C 中位→换向阀 D 中位→换向阀 E 中位→换向阀 F（左位或右位）→卷扬机液压马达进油腔。

回油路：卷扬机液压马达回油腔→换向阀 F（左位或右位）→中心回转接头 9→油箱。

8.4.3　Q2-8 型汽车起重机性能分析

从图 8-9 可以看出，该液压系统由调速、调压、锁紧、换向、制动、平衡、多缸卸荷等液压基本回路组成，其性能特点如下。

(1) 在调速回路中，用手动调节换向阀的开度大小来调整工件机构（起降机构除外）的速度，方便灵活，但工人的劳动强度较大。

(2) 在调压回路中，用安全阀来限制系统最高工作压力，防止系统过载，对起重机起到超重起吊安全保护作用。

(3) 在锁紧回路中，采用由液控单向阀构成的双向液压锁将前后支腿锁定在一定位置上，工作可靠、安全，确保整个起吊过程中每条支腿都不会出现软腿的现象，有效时间长。

(4) 在平衡回路中，采用经过改进的单向液控顺序阀作平衡阀，以防止在起升、吊臂伸缩和变幅作业过程中因重物自重而下降,且工作稳定、可靠。但在一个方向有背压,会对系统造成一定的功率损耗。

(5) 在多缸卸荷回路中,采用多路换向阀结构,其中的每一个三位四通手动换向阀的中位机能都为 M 型,并且将阀在油路中串联起来使用,这样可以使任何一个工作机构单独动作,也可在轻载下任意组合地同时动作。但采用 6 个换向阀串联连接,会使液压泵的卸荷压力加大,系统效率降低。

(6) 在制动回路中,采用由单向节流阀和单作用闸缸构成的制动器,制动可靠且动作快,由于要用液压油输入液压缸压缩弹簧来松开制动,因此制动松开的动作慢,可防止负重起重时的溜车现象发生,确保起吊安全。

8.5 车床液压系统

8.5.1 车床液压系统概述

C7620 型卡盘多刀半自动车床是应用于加工盘套类零件的高效率机床。主传动采用双速电动机,结构简单。卡盘的夹紧和松开、前后刀架的纵向与横向进给由液压系统驱动,前后刀架的进给分别用调速阀调节进给速度和进给量,分别实现快进→工进→快退循环。机床由电气及液压联合控制,并用插孔板调整程序,实现加工过程自动循环。该机床液压系统装置采用单独油箱和组合控制板(集成块),用双联叶片泵供油,油箱容积为 153 L。

8.5.2 C7620 型卡盘多刀半自动车床工作原理

图 8-10 所示为该车床具体的液压系统原理图。系统工作的具体情况如下。

1. 卡盘夹紧和松开

卡盘夹紧和松开是车床加工工件前和完成加工后必须做的工作,在加紧过程中,保证工件不松开是首要的问题,它由液控单向阀 2 来保证。这时油路的流动情况具体如下。

进油路:过滤器 31→双联叶片泵 33→减压阀 1→液控单向阀 2→手动换向阀 4→电磁换向阀 5→卡盘油缸 6 的右腔或左腔,实现卡盘的夹紧或松开。

回油路:卡盘油缸 6 的右腔或左腔→电磁换向阀 5→手动换向阀 4→油箱。

如手动换向阀 4 和电磁换向阀 5 都在左位工作或手动换向阀 4 和电磁换向阀 5 都在右位工作时,卡盘松开;手动换向阀 4 和电磁换向阀 5 一个在左位一个在右位工作时,卡盘夹紧。当工件被夹紧后,系统压力升高,升高到压力继电器 3 发出信号,使主电路工作,启动机床开始工作,否则机床不能启动。

2. 前、后刀架纵、横向进给

前、后刀架各带有纵向和横向进给油缸,它们的油路完全相同,各油缸采用进口节流调速,可使刀架实现工作行程和快速行程自动循环,主要用于切削外圆、内孔、端面、倒角和沟槽等。

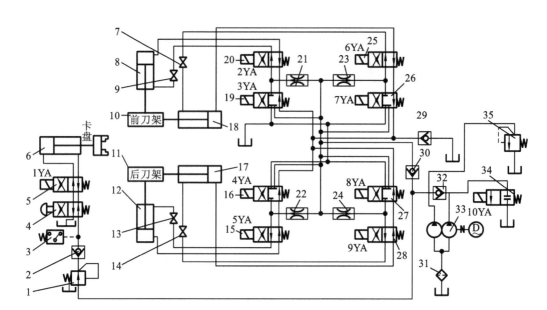

图 8-10　C7620 型卡盘多刀半自动车床液压系统原理

1—减压阀；2、29、30、32—液控单向阀；3—压力继电器；4—手动换向阀；5—电磁换向阀；
6—卡盘油缸；7、9、13、14—截止阀；8、12、17、18—液压缸；10—前刀架；11—后刀架；
15、20、25、28—二位四通电磁换向阀；16、19、26、27—二位五通电磁换向阀；
21、22、23、24—调速阀；31—过滤器；33—双联叶片泵；34—二位二通电磁换向阀；35—溢流阀

1）前刀架纵向快速进给

进油路：过滤器 31→双联叶片泵 33→液控单向阀 30→二位五通电磁换向阀 19（左位）→二位四通电磁换向阀 20（左位或右位）→液压缸 8（上腔或下腔），驱动前刀架实现纵向快速行程，此时双联叶片泵全部向系统供油。

进油路：液压缸 8（上腔或下腔）→二位四通电磁换向阀 20（左位或右位）→二位五通电磁换向阀 19（左位）→油箱。

2）前刀架纵向工作进给

前刀架纵向工作进给是当二位五通电磁换向阀 19 处于左位情况下进行的，这时系统压力较高，使 10YA 通电，大泵通过二位二通电磁阀 34 卸荷，只有小泵供油，油路的流动情况具体如下。

进油路：过滤器 31→双联叶片泵 33（小泵）→液控单向阀 30→调速阀 21→二位四通电磁换向阀 20（左位或右位）→液压缸 8（上腔或下腔），驱动前刀架实现工作行程。

进油路：液压缸 8（上腔或下腔）→二位四通电磁换向阀 20（左位或右位）→二位五通电磁换向阀 19（左位）→液控单向阀 29→油箱。

3）前刀架横向快速进给

进油路：过滤器 31→双联叶片泵 33→液控单向阀 30→二位五通电磁换向阀 26（左位）→二位四通电磁换向阀 25（左位或右位）→液压缸 18（左腔或右腔），驱动前刀架实现横向快速行程，此时双联泵全部向系统供油。

进油路：液压缸 18（左腔或右腔）→二位四通电磁换向阀 25（左位或右位）→二位五通电磁换向阀 26（左位）→油箱。

4）前刀架横向工作进给

前刀架纵向工作进给是当二位五通电磁换向阀 26 处于左位情况下进行的，这时系统压力较高，使 10YA 通电，大泵通过二位二通电磁阀 34 卸荷，只有小泵供油，油路的流动情况具体如下。

进油路：过滤器 31→双联叶片泵 33（小泵）→液控单向阀 30→调速阀 23→二位四通电磁换向阀 25（左位或右位）→液压缸 18（左腔或右腔），驱动前刀架实现横向工作行程。

进油路：液压缸 18（左腔或右腔）→二位四通电磁换向阀 25（左位或右位）→二位五通电磁换向阀 26（左位）→液控单向阀 29→油箱。

后刀架纵、横向情况的分析方法完全相同，这里不再——叙述。

8.5.3　C7620 型卡盘多刀半自动车床的主要性能特点

从图 8-10 可以看出，该液压系统由用调速阀的节流调速、减压、换向、双泵供油的快速运动、低压卸荷等液压基本回路组成，其性能特点如下。

（1）采用双联叶片泵向系统提供压力油，双联叶片泵分别为 6 L/min 的油泵和 25 L/min 的油泵。驱动刀架实现快速进给时双泵全部向系统供油；而工作进给时，仅有小流量油泵向系统供油，大流量油泵则经二位二通电磁换向阀进行卸荷。系统能量利用比较合理。

（2）卡盘夹紧时为了获得稳定的低压，采用了用减压阀的减压回路，并用液控单向阀 2 保证当电源断电或机床发生故障时，卡盘仍能夹紧工件，防止工件松开发生事故。

（3）系统工进时采用了调速阀的进口节流调速，用液控单向阀 29 作为工进回油背压力，使油缸工作平稳。

（4）系统在双泵供油出口处安装了单向阀液控 30，保证系统在不供油时，前、后刀架进油管道中的油不产生回流，使斜置的后刀架拖板不会因为自重而下滑。关闭手动截止阀 14（或 7、9 和 13）可切断油路，从而调整刀架的行程挡铁及行程开关等，操作方便。

习　题　8

8-1　图 8-11 所示为专用铣床液压系统，要求机床工作台一次可安装两个工件，并能同时加工。工件的上料、卸料由手工完成，工件的夹紧及工作台进给运动由液压系统完成。机床的工作循环为"手工上料→工件自动夹紧→工作台快进→铣削进给→工作台快退→夹具松开→手工卸料"。分析系统回答下列问题：

（1）填写电磁铁动作顺序表；
（2）系统由哪些基本回路组成；
（3）哪些工况由双泵供油，哪些工况由单泵供油；
（4）说明元件 6、7 在系统中的作用。

8-2　试根据图 8-12 的液压系统图和动作循环表中的提示将动作循环表表 8-5 填写完整，并讨论系统的特点。

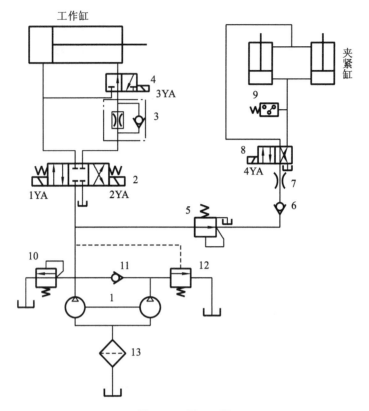

图 8-11 题 8-1 图

1—双联叶片泵；2、4、8—换向阀；3—调速阀；5—减压阀；
6、11—单向阀；7—节流阀；9—压力继电器；10—溢流阀；
12—外控顺序阀；13—过滤器；14—压力表开关

表 8-5 图 8-12 的液压系统图的动作循环表

动作名称	电气元件状态							备注
	1YA	2YA	3YA	4YA	5YA	6YA	YJ	
定位夹紧								① Ⅰ、Ⅱ两个回路各自进行独立循环动作，互不约束；② 12YA、22YA 中任一个通电时，1YA 便通电；12YA、22YA 均断电时，1YA 才断电。
快进								
工进卸荷（低）								
快退								
松开拔销								
原位卸荷（低）								

8-3 图 8-13 所示为液压绞车闭式液压系统，试分析：
(1) 辅助泵 3 的作用和选用原则；
(2) 单向阀 4、5、6、7 的作用；
(3) 梭阀 11 的作用；
(4) 压力阀 8、9、10 的作用及其调定压力之间的关系。

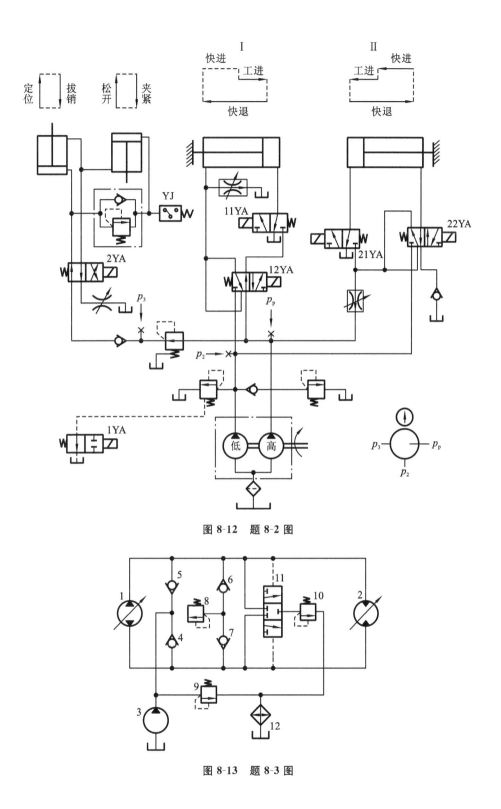

图 8-12 题 8-2 图

图 8-13 题 8-3 图

第 9 章 液压系统的设计和计算

液压传动系统是机械设备的一种动力传动装置,因此,它的设计是整机设计的一部分,必须与主机设计联系在一起同时进行。通常,是在分析主机的工作循环、性能要求、动作特点等基础上,经过认真分析比较,在确定全部或局部采用液压传动方案之后,才会提出液压传动系统的设计任务。液压系统的设计必须从实际出发,注重调查研究,吸收国内外先进技术,采用现代设计思想,在满足工作性能要求、工作可靠的前提下,力求使系统结构简单、成本低、效率高、操作方便及使用寿命长。

液压系统的设计步骤具体如下。

(1) 明确液压系统的设计要求。

(2) 分析系统工况,确定液压系统的主要参数。

(3) 拟定液压系统原理图。

(4) 液压元件的计算与选择。

(5) 对液压系统主要性能进行验算。

(6) 绘制工作图,编制技术文件。

液压系统设计是一种经验设计。因此,以上设计步骤只说明一般设计的过程,这些设计步骤互相影响、互相渗透。在设计实践中,各步骤往往交错进行,有时需多次反复操作才能完成最终的设计。

9.1 明确液压系统的设计要求

液压系统的设计必须能全面满足主机的各项功能和技术性能。因此,在开始设计液压系统时,首先要对机械设备主机的工作情况进行详细的分析,明确主机对液压系统提出的要求,具体包括以下几点。

1. 主机的动作要求

主机的动作要求是指主机的哪些动作需要用液压传动来完成,这些动作有无联系(如同步、互锁等),是手动循环还是自动循环,在安全可靠方面有无特殊要求等。主机可能对液压系统提出多种要求,设计时应在了解主机用途、工艺过程和总体布局的基础上对这些要求进行分析,看其是否合理,以便协调解决。

2. 主机的性能要求

主机的性能要求是指主机内采用液压传动的各执行元件在力和运动方面的要求。各执行元件在各工作阶段所需力和速度的大小、调速范围、速度平稳性、完成一个循环所需的时间等方面应有明确的规定。此外,对一些高精度、高生产率和高自动化的主机,不仅要求液压系统的静态指标良好,而且常对其动态指标提出要求。

3. 液压系统的工作环境

液压系统的工作环境是指液压系统工作环境的温度、湿度、污染和振动冲击情况,以及有无腐蚀性和易燃性物质存在等。这涉及液压元件和工作介质的选用,以及所需采取何种防护措施等,故应有明确说明。

4. 其他要求

其他要求主要指液压系统在质量、外形尺寸、可靠性、经济性等方面的规定。

9.2 工况分析和确定液压系统的主要参数

在明确了液压系统的设计要求后,即可对主机的工作过程进行分析,包括负载分析和运动分析,确定负载和速度在整个工作循环中的变化规律,然后计算执行元件的主要结构参数,以及确定液压系统的主要参数。

9.2.1 工况分析

工况分析就是分析主机在工作过程中各执行元件的运动速度和负载的变化规律。主机在不同的工作阶段,其执行元件所需要克服的负载一般由下列几项组成:工作负载(如切削力、挤压力、弹性塑性变形抗力、重力等)、惯性负载和阻力负载(如摩擦阻力、背压阻力、密封阻力等)。这些负载的大小可按具体情况,根据有关手册、资料计算出来(其中密封阻力一般以执行机构的机械效率来估算)。按其所经历的时间,将液压各执行元件在各个阶段所需克服的负载用图 9-1(a)所示的负载-位移(F-l)曲线表示,称为负载图。

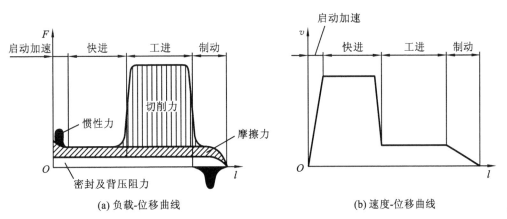

图 9-1 液压系统执行元件的负载图和速度图

同样,液压执行元件在各个工作阶段的运动速度可以计算出来,用图 9-1(b)所示的速度-位移（vl）曲线表示，称为速度图。设计简单的液压系统时，这两种图可省略不画。

9.2.2 确定主要参数

确定主要参数是指确定液压执行元件的工作压力和最大流量。

液压系统采用的执行元件的形式，依据主机所要实现的运动种类和性质而定，如表 9-1 所示。

表 9-1 执行元件形式的选择

运动形式	往复直线运动		回转运动		往复摆动
	短行程	长行程	高速	低速	
建议采用的执行元件形式	活塞缸	柱塞缸 液压马达与齿轮齿条机构 液压马达与丝杠螺母机构	高速液压马达	低速液压马达 高速液压马达与减速机构	摆动马达

执行元件的工作压力可以根据负载图中的最大负载来选取（见表 9-2），也可以根据主机的类型来选取（见表 9-3），而最大流量则由执行元件速度图中的最大速度计算出来。这两者都与执行元件的结构参数（液压缸的有效工作面积 A 或液压马达的排量 V_M）有关。一般的做法是先选定执行元件的形式及其工作压力 p，再按最大负载和预估的执行元件机械效率求出 A 或 V_M，并通过各种必要的验算、修正和圆整后定下这些结构参数，最后再算出最大流量 q_{max}。

表 9-2 按负载选择执行元件工作压力

负载 F/N	<5 000	5 000~10 000	10 000~20 000	20 000~30 000	30 000~50 000	>50 000
工作压力 p/MPa	<0.8~1	1.5~2	2.5~3	3~4	4~5	>5~7

表 9-3 按主机类型选择执行元件工作压力

主机类型	机 床				农业机械 小型工程机械 工程机械辅助机构	液压机 中、大型挖掘机 重型机械 起重运输机械
	磨床	组合机床	龙门刨床	拉床		
工作压力 p/MPa	≤2	3~5	≤8	8~10	10~16	20~32

在机床的液压系统中，工作压力选得小些，对系统的可靠性、低速平稳性和降低噪声都是有利的，但在结构尺寸和造价方面则须付出一定的代价。

在本步骤的验算中，必须使执行元件的最低工作速度 v_{min} 或最低转速 n_{min} 符合下述要求：

对于液压缸,有

$$\frac{q_{\min}}{A} \leqslant v_{\min} \tag{9-1}$$

对于液压马达,有

$$\frac{q_{\min}}{V_M} \leqslant n_{\min} \tag{9-2}$$

式中,$q_{\min}$ 为节流阀或调速阀、变量泵的最小稳定流量,可由产品性能表查出。

此外,有时还需对液压缸的活塞杆进行稳定性验算,验算工作常常和这里的参数确定工作交叉进行。

以上的一些验算结果如不能满足有关的规定要求时,A 或 V_M 的量值就必须进行修改。这些执行元件的结构参数最后还必须圆整成标准值(见 GB/T 2347—1980 和 GB/T 2348—1993)。

液压系统执行元件的工况图是在执行元件结构参数确定之后,根据设计任务的要求,算出不同阶段中的实际工作压力、流量和功率之后作出的(见图 9-2)。工况图显示液压系统在实现整个工作循环时这三个参数的变化情况。当系统中包含多个执行元件时,其工况图是各个执行元件工况图的综合。

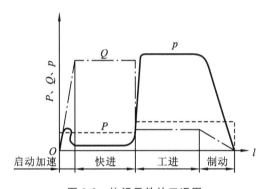

图 9-2 执行元件的工况图

液压执行元件的工况图是选择液压系统中其他液压元件和液压基本回路的依据,也是拟定液压系统方案的依据,其原因具体如下。

(1) 液压泵和各种控制阀的规格是根据工况图中的最大压力和最大流量选定的。

(2) 各种液压回路及其油源形成都是按工况图中不同阶段内的压力和流量变化情况初选后,再通过比较确定的。

(3) 将工况图中所反映的情况与调研得来的参考方案进行比较,可以对原来设计参数的合理性做出鉴别或进行调整。例如,在整机设计要求允许的条件下,适当调整有关工作阶段的时间或速度,可以减小所需的功率;当功率分布不均衡时,适当修改参数,可以避开或削减功率"峰值"等。

9.3 液压系统原理图的拟定

拟定液压系统原理图是整个设计工作最关键的步骤之一,它对系统的性能及设计方案的经济性、合理性都具有决定性的影响。这一步涉及面广,需要综合运用已学过的知识经过反复分析比较后才能确定。

一般的方法是选择一种与本系统类似的成熟系统作为基础,对它进行适应性调整或改进,使其成为具有继承性的新系统。如果没有合适的相似系统可借鉴,可参阅设计手册和参考书中有关的基本回路加以综合完善,构成自己设计的系统原理图。用这种方法拟定系统原理图时包含三项内容:确定系统类型、选择回路和液压系统的合成。

1. 系统类型的确定

系统类型的确定主要取决于它的调速方式和散热要求。一般来说,采用节流调速和容积节流调速的系统、有较大空间放置油箱且不需另设散热装置的系统、要求结构尽可能简单的系统等都宜采用开放式系统;采用容积调速的系统、对工作稳定性和效率有较高要求的系统、行走机械上的系统宜采用闭式系统。

2. 选择液压基本回路

选择液压回路是根据系统的设计要求和工况图从众多的成熟方案中(参见本书第六章和有关的设计手册、资料等)评比挑选出来的。挑选时既要保证满足各项主机要求,也要考虑符合节省能源、减少发热、减少冲击等原则。挑选工作首先从对主机主要性能起决定性作用的调速回路开始,然后再根据需要考虑其他辅助回路。例如,对有垂直运动部件的系统要考虑平衡回路,有快速运动部件的系统要考虑缓冲和制动回路,有多个执行元件的系统要考虑顺序动作、同步或互不干扰回路,有空运转要求的系统要考虑卸荷回路等。选择回路时有可能有多种方案,这时应反复对比,对方案必须慎重考虑,尽可能参考或吸收同类型液压系统中使用的并被实践证明是比较好的回路。

3. 合成液压系统原理图

根据选定的各基本回路,配上一些辅助回路或元件,如滤油器、压力表等,即可组合成液压系统原理图。组合时应注意以下几点。

(1) 尽可能去掉多余的液压元件,力求系统简单,元件数量和品种规格要少。
(2) 防止回路间可能存在的相互干扰。
(3) 尽可能采用标准元件,减少自行设计的专用件。
(4) 合成的液压系统应保证其工作循环中的每个动作都安全可靠,无互相干扰。
(5) 应考虑节约能源、提高效率、减少发热、防止液压冲击等因素。
(6) 尽可能使系统经济合理,便于维修检测。

对可靠性要求高又不允许工作中停机的系统,应采用冗余设计方法,即在系统中设置一些备用的元件和回路,以替换故障元件和回路,保证系统持续、可靠地运转。

9.4 液压元件的计算和选择

液压泵的最大工作压力必须等于或超过液压执行元件最大工作压力及进油路上总压力损失之和。液压执行元件的最大工作压力可以从工况图中找到;进油路上的总压力损失可以通过估算求得,也可以按经验资料估算(见表9-4)。

表 9-4　进油路压力损失经验值

系统结构情况	总压力损失 Δp/MPa
一般节流调速及管路简单的系统	0.2～0.5
进油路有调速阀及管路复杂的系统	0.5～1.5

液压泵的流量必须等于或超过几个同时工作的液压执行元件总流量的最大值及回路中泄漏量之和。液压执行元件总流量的最大值可以从工况图中找到（当系统中备有蓄能器时，此值应为一个工作循环中液压执行元件的平均流量），而回路中的泄漏量则可按总流量最大值的 10%～30% 进行估算。

在参照产品样本选取液压泵时，泵的额定压力应比上述最大工作压力高 20%～60%，以便留有压力储备；额定流量则只需能满足上述大流量需要即可。

液压泵在额定压力和额定流量下工作时，其驱动电机的功率一般可直接从产品样本上查到。电机功率也可以根据具体工况计算出来，有关的算式和数据见《液压工程手册》。

阀类元件的规格按液压系统的最大压力和通过该阀的实际流量从产品样本上选定。选择节流阀和调速阀时，还要考虑它的最小稳定流量是否符合设计要求。各类阀都须选得使其实际通过流量最多不超过其公称流量的 120%，以免引起发热、噪声和过大的压力损失。对于可靠性要求特别高的系统来说，阀类元件的额定压力应高出其工作压力较多。

油管规格的确定和油箱容量的估算见本书第 6 章。

9.5　液压系统的性能验算

在确定了各个液压元件之后，需要对整个液压系统的某些技术性能进行必要的验算，判断设计质量，以便调整设计参数及方案。由于液压系统的验算较复杂，目前，只能采用一些简化公式近似地验算某些性能指标，如果设计中有经过生产实践考验的同类型系统供参考或有较可靠的实验结果可以采用时，可以不进行验算。一般的技术性能验算包括系统压力损失验算、系统发热及温升验算、系统效率验算等，其中前两项是必不可少的。

9.5.1　系统压力损失验算

选定了液压元件的规格及管道、过滤器等辅件，确定了安装方式，画出了管路安装图之后，就可以对管路系统的总压力损失进行验算。总压力损失包括管道内的沿程压力损失和局部压力损失，以及控制阀的局部压力损失三项。管道内的这两种损失可用第 2 章中的有关公进行式估算；阀类元件处的局部压力损失可从产品样本中查出。

计算液压系统的回路压力损失时，不同的工作阶段要分开来计算。回油路上的压力损失一般都须折算到进油路上去。计算时所得的总压力损失如果与计算液压元件时假定的压力损失相差太大，则应对设计进行必要的修改。

9.5.2　系统发热及温升验算

这项验算是用热平衡原理来对油液的温升值进行估计。单位时间内进入液压系统的热

量 E(以 W 计)是液压泵输入功率 P_i 和液压执行元件有效功率 P_o 之差。假如这些热量全部由油箱散发出去,不考虑系统其他部分的散热效能,则油液温升的估算公式可以根据不同的条件分别从有关的手册中找出来。例如,当油箱 3 个边的尺寸比例在 1∶1∶1 到 1∶2∶3 之间、油面高度是油箱高度的 80% 且油箱通风情况良好时,油液温升 ΔT(℃)的计算式可以用单位时间内输入热量 E(W)和油箱有效容积 V(m³)近似地表示成:

$$\Delta T = \frac{E}{\sqrt[3]{V^2}} \times 10^{-2} \tag{9-3}$$

当验算出来的油液温升值超过允许数值时,系统中必须考虑设置适当的冷却器。油箱中油液允许的温升 ΔT 随主机的不同而异:一般机床为 25~30 ℃,工程机械为 35~40 ℃ 等。

9.6 绘制正式工作图和编写技术文件

经过对液压系统性能的验算和必要的修改之后,即可绘制正式的工作图,它包括绘制液压系统原理图、系统管路装配图和各种非标准元件设计图。

正式液压系统原理图上要标明各液压元件的型号规格。对于自动化程度较高的设备,还应包括运动部件的运动循环图和电磁铁、压力继电器的工作状态。

管道装配图是正式施工图,各种液压部件和元件在机器中的位置、固定方式、尺寸等应表示清楚。

自行设计的非标准件,应绘出装配图和零件图。

编写的技术文件一般包括液压系统设计计算说明书,液压系统的使用及维护技术说明书,零部件目录表、标准件、通用件及外购件总表等。

9.7 液压系统的设计计算举例

某厂气缸加工自动线上要求设计一台卧式单面多轴钻孔组合机床,机床有主轴 16 根,钻 14 个 $\phi13.9$ mm 的孔,2 个 $\phi8.5$ mm 的孔,要求的工作循环是:快速接近工件,然后以工作速度钻孔,加工完毕后快速退回原始位置,最后自动停止;工件材料:铸铁,硬度为 240HBW;机床工作部件总质量为 $G=9\,800$ N;快进、快退速度为 $v_1=v_3=5.4$ m/min;动力滑台采用平导轨,静、动摩擦因素分别为 $f_s=0.2$、$f_d=0.1$;往复运动加速、减速时间不希望超过 0.16 s;快进行程 $l_1=100$ mm;工进行程 $l_2=50$ mm;液压系统中的执行元件使用液压缸。试设计计算其液压系统。

一、负载分析

1. 切削阻力

钻铸铁孔时,其轴向切削阻力可用以下公式计算

$$F_t = 25.5Df^{0.8}(\mathrm{HBW})^{0.6} \quad \mathrm{N} \tag{9-4}$$

式中:D——钻头直径,单位为 mm;

f——每转进给量,单位为 mm/r;

HBW——工件材料硬度。

钻孔时的主轴转速 n 和每转进给量 f 按《组合机床设计手册》选取:钻 $\phi 13.9$ mm 的孔时,主轴转速 $n_1 = 360$ r/min,每转进给量 $f_1 = 0.147$ mm/r;钻 $\phi 8.5$ mm 的孔时,主轴转速 $n_2 = 550$ r/min,每转进给量 $f_2 = 0.096$ mm/r。

代入式(9-4)得

$$F_t = (14 \times 25.5 \times 13.9 \times 0.147^{0.8} \times 240^{0.6} + 2 \times 25.5 \times 8.5 \times 0.096^{0.8} \times 240^{0.6}) \text{ N}$$
$$= 30\,468 \text{ N}$$

2. 摩擦阻力

静摩擦阻力为

$$F_s = f_s G = (0.2 \times 9\,800) \text{ N} = 1\,960 \text{ N}$$

动摩擦阻力为

$$F_d = f_d G = (0.1 \times 9\,800) \text{ N} = 980 \text{ N}$$

3. 惯性阻力

惯性阻力为

$$F_i = \frac{G}{g} \cdot \frac{\Delta v}{\Delta t} = \left(\frac{9\,800}{9.8} \times \frac{5.4}{60 \times 0.16}\right) \text{ N} = 563 \text{ N}$$

由此得出液压缸在各个工作阶段的负载如表 9-5 所示。

表 9-5 液压缸在各工作阶段的负载值

工 况	计 算 公 式	液压缸负载 F/N	液压缸驱动力 $(F/\eta_m)/\text{N}$
启动	$F = F_s$	1 960	2 178
加速	$F = F_d + F_i$	1 543	1 715
快进	$F = F_d$	980	1 089
工进	$F = F_t + F_d$	31 448	34 942
反向启动	$F = F_s$	1 960	2 180
加速	$F = F_d + F_i$	1 543	1 715
快退	$F = F_d$	980	1 089

注:①液压缸的机械效率取 $\eta_m = 0.9$;
②不考虑动力滑台上颠覆力矩的作用。

二、负载图和速度图的绘制

负载图根据表 9-5 给出的数值绘制,如图 9-3(a)所示。速度图根据已知数值 $v_1 = v_3 = 5.4$ m/min、$l_1 = 100$ mm、$l_2 = 50$ mm、快退行程 $l_3 = l_1 + l_2 = 150$ mm 和工进速度 v_2 等绘制,如图 9-3(b)所示,其中 v_2 由主轴转速及每转进给量求出,即 $v_2 = n_1 f_1 = n_2 f_2 \approx 53$ mm/min。

三、液压缸主要参数的确定

由表 9-2 和表 9-3 可知,组合机床液压系统在最大负载约为 35 000 N 时宜取 $p_1 = 4$ MPa。鉴于动力滑台要求快进、快退速度相等,这里液压缸选用单杆式的,并在快进时作差动

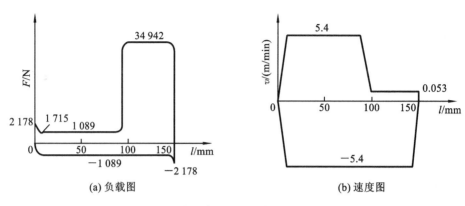

(a) 负载图 (b) 速度图

图 9-3 组合机床液压缸的负载图和速度图

连接。此时液压缸无杆腔工作面积 A_1 应为有杆腔工作面积 A_2 的两倍,即活塞杆直径 d 与缸筒直径 D 的关系为 $d=0.707D$。

在钻孔加工时,液压缸回油路上必须具有背压 p_2,以防孔被钻通时滑台突然前冲。根据《液压工程手册》给出的推荐数值,可取 $p_2=0.8$ MPa。快进时液压缸虽作差动连接,但由于油管中有压降 Δp 存在,有杆腔的压力必须大于无杆腔的压力,估算时可取 $\Delta p \approx 0.5$ MPa。快退时回油腔中是有背压的,这时 p_2 也可按 0.6 MPa 估算。

由工进时的推力计算液压缸面积

$$F/\eta_m = A_1 p_1 - A_2 p_2 = A_1 p_1 - (A_2/2)p_2$$

故有

$$A_1 = \left(\frac{F}{\eta_m}\right) \bigg/ \left(p_1 - \frac{p_2}{2}\right) = \left[34\,942 \bigg/ \left(4 - \frac{0.8}{2}\right)\right]\text{ m}^2 = 0.009\,7\text{ m}^2 = 97\text{ cm}^2$$

$$D = \sqrt{(4A_1)/\pi} = 11.12\text{ cm}$$

$$d = 0.707D = 7.86\text{ cm}$$

当按 GB/T 2348—1993 将这些直径圆整成标准值时得:$D=11$ cm,$d=8$ cm。由此求得液压缸两腔的实际有效面积为

$$A_1 = \pi D^2/4 = 95.03\text{ cm}^2$$

$$A_2 = \pi(D^2 - d^2)/4 = 44.77\text{ cm}^2$$

经检验,活塞杆的强度和稳定性均符合要求。

根据上述 D 与 d 的值,可估算液压缸在各个工作阶段中的压力、流量和功率,如表 9-6 所示,并据此绘出工况图,如图 9-4 所示。

表 9-6 液压缸在不同阶段的压力、流量和功率值

工况		负载 F/N	回油腔压力 p_2/MPa	进油腔压力 p_1/MPa	输入流量 q/(L/min)	输入功率 P/kW	计算公式
快进（差动）	启动	2 178	0	0.434	—	—	$p_1 = (F + A_2 \Delta p)/(A_1 - A_2)$ $q = (A_1 - A_2)v_1$ $P = p_1 q$ $p_2 = p_1 + \Delta p$
	加速	1 715	1.287	0.787	—	—	
	恒速	1 089	1.162	0.662	27.14	0.30	

续表

工 况		负载 F/N	回油腔压力 p_2/MPa	进油腔压力 p_1/MPa	输入流量 q/(L/min)	输入功率 P/kW	计 算 公 式
工进		34 942	0.8	4.054	0.5	0.034	$p_1=(F+p_2A_2)/A_1$ $q=A_1v_2$ $P=p_1q$
快退	启动	2 178	0	0.487	—	—	$p_1=(F+p_2A_1)/A_2$ $q=A_2v_3$ $P=p_1q$
	加速	1 715	0.6	1.66	—	—	
	恒速	1 089		1.517	24.18	0.611	

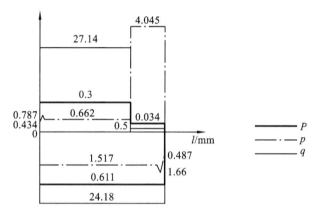

图 9-4　组合机床液压缸工况图

四、液压系统图的拟定

1. 液压回路的选择

首先选择调速回路。由图 9-4 中的一些曲线得知,这台机床液压系统的功率小,滑台运动速度低,工作负载变化小,可采用进口节流的调速形式。为了解决进口节流调速回路在孔钻通过时的滑台突然前冲现象,回油路上要设置背压阀。

由于液压系统选用了节流调速的方式,系统中油液的循环必然是开式的。

分析工况图可知,在这个液压系统的工作循环内,液压缸交替地要求油源提供低压大流量和高压小流量的油液。最大流量与最小流量之比约为 5.4,而快进快退所需的时间 t_1 和工进所需的时间 t_2 分别为

$$t_1 = (l_1/v_1) + (l_3/v_3)$$
$$= [(60\times100)/(5.4\times1\,000)+(60\times150)/(5.4\times1\,000)]\,\text{s}$$
$$= 2.74\,\text{s}$$
$$t_2 = l_2/v_2 = [(60\times50)/(0.053\times1\,000)]\,\text{s} = 56.6\,\text{s}$$

亦即是 $t_2/t_1\approx21$。因此,从提高系统效率、节省能源的角度上来看,采用单个定量泵作为油源显然是不合适的,宜选用大、小两个液压泵自动并联供油的油源方案,如图 9-5(a)所示。

其次是选择快速运动和换向回路。系统中采用节流调速回路后,不管采用什么油源形

式都必须有单独的油路直接通向液压缸两腔,以实现快速运动。在本系统中,单杆液压缸要作差动连接,所以它的快进和快退换向回路应采用图 9-5(b)所示的形式。

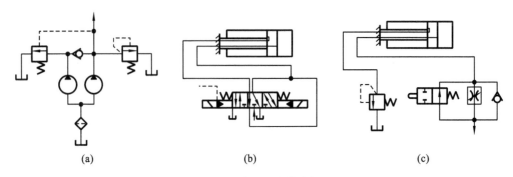

图 9-5 液压回路的选择

再次是选择速度换接回路。由工况图(见图 9-4)中的 q-l 曲线得知,当滑台从快进转为工进时,输入液压缸的流量由 27.14 L/min 降为 0.5 L/min,滑台的速度变化较大,宜选用行程阀来控制速度的换接,以减少液压冲击(见图 9-5(c))。当滑台由工进转为快退时,回路中通过的流量很大——进油路中为 24.18 L/min,回路中为 24.18×(95.03/44.77) L/min = 51.26 L/min。为了保证换向平稳,可采用电液换向阀式换接回路(见图 9-5(b))。

由于这一回路要实现液压缸的差动连接,因此换向阀必须是五通的。

最后再考虑压力控制回路。系统的调压问题已在油源中解决(见图 9-5(a))。卸荷问题如采用中位机能为 Y 型的三位换向阀来实现(见图 9-5(b)),就不须再设置专用的元件或油路。

2. 拟定液压系统图

综合上述分析和所拟订的方案,将各种回路合理地组合成为该机床液压系统原理图,如图 9-6 所示。

五、液压元件的选择

1. 液压泵

液压缸在整个工作循环中的最大工作压力为 4.054 MPa,如取进油路上的压力损失为 0.8 MPa(见表 9-4),压力继电器调整压力高出系统最大工作压力之值为 0.5 MPa,则小流量泵的最大工作压力应为

$$p_{p1} = (4.054 + 0.8 + 0.5) \text{ MPa} = 5.354 \text{ MPa}$$

大流量泵是在快速运动时才向液压缸输油的,由图 9-4 可知,快退时液压缸中的工作压力比快进时大,如取进油路上的压力损失为 0.5 MPa,则大流量泵的最高工作压力为

$$p_{p2} = (1.517 + 0.5) \text{ MPa} = 2.017 \text{ MPa}$$

两个液压泵应向液压缸提供的最大流量为 27.14 L/min(见图 9-4),若回路中的泄漏按液压缸输入流量的 10% 估计,则两个泵的总流量应为 $q_p = 1.1 \times 27.14$ L/min = 29.85 L/min。

由于溢流阀的最小稳定流量为 3 L/min,而工进时输入液压缸的流量为 0.5 L/min,由小流量液压泵单独供油,所以小液压泵的流量规格最少应为 3.5 L/min。

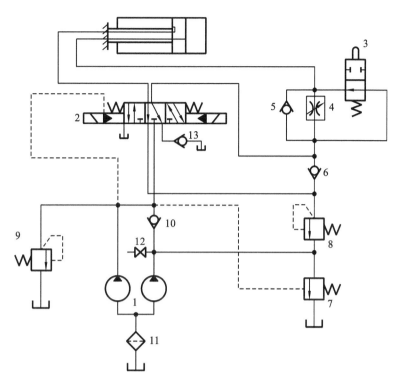

图 9-6 液压系统图

1—双联叶片泵；2—三位五通电液阀；3—行程阀；4—调速阀；5、6、10、13—单向阀；
7—顺序阀；8—背压阀；9—溢流阀；11—滤油器；12—压力表开关

根据以上压力和流量的数值查阅产品样本,最后确定选取 YYB-AA36/6 型双联叶片泵。

由图 9-4 可知,最大功率出现在快退工况,取泵的总效率 $\eta_\mathrm{p}=0.7$,则液压泵驱动电机所需的功率为

$$P = \frac{p_\mathrm{p}(q_1+q_2)}{\eta_\mathrm{p}} = \frac{2.017 \times (36+6)}{60 \times 0.7}\ \mathrm{kW} = 2.017\ \mathrm{kW}$$

根据此数值查阅电机产品目录,选取与上述功率和泵的转速相适应的电动机。

2. 阀类元件及辅助元件

根据液压系统的工作压力和通过各个阀类元件和辅助元件的实际流量,可选出这些元件的型号及规格,表 9-7 列出了所选出的一种方案。

表 9-7 元件的型号及规格

序号	元件名称	通过阀的最大流量/(L/min^{-1})	规格 型号	公称流量/(L/min^{-1})	公称压力/MPa
1	双联叶片泵	—	YYB-AA36/6	36/6	6.3
2	三位五通电液阀	84	35DY-100B	100	6.3
3	行程阀	84	22C-100BH	100	6.3

续表

序号	元件名称	通过阀的最大流量/(L/min^{-1})	规 格		
			型号	公称流量/(L/min^{-1})	公称压力/MPa
4	调速阀	—	q-6B	6	6.3
5、13	单向阀	42	1-63b	63	6.3
6	单向阀	84	1-100B	100	6.3
7	液控顺序阀	36	XF$_3$-10B	63	6.3
8	背压阀	36	XF$_3$-10B	63	6.3
9	溢流阀	6	Y-10B	10	6.3
10	单向阀	6	1-10B	10	6.3
11	滤油器	42	XU-40×100	—	6.3
12	压力表开关	—	K-6B	—	—

3. 油管和油箱

管道尺寸见第 6 章,详细计算从略。

油箱容量可按经验公式估算,取 $V=(5\sim7)q$。$V=6q=[6\times(6+36)]$ L$=252$ L。

有关系统的性能验算从略。

习 题 9

9-1 一台卧式单面多轴钻孔组合机床,动力滑台的工作循环是:快进—工进—快退—停止。液压系统的主要性能参数要求如下:轴向切削力 $F_t=24\,000$ N;滑台移动部件总质量为 510 kg;加、减速时间为 0.2 s;采用平导轨,静摩擦因数 $f_s=0.2$,动摩擦因数 $f_d=0.1$;快进行程为 200 mm,工进行程为 100 mm,快进与快退速度相等,均为 3.5 m/min,工进速度为 30~40 m/min。工作时要求运动平稳,且可随时停止运动。试设计动力滑台的液压系统。

9-2 某厂拟自制一台单缸传动的液压机,要求液压传动系统满足完成的工作循环是:快速下降—压制—快速回程—原位停止。移动部件自重为 5 kN;快速下降时的外负载为 10 kN,速度为 6 m/min;压制时外负载为 50 kN,速度为 0.2 m/min;快速回程外负载为 10 kN,速度为 12 m/min;不计管道压力损失、泄漏损失、液压缸的密封摩擦力及惯性力等。试确定:

(1) 液压缸内径 D 和活塞杆直径 d;

(2) 该液压机的液压系统原理图;

(3) 液压泵和电动机的规格。

第10章 气压传动

气压传动与液压传动最大的不同在于气压传动的工作介质是压缩空气。本章主要介绍气压传动的特点、气源装置、辅助元件、气动执行元件、气动控制元件,以及气动基本回路的组成、工作原理和结构特点,还用气动系统实例具体阐述气动回路的分析方法和实际应用。与液压传动不同的是,控制元件不仅包括普通的气动控制阀,还包括用于完成一定逻辑功能的气动逻辑元件等。

10.1 气压传动概述

气压传动是以空气压缩机为动力源,以压缩空气为工作介质,进行能量和信号传递的一门技术,是实现生产自动化的有效技术之一。气压传动的工作原理是利用空压机把电动机或其他原动机输出的机械能转换为空气的压力能,然后在控制元件的作用下,通过执行元件把压力能转换为直线运动或回转运动形式的机械能,从而完成各种动作,并对外做功。

10.1.1 气动技术的特点

气动技术被广泛应用于机械、电子、轻工、纺织、食品、医药、包装、冶金、石化、航空、交通运输等各个部门。组合机床、加工中心、气动机械手、生产自动线、自动检测和实验装置等已大量涌现。气动技术在提高生产效率、自动化程度、产品质量、工作可靠性和实现特殊工艺等方面显示出极大的优越性。气压传动与机械、电气、液压传动相比具有以下一些特点。

1. 优点

(1) 机器结构简单、轻便,易于安装维护;压力等级低,使用安全。

(2) 工作介质是在地表随处可取的空气,取之不尽,用之不竭。在大多数场合,排气可无须处理直接进入大气中,不污染环境。

(3) 空气的特性受温度影响小。在高温下能可靠地工作,不会发生燃烧或爆炸。且温度变化时,对空气的黏度影响极小,故不会影响传动性能。

(4) 空气的黏度很小(约为液压油的万分之一),因而流动阻力小,在管道中流动的压力损失较小,所以便于集中供应和远距离输送。

(5) 能容易地得到直线往复运动,并具有一定的功率,速度变化范围广,既可实现高速驱动,又可实现低速驱动。一般气缸的平均速度为 50～500 mm/s,最低可到 0.5～1 mm/s,用于高压气动中的最高速度可达 100 m/s。

(6) 利用空气的可压缩性,可存储能量,实现集中供气。可在短时间内释放能量,以得到间歇运动中的高速响应和大冲击力。可实现缓冲,对冲击负载和过负载有较强的适应能力,气动装置在一定条件下有自我保护能力。

(7) 工作环境适应性好,特别是在易燃、易爆、多尘埃、强磁、辐射、振动等恶劣环境中,比液压、电子、电气传动和控制优越。

2. 缺点

(1) 由于空气的可压缩性较大,气动装置的动作稳定性较差,外载变化时,对工作速度的影响较大。

(2) 由于工作压力低,气动装置的输出力或力矩受到限制。在结构尺寸相同的情况下,气压传动比液压传动输出的力要小得多。气压传动装置的输出力不宜大于 40 kN。

(3) 气动装置中的信号传递速度比光、电控制的速度慢,所以不宜用于信号传递速度要求很高的复杂线路中。另外,实现生产过程的遥控也比较困难,但对一般的机械设备,气动信号的传递速度是能满足其工作要求的。

(4) 噪声较大,尤其是在超音速排气时需要加消声器。

气压传动与其他传动的性能比较如表 10-1 所示。

表 10-1 气压传动与其他传动的性能比较

传动方式		操作力	动作快慢	环境要求	构造	负载变化影响	操作距离	无级调速	工作寿命	维护	价格
气压传动		中等	较快	适应性好	简单	较大	中距离	较好	长	一般	便宜
液压传动		最大	较慢	不怕振动	复杂	有一些	短距离	良好	一般	要求高	稍贵
电传动	电气	中等	快	要求高	稍复杂	几乎没有	远距离	良好	较短	要求较高	稍贵
	电子	最小	最快	要求特高	最复杂	没有	远距离	良好	短	要求更高	最贵
机械传动		较大	一般	一般	一般	没有	短距离	较困难	一般	简单	一般

10.1.2 气动系统的组成

典型的气压传动系统由气源装置、控制元件、执行元件和辅助元件四部分组成,如图 10-1 所示。

1. 气源装置

气源装置是获得压缩空气的装置。其主体部分是空气压缩机,它将原动机供给的机械能转变为气体的压力能。使用气动设备较多的企业常将气源装置集中于压气站(俗称空压站)内,由压气站再统一向各用气点分配压缩空气。

2. 控制元件

控制元件是用来控制压缩空气的压力、流量和流动方向的,以便使执行机构完成预定的

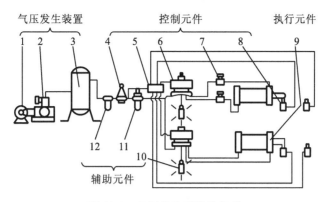

图 10-1　气压传动系统的组成

1—电动机；2—空气压缩机；3—气罐；4—压力控制阀；5—逻辑元件；6—方向控制阀；
7—流量控制阀；8—行程阀；9—气缸；10—消声器；11—油雾器；12—分水滤气器

工作循环。它包括各种压力阀、流量阀和方向阀、射流元件、逻辑元件、传感器等。

3. 执行元件

执行元件是将气体的压力能转换成机械能的一种能量转换装置。它包括实现直线往复运动的气缸和实现连续回转运动或摆动的气动马达或摆动马达等。

4. 辅助元件

辅助元件是保证压缩空气的净化、元件的润滑、元件间的连接及消声等所必需的器件，它包括过滤器、油雾器、管接头及消声器等。

10.1.3　气动技术的应用和发展

目前，气动技术已广泛应用于国民经济的各个部门，而且应用范围越来越广，下面介绍气动技术的应用。

（1）气动技术因其高速、高可靠性和特别适合于应用在洁净卫生场合，所以其在包装业中占主导地位。气动元件的灵活性（即对不同产品的快速调整能力）是人们所需要的。气动技术是适应这种快速变化的最理想技术。气缸期望的位置可以直接反馈到包装设备主控制器中，这样，包装设备就可很方便地对塑料袋进行封口。

（2）绝大多数具有管道生产流程的各生产部门都可以采用气动，如有色金属冶炼工业，在冶炼工业中，温度高、灰尘多的场合往往不宜采用电机驱动或液压传动，采用气动就比较安全可靠，高炉炉门的启闭常由气动完成。

（3）在轻工业中，电气控制和气动控制的功能大致相等。凡输出力要求不大、动作平稳性或控制精度要求不太高的场合，均可以采用气动，成本比电气装置要低得多。对黏稠液体（如牙膏、化妆品、油漆、油墨等）进行自动计量灌装时采用气动，不仅能提高工效，减轻劳动强度，而且因有些液体具有易挥发性和易燃性，采用气动控制比较安全。对于食品工业、制药工业、卷烟工业等领域，气动由于其无污染性而具有更强的优势，有广泛的应用前景。

（4）在军事工业中气动也得到了广泛应用。因电子装置在没有冷却下很难在 300 ℃ 以上的高温条件下工作，故现代飞机、火箭、导弹等自动装置大多是气动的，因为以压缩空气作为动力能源，其体积小、质量轻，甚至比具有相同能量的电池体积还小、还轻，且不怕电子干扰。

10.2 气源装置及辅助元件

气压传动系统中的气源装置是为气动系统提供满足一定质量要求的压缩空气,它是气压传动系统的重要组成部分。由空气压缩机产生的压缩空气,必须经过降温、净化、减压、稳压等一系列处理后,才能供给控制元件和执行元件使用。气动辅助元件是元件连接和提高系统可靠性、使用寿命及改善工作环境等所必需的器件。

10.2.1 气源装置

1. 对压缩空气的要求

由空气压缩机排出的压缩空气虽然可以满足气动系统工作时的压力和流量要求,但其温度高达140~180 ℃。这时空气压缩机气缸中的润滑油也有一部分成为气态,这样,油分、水分及灰尘便形成混合的胶体微尘与杂质混在压缩空气中一同排出。如果将此压缩空气直接输送给气动装置使用,将会产生下列影响。

(1) 一方面,混在压缩空气中的油蒸气可能聚集在储气罐、管道、气动系统的容器中形成易燃物,有引起爆炸的危险;另一方面,润滑油被汽化后,会形成一种有机酸,对金属设备、气动装置有腐蚀作用,影响设备的寿命。

(2) 混在压缩空气中的杂质能沉积在管道和气动元件的通道内,减少了通道面积,增加了管道阻力。特别是对内径只有 0.2~0.5 mm 的某些气动元件会造成阻塞,使压力信号不能正确传递,整个气动系统不能稳定工作甚至失灵。

(3) 压缩空气中含有的饱和水分,在一定的条件下会凝结成水,并聚集在个别管道中。在寒冷的冬季,凝结的水会使管道及附件结冰而损坏,影响气动装置的正常工作。

(4) 压缩空气中的灰尘等杂质,对气动系统中作往复运动或转动的气动元件(如气缸、气马达、气动换向阀等)的运动副会产生研磨作用,使这些元件因漏气而降低效率,影响它的使用寿命。

因此,气源装置必须设置一些除油、除水、除尘,并使压缩空气干燥,提高压缩空气质量,进行气源净化处理的辅助设备。

2. 气源装置的组成

压缩空气站的设备一般包括产生压缩空气的空气压缩机和使气源净化的辅助设备。图10-2所示为压缩空气站设备组成及布置示意图。

在图10-2中,1为空气压缩机,用以产生压缩空气,一般由电动机带动。其吸气口装有空气过滤器,以减少进入空气压缩机的杂质。2为后冷却器,用以降温冷却压缩空气,使气化的水、油凝结出来。3为油水分离器,用以分离并排出降温冷却的水滴、油滴、杂质等。4、7为储气罐,用以储存压缩空气,稳定压缩空气的压力并除去部分油分和水分。5为干燥器,用以进一步吸收或排除压缩空气中的水分和油分,使之成为干燥空气。6为过滤器,用以进一步过滤压缩空气中的灰尘、杂质颗粒。储气罐4输出的压缩空气可用于一般要求的气压传动系统,储气罐7输出的压缩空气可用于要求较高的气动系统(如气动仪表及射流元件组成的控制回路等)。

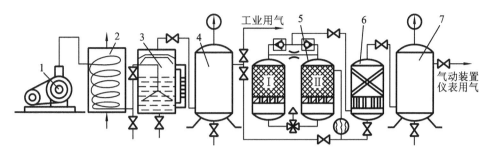

图 10-2　压缩空气站设备组成及布置示意图

1—空气压缩机；2—后冷却器；3—油水分离器；4、7—储气罐；5—干燥器；6—过滤器

3. 压缩空气发生装置

1) 空气压缩机的分类

空气压缩机是一种压缩空气发生装置，它是将机械能转化成气体压力能的能量转换装置，其种类很多。如按工作原理可分为容积型压缩机和速度型压缩机。容积型压缩机的工作原理是压缩气体的体积，使单位体积内气体分子的密度增大，以提高压缩空气的压力；速度型压缩机的工作原理是提高气体分子的运动速度，然后使气体的动能转化为压力能，以提高压缩空气的压力。

2) 空气压缩机的工作原理

气压传动系统中最常用的空气压缩机是往复活塞式，其工作原理是通过曲柄连杆机构使活塞作往复运动而实现吸、压气，并达到提高气体压力的目的，如图 10-3 所示。当活塞 3 向右运动时，气缸 2 内活塞左腔的压力低于大气压力，吸气阀 9 被打开，空气在大气压力作用下进入气缸 2 内，这个过程称为吸气过程。当活塞向左移动时，吸气阀 9 在缸内压缩气体的作用下而关闭，缸内气体被压缩，这个过程称为压缩过程。当气缸内空气压力增高到略高于输气管内压力后，排气阀 1 被打开，压缩空气进入输气管道，这个过程称为排气过程。活塞 3 的往复运动是由电动机带动曲柄转动，通过连杆、滑块、活塞杆转化为直线往复运动而产生的。图中只表示了一个活塞一个缸的空气压缩机，大多数空气压缩机是多缸多活塞的组合。

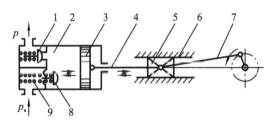

图 10-3　活塞式空气压缩机原理图

1—排气阀；2—气缸；3—活塞；4—活塞杆；5—滑块；
6—滑道；7—曲柄连杆；8—吸气阀；9—弹簧

3) 空气压缩机的选用原则

选用空气压缩机的依据是气压系统所需的工作压力和流量两个参数。按排气压力不同，排气压力 0.2 MPa 为低压空气压缩机；排气压力 1.0 MPa 为中压空气压缩机；排气压力

10 MPa 为高压空气压缩机;排气压力 100 MPa 为超高压空气压缩机。低压空气压缩机为单级式,中压、高压和超高压空气压缩机为多级式,最多级数可达 8 级。目前,国外已制成压力达 343 MPa 聚乙烯用的超高压压缩机。

输出流量的选择,要根据整个气动系统对压缩空气的需要再加一定的备用余量,作为选择空气压缩机的流量依据。空气压缩机铭牌上的流量是指自由空气流量。

4. 压缩空气净化、储存设备

压缩空气净化装置一般包括后冷却器、油水分离器、储气罐、干燥器、过滤器等。

1) 后冷却器

后冷却器安装在空气压缩机出口处的管道上。它的作用是将空气压缩机排出的压缩空气温度由 140～170 ℃ 降至 40～50 ℃。这样,就可使压缩空气中的油雾和水汽迅速达到饱和,使其大部分析出并凝结成油滴和水滴,以便经油水分离器排出。后冷却器的结构形式有蛇形管式、列管式、散热片式、管套式。冷却方式有水冷和气冷两种方式,蛇形管式和列管式后冷却器的结构如图 10-4 所示。

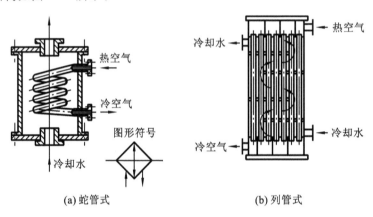

(a) 蛇管式　　　　　　　(b) 列管式

图 10-4　后冷却器

2) 油水分离器

油水分离器安装在后冷却器出口管道上,它的作用是分离并排出压缩空气中凝聚的油分、水分和灰尘杂质等,使压缩空气得到初步净化。图 10-5 所示为油水分离器的示意图。压缩空气由入口进入分离器壳体后,气流先受到隔板阻挡而被撞击折回向下(见图中箭头所示流向);之后又上升产生环形回转,这样凝聚在压缩空气中的油滴、水滴等杂质受惯性力作用而分离析出,沉降于壳体底部,由放水阀定期排出。

3) 储气罐

储气罐的主要作用是储存一定数量的压缩空气,以备发生故障或临时需要应急使用;消除由于空气压缩机断续排气而对系统引起的压力脉动,保证输出气流的连续性和平稳性;进一步分离压缩空气中的油、水等杂质。储气罐一般采用焊接结构。

4) 干燥器

经过后冷却器、油水分离器和储气罐后得到初步净化的压缩空气,已能满足一般气压传动的需要。但压缩空气中仍含一定量的油、水及少量的粉尘。如果用于精密的气动装置、气动仪表等,上述压缩空气还必须进行干燥处理。压缩空气的干燥方法主要采用吸附法,以及

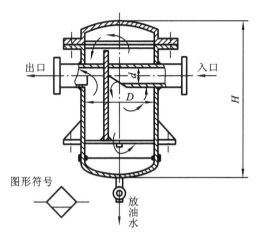

图 10-5 油水分离器

离心、机械降水和冷却等方法。

吸附法是利用具有吸附性能的吸附剂（如硅胶、铝胶或分子筛等）来吸附压缩空气中含有的水分，而使其干燥；冷却法是利用制冷设备使空气冷却到一定的露点温度，析出空气中超过饱和水蒸气部分的多余水分，从而达到所需的干燥度。吸附法是干燥处理方法中应用最为普遍的一种方法。吸附式干燥器的结构如图 10-6 所示。它的外壳呈筒形，其中分层设置栅板、吸附剂、滤网等。湿空气从湿空气进气管 22 进入干燥器，通过吸附剂层 2、钢丝过滤网 3、上栅板 4 和下部吸附剂层 7 后，因其中的水分被吸附剂吸收而变得很干燥。然后，再经过钢丝过滤网 8、下栅板 9 和钢丝过滤网 11，干燥、洁净的压缩空气便从输出管 15 排出。

5）过滤器

空气的过滤是气压传动系统中的重要环节。不同的场合，对压缩空气的要求也不同。过滤器的作用是进一步滤除压缩空气中的杂质。常用的过滤器有一次性过滤器（也称简易过滤器，滤灰效率为 50%～70%）和二次过滤器（滤灰效率为 70%～99%）。在要求高的特殊场合，还可使用高效率的过滤器（滤灰效率大于 99%）。

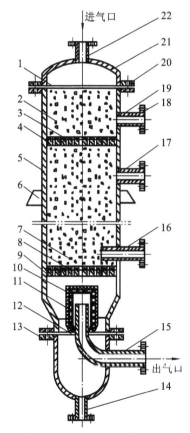

图 10-6 吸附式干燥器的结构

1、12—密封座；2、7—吸附剂层；3、8、11—钢丝过滤网；
4—上栅板；5—筒体；6—支撑板；
9—下栅板；10—毛毡；13、18、20—法兰；
14—排水管；15—干燥空气输出管；16—再生空气进气管；
17、19—再生空气排气管；21—顶盖；22—湿空气进气管

10.2.2 辅助元件

分水滤气器、减压阀和油雾器一起称为气动三大件。三大件依次无管化连接而成的组件称为三联件,三联件是多数气动设备中必不可少的气源装置。大多数情况下,三大件组合使用,其安装次序依进气方向为分水滤气器、减压阀、油雾器。三大件应安装在进气设备的附近处。

压缩空气经过三大件的最后处理,将进入各气动元件及气动系统。因此,三大件是气动系统使用压缩空气质量的最后保证。其组成及规格,必须由气动系统具体的用气要求确定,可以少于三件,只用一件或两件,也可多于三件。

1. 分水滤气器

分水滤气器能除去压缩空气中的冷凝水、固态杂质和油滴,用于空气精过滤。分水滤气器的结构如图 10-7 所示。其工作原理如下:当压缩空气从输入口流入后,由导流叶片 1 引入滤杯中,导流叶片使空气沿切线方向旋转形成旋转气流,夹杂在气体中的较大水滴、油滴和杂质被甩到滤杯的内壁上,并延杯壁流到底部。然后气体通过中间的滤芯 2,部分灰尘、雾状水被滤芯 2 拦截而滤去,洁净的空气便从输出口输出。挡水板 4 是为了防止气体旋涡将杯中积存的污水卷起而破坏过滤作用。为保证分水滤气器正常工作,必须及时将储水杯中的污水通过排水阀 5 放掉。在某些人工排水不方便的场合,可采用自动排水式分水滤气器。

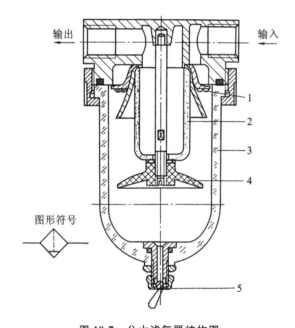

图 10-7 分水滤气器结构图

1—导流叶片;2—滤芯;3—储水杯;4—挡水板;5—手动排水阀

2. 油雾器

油雾器是一种特殊的注油装置。它以空气为动力,使润滑油雾化后,注入空气流中,并随空气进入需要润滑的部件,以达到润滑的目的。

图 10-8 所示为普通油雾器(也称一次油雾器)的结构简图。当压缩空气由输入口进入后,通过喷嘴 1 下端的小孔进入阀座 4 的腔室内,在截止阀的钢球 2 上下表面形成压差,由于泄漏和弹簧 3 的作用,而使钢球处于中间位置,压缩空气进入存油杯 5 的上腔使油面受压,压力油经吸油管 6 将单向阀 7 的钢球顶起,钢球上部管道有一个方形小孔,钢球不能将上部管道封死,压力油不断流入视油器 9 内,再滴入喷嘴 1 中,被主管气流从上面小孔引射出来,雾化后从输出口输出。节流阀 8 可以调节流量,使滴油量在每分钟 0~120 滴内变化。

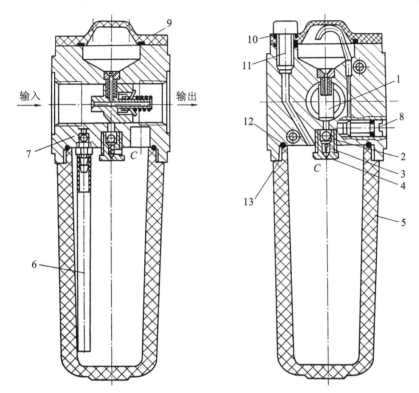

图 10-8 普通油雾器的结构简图
1—喷嘴;2—钢球;3—弹簧;4—阀座;5—存油杯;6—吸油管;7—单向阀;
8—节流阀;9—视油器;10、12—密封垫;11—油塞;13—螺母、螺钉

二次油雾器能使油滴在雾化器内进行两次雾化,使油雾粒度更小、更均匀,输送距离更远。二次雾化粒径可达 5 μm。

油雾器的选择主要是根据气压传动系统所需额定流量及油雾粒径大小来进行。所需油雾粒径在 50 μm 左右选用一次油雾器。若所需油雾粒径很小,可选用二次油雾器。油雾器一般应配置在滤气器和减压阀之后、用气设备之前较近处。

3. 消声器

在气压传动系统之中,气缸、气阀等元件工作时,排气速度较高,气体体积急剧膨胀,会产生刺耳的噪声。噪声的强弱随排气的速度、排量和空气通道的形状变化而变化。排气的速度和功率越大,噪声也越大,一般可达 100~120 dB,为了降低噪声可以在排气口安装消声器。

消声器是通过阻尼或增加排气面积来降低排气速度和功率,从而降低噪声的。根据消声原理不同,消声器可分为三种类型:阻性消声器、抗性消声器和阻抗复合式消声器。常用的是阻性消声器。

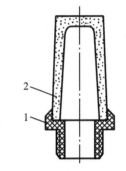

图 10-9 阻性消声器的结构简图
1—连接螺丝;2—消声罩

图 10-9 所示是阻性消声器的结构简图。这种消声器主要依靠吸音材料来消声。消声罩 2 用多孔的吸音材料,一般用聚苯乙烯或铜珠烧结而成。当消声器的通径小于 20 mm 时,多用聚苯乙烯作消声材料制成消声罩;当消声器的通径大于 20 mm 时,消声罩多用铜珠烧结而成,以增加强度。其消声原理是:当有压气体通过消声罩时,气流受到阻力,声能量被部分吸收而转化为热能,从而降低了噪声强度。

阻性消声器结构简单,具有良好的消除中、高频噪声的性能。在气动系统中,排气噪声主要是中、高频噪声,尤其是高频噪声,所以采用这种消声器是合适的。

4. 真空元件

气动系统中的大多数气动元件,包括气源发生装置、执行元件、控制元件及各种辅助元件,都是在高于大气压力的气压作用下工作的,用这些元件组成的气动系统称为正压系统;另有一类元件可在低于大气压力下工作,这类元件组成的系统称为负压系统(或称真空系统)。

1) 真空系统的组成

真空系统一般由真空发生器(真空压力源)、吸盘(执行元件)、真空阀(控制元件,有手动阀、机控阀、气控阀及电磁阀)及辅助元件(管件接头、过滤器和消声器等)组成。有些元件在正压系统和负压系统中是通用的,如管件接头、过滤器和消声器及部分控制元件。

图 10-10 所示为典型的真空回路。实际上,用真空发生器构成的真空回路,往往是正压系统的一部分,同时组成一个完整的气动系统。如在气动机械装置中,图 10-10 所示的真空回路仅是其气动控制系统的一部分,吸盘是机械手的抓取机构,随着机械手臂的动作而运动。

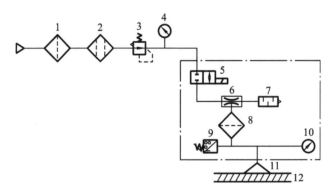

图 10-10 典型的真空回路
1—过滤器;2—精过滤器;3—减压阀;4—压力表;5—电磁阀;6—真空发生器;
7—消声器;8—真空过滤器;9—真空压力开关;10—真空压力表;11—吸盘;12—工件

以真空发生器为核心构成的真空系统适合于任何具有光滑表面的工件,特别是对于非金属制品且不适合夹紧的工件,如易碎的玻璃制品,柔软而薄的纸张、塑料及各种电子精密零件。真空系统已广泛应用于轻工、食品、印刷、医疗、塑料制品及自动搬运和机械手等各种机械,如玻璃的搬运、装箱,机械手抓取工件,印刷机械中的纸张检测、运输,真空包装机械中包装纸的吸附、送标、贴标、包装袋的开启,精密零件的输送,塑料制品的成形,电子产品的加工、运输、装配等各种工序作业。

2) 真空发生器

用真空发生器产生负压的特点如下:结构简单、体积小、使用寿命长;产生的真空度可达 88 kPa,抽吸流量不大,但可控、可调,稳定可靠;瞬时开关特性好,无残余负压;同一输出口可使用负压或交替使用正负压。

图 10-10 所示为真空发生器的工作原理图。真空发生器由喷嘴、接收室、混合室和扩散室组成。压缩空气通过收缩的喷嘴射出的一束流体的流动称为射流。射流能卷吸周围的静止流体和它一起向前流动,这称为射流的卷吸作用。而自由射流在接收室内的流动,将限制射流与外界的接触,但从喷嘴流出的主射流还是

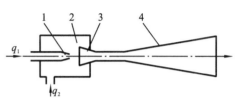

图 10-11 真空发生器的工作原理图
1—喷嘴;2—接收室;3—混合室;4—扩散室

要卷吸一部分周围的流体向前运动,于是在射流的周围形成一个低压区,接收室内的流体便被吸进来,与主射流混合后,经接收室另一端流出。这种利用一束高速流体将另一束流体(静止或低速流)吸进来,相互混合后一起流出的现象称为引射现象。若在喷嘴两端的压差达到一定值时,气流达声速或亚声速流动,于是在喷嘴出口处,即接收室内可获得一定的负压。

10.2.3 管路系统设计

1. 供气系统管道

1) 压缩空气站内气源管道

压缩空气站内气源管道包括压缩机的排气口至后冷却器、油水分离器、储气罐、干燥器等设备的压缩空气管道。

2) 厂区压缩空气管道

厂区压缩空气管道包括从压缩空气站至各用气车间的压缩空气输送管道。

3) 用气车间压缩空气管道

用气车间压缩空气管道包括从车间入口到气动设备和气动装置的压缩空气输送管道。

2. 供气管道设计的原则

1) 从供气的压力和流量考虑

若工厂中的气动设备对压缩空气源压力有多种要求,则气源系统管道必须按满足最高压力要求来设计。若仅采用同一个管道系统供气,对供气压力要求较低者,可通过减压阀来实现。从供气的最大流量和允许压缩空气在管道内流动的最大压力损失来决定气源供气系统管道的管径大小。为避免在管道内流动时有较大的压力损失,压缩空气在管道中的流速一般应小于 25 m/s。当管道内气体的体积流量为 q,管道中允许流速为 v 时,管道的内径为

$$d = \sqrt{\frac{4q}{3600\pi v}} \tag{10-1}$$

式中：q——流量，单位为 m^3/h；

v——流速，单位为 m/s。

由式（10-1）可计算求得管道内径 d，结合流量（或流速）再验算空气通过某段管道的压力损失是否在允许范围内。通常，对较大的空气压缩站，在厂区范围内，从管道的起点到终点，压缩空气的压力降不能超过气源初始压力的 8%；在车间范围内不能超过供气压力的 5%。若超过了，可增大管道直径。

2）从供气的质量要求考虑

若气动装置对供气质量（含水、油及干燥程度等）有不同要求时，如果用一个气源管道供气，则必须考虑其中对气源供气质量要求较高的气动装置，可采取就地设置小型干燥过滤装置或空气过滤器的方法来解决相关问题。也可通过技术、经济全面比较，设置两套气源管道供气系统。

3）从供气的可靠性、经济性考虑

（1）单树枝状管网供气系统。

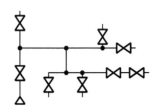

图 10-12 单树枝状管网供气系统

单树枝状管网供气系统如图 10-12 所示。这种供气系统简单、经济性好，适合于间断供气的工厂采用。但该系统中的阀门等附件容易损坏，尤其是开关频繁的阀门更易损坏。对于开关频繁的阀门，可用两个阀门串联起来，其中一个用于经常动作，另一个在一般情况下总处于开启状态，当经常动作的阀门需要更换检修时，这个阀门才关闭，使之与系统切断，不致影响整个系统工作。

（2）环状管网供气系统。

环状管网供气系统如图 10-13 所示。这种系统的供气可靠性比单树枝状管网供气系统的要高，而且压力较稳定，末端压力损失较小，当支管上有一个阀门损坏需要检修时，可将环形管道上两侧的阀门关闭，以保证更换、维修支管上的阀门时，整个系统能正常工作。但此系统成本较高。

（3）双树枝状管网供气系统。

双树枝状管网供气系统如图 10-14 所示。这种供气系统能保证对所有的用户不间断供气，正常状态为两套管网同时工作。当其中任何一个管道附件损坏时，可关闭其所在的那套系统进行检修，而另一套系统照常工作。这种双树枝状管网供气系统实际上是有一套备用

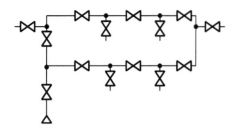

图 10-13 环状管网供气系统

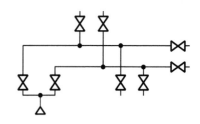

图 10-14 双树枝状管网供气系统

系统,相当于两套单树枝状管网供气系统,适用于不允许停止供气等特殊要求的用户。

10.3 气动执行元件

气动执行元件是将压缩空气的压力能转换为机械能的装置。它包括气缸和气动马达。气缸用于实现直线往复运动或摆动,气动马达用于实现连续回转运动。

10.3.1 气缸

气缸按结构形式分为两大类:活塞式和膜片式。其中活塞式又分为单活塞式和双活塞式,单活塞式有活塞杆和无活塞杆两种,除几种特殊气缸外,普通气缸其种类及结构形式与液压缸基本相同。目前,常用的标准气缸,其结构和参数都已系列化、标准化、通用化,如QGA 系列为无缓冲普通气缸,QGB 系列为有缓冲普通气缸。其他几种较为典型的特殊气缸有气液阻尼缸、薄膜式气缸和冲击式气缸等。

1. 气缸的基本构造

气缸的构造多种多样,但使用最多的是单杆双作用气缸。下面以单杆双作用气缸为例,说明气缸的基本构造。

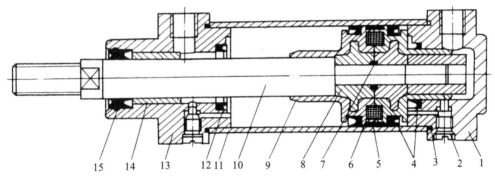

图 10-15 单杆双作用气缸的结构图

1—后端盖;2—缓冲节流;3、7—密封圈;4—活塞密封圈;5—导向环;6—磁性环;8—活塞;
9—缓冲柱塞;10—活塞杆;11—缸筒;12—缓冲密封圈;13—前端盖;14—导向套;15—防尘组合密封圈

图 10-15 所示为单杆双作用气缸的结构图,它由缸筒、端盖、活塞、活塞杆和密封件等组成。缸筒内径的大小代表了气缸输出力的大小,活塞要在缸筒内作平稳的往复滑动,缸筒内表面的粗糙度应达 $Ra0.8~\mu m$。对于钢管缸筒,内表面还应镀硬铬,以减小摩擦阻力和磨损,并能防止锈蚀。缸筒材质除使用高碳钢管外,还使用高强度铝合金和黄铜。小型气缸也有使用不锈钢的。带磁性环或在腐蚀环境中使用的气缸,缸筒应使用不锈钢、铝合金或黄铜等材质。

端盖上设有进排气通口,有的还在端盖内设有缓冲机构。前端盖设有防尘组合密封圈,以防止从活塞杆处向外漏气和防止外部灰尘混入缸内。前端盖设有导向套,以提高气缸的导向精度,承受活塞杆上的少量径向载荷,减少活塞杆伸出时的下弯量,延长气缸的使用寿命。导向套通常使用烧结含油合金、铅青铜铸件。端盖常采用可锻铸铁,现在为了减轻质量并防锈,常使用铝合金压铸,有的微型气缸使用黄铜材料。

活塞是气缸中的受力零件,为防止活塞左右两腔相互窜气,设有活塞密封圈。活塞上的耐磨环可提高气缸的导向性。耐磨环常使用聚氨酯、聚四氟乙烯、夹布合成树脂等材料。活塞的材质常采用铝合金和铸铁,有的小型缸的活塞用黄铜制成。

活塞杆是气缸中最重要的受力零件,通常使用高碳钢,其表面经镀硬铬处理,或者使用不锈钢以防腐蚀,并能提高密封圈的耐磨性。

2. 气缸的工作特性

1) 气缸的速度

气缸活塞的运动速度在运动过程中是变化的,通常说的气缸速度是指气缸活塞的平均速度,如普通气缸的速度范围为 50~500 mm/s,就是指气缸活塞在全行程范围内的平均速度。目前,普通气缸的最低速度为 5 mm/s,高速可达 17 m/s。

2) 气缸的理论输出力

气缸的理论输出力的计算公式和液压缸相同。

3) 气缸的效率和负载率

气缸未加载时实际所能输出的力,受气缸活塞和缸筒之间的摩擦力、活塞杆与前缸盖之间的摩擦力的影响。摩擦力影响程度用气缸效率 η 表示,η 与气缸缸径 D 和工作压力 p 有关,缸径增大,工作压力提高,气缸效率 η 增加。一般气缸效率在 0.7~0.95 之间。

与液压缸不同,要精确确定气缸的实际输出力是很困难的。于是在研究气缸性能和确定气缸缸径时,常用到负载率 β 的概念。气缸负载率为

$$\beta = (气缸的实际负载 F / 气缸的理论输出力 F_0) \times 100\% \tag{10-2}$$

气缸的实际负载(轴向负载)由工况决定,若确定了气缸负载率 β,则由定义就可确定气缸的理论输出力 F_0,从而可以计算气缸的缸径。气缸负载率 β 的选取与气缸的负载性质及气缸的运动速度有关,如表 10-2 所示。

表 10-2 气缸的运动状态与负载率

静负载	惯性负载的运动速度 v		
	<100 mm/s	100~500 mm/s	>500 mm/s
$\beta=0$	≤0.65	≤0.5	≤0.3

由此可以计算气缸的缸径,再按标准进行圆整。估算时可取活塞杆直径 $d=0.3D$。

4) 气缸的耗气量

气缸的耗气量是指气缸在往复运动时所消耗的压缩空气量,耗气量的大小与气缸的性能无关,但它是选择空压机的重要依据。

最大耗气量 q_{max} 是指气缸活塞完成一次行程所需的自由空气耗气量。

$$q_{max} = \frac{As(p+p_0)}{t\eta_v p_a} \tag{10-3}$$

式中:A——气缸的有效作用面积;

s——气缸行程;

t——气缸活塞完成一次行程所需的时间;

p——工作压力;

p_a——大气压;

η_v——气缸容积效率,一般取 $\eta_v = 0.9 \sim 0.95$。

3. 其他常用气缸简介

1) 气液阻尼缸

普通气缸工作时,由于气体具有压缩性,当外部载荷变化较大时,会产生"爬行"或"自走"现象,使气缸的工作不稳定。为了使气缸运动平稳,普遍采用气液阻尼缸。

气液阻尼缸是由气缸和油缸组合而成的,它的工作原理如图 10-16 所示。气液阻尼缸是以压缩空气为能源,并利用油液的不可压缩性和控制油液排量来获得活塞的平稳运动和调节活塞的运动速度。它将油缸和气缸串联成一个整体,两个活塞固定在一根活塞杆上。当气缸右端供气时,气缸克服外负载并带动油缸同时向左运动,此时油缸左腔排油、单向阀关闭。油液只能经节流阀缓慢流入油缸右腔,对整个活塞的运动起阻尼作用。调节节流阀的阀口大小就能达到调节活塞运动速度的目的。当压缩空气经换向阀从气缸左腔进入时,油缸右腔排油,此时因单向阀开启,活塞能快速返回原来位置。

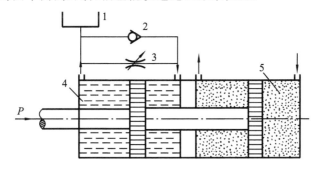

图 10-16 气液阻尼缸的工作原理图

这种气液阻尼缸的结构一般是将双活塞杆缸作为油缸。因为这样可使油缸两腔的排油量相等,此时油箱内的油液只用来补充因油缸泄漏而减少的油量,一般用油杯就行了。

2) 薄膜式气缸

薄膜式气缸是一种利用压缩空气通过膜片推动活塞杆作往复直线运动的气缸。它由缸体、膜片、膜盘和活塞杆等主要零件组成。其功能类似于活塞式气缸,它分单作用式和双作用式两种,如图 10-17 所示。

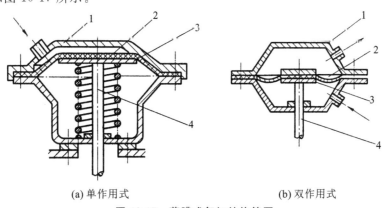

(a) 单作用式　　　　　　　(b) 双作用式

图 10-17 薄膜式气缸结构简图

1—缸体;2—膜片;3—膜盘;4—活塞杆

薄膜式气缸的膜片可以做成盘形膜片和平膜片两种形式。膜片材料为夹织物橡胶、钢片或磷青铜片。常用的是夹织物橡胶,橡胶的厚度为 5～6 mm,有时也可为 1～3 mm。金属式膜片只用于行程较小的薄膜式气缸中。

薄膜式气缸和活塞式气缸相比较,具有结构简单、紧凑、制造容易、成本低、维修方便、寿命长、泄漏小、效率高等优点。但是膜片的变形量有限,故其行程短(一般不超过 40～50 mm),且气缸活塞杆上的输出力随着行程的加大而减小。

3) 冲击气缸

冲击气缸是一种体积小、结构简单、易于制造、耗气功率小但能产生相当大的冲击力的特殊气缸。与普通气缸相比,冲击气缸的结构特点是增加了一个具有一定容积的蓄能腔和喷嘴。它的工作原理如图 10-18 所示。

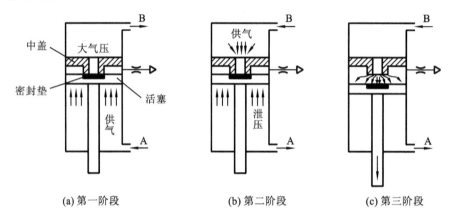

图 10-18 冲击气缸工作原理图

冲击气缸的整个工作过程可简单地分为以下三个阶段。

(1) 第一阶段如图 10-18(a)所示,压缩空气由孔 A 输入冲击缸的下腔,蓄气缸经孔 B 排气,活塞上升并用密封垫封住喷嘴,中盖和活塞间的环形空间经排气孔与大气相通。

(2) 第二阶段如图 10-18(b)所示,压缩空气改由孔 B 进气,输入蓄气缸中,冲击缸下腔经孔 A 排气。由于活塞上端气压作用在面积较小的喷嘴上,而活塞下端受力面积较大,一般设计成喷嘴面积的 9 倍,缸下腔的压力虽因排气而下降,但此时活塞下端向上的作用力仍然大于活塞上端向下的作用力。

(3) 第三阶段如图 10-18(c)所示,蓄气缸的压力继续增大,冲击缸下腔的压力继续降低,当蓄气缸内压力高于活塞下腔压力 9 倍时,活塞开始向下移动,活塞一旦离开喷嘴,蓄气缸内的高压气体迅速充入到活塞与中间盖之间的空间,使活塞上端受力面积突然增加 9 倍,于是活塞将以极大的加速度向下运动,气体的压力能转换成活塞的动能。在冲程达到一定时,获得最大冲击速度和能量,利用这个能量对工件进行冲击做功,产生很大的冲击力。

10.3.2 气动马达

气动马达也是气动执行元件的一种。它的作用相当于电动机或液压马达,即输出力矩,拖动机构作旋转运动。最常见的气动马达是活塞式气动马达和叶片式气动马达。叶片式气动马达制造简单,结构紧凑,但低速运动转矩小,低速性能不好,适用于中、低功率的机械,目前在矿山及风动工具中应用普遍。活塞式气动马达在低速情况下有较大的输出功率，它的低速性能好，适宜于载荷较大和要求低速转矩的机械，如起重机、绞车、绞盘、拉管机等。

由于气动马达具有一些比较突出的优点，在某些场合，它比电动机和液压马达更适用，这些特点包括以下几个方面。

（1）具有防暴性能，工作安全。由于气动马达的工作介质（空气）本身的特性和结构设计上的考虑，能够在工作中不产生火花，故可以在易燃易爆场所工作，同时不受高温和振动的影响，并能用于空气极潮湿的环境，而无漏电危险。

（2）马达的软特性使之能长时间满载工作而温升较小，且具有过载保护的性能。

（3）可以无级调速。控制进气流量就能调节马达的转速和功率。额定转速为每分钟几十转到几十万转。

（4）具有较高的启动力矩。可以直接带负载运动。

（5）与电动机相比，单位功率尺寸小、质量轻，适于安装在位置狭小的场合及手工工具上。

但气动马达也具有输出功率小、耗气量大、效率低、噪声大和易产生振动等缺点。

1. 工作原理

图 10-19 所示为叶片式气动马达工作原理图。它的主要结构和工作原理与液压叶片马达相似，主要包括一个径向装有 3～10 个叶片的转子，偏心安装在定子内，转子两侧有前后盖板（图中未画出），当压缩空气从 A 口进入后分两路：一路进入叶片底部槽中，会使叶片从径向沟槽伸出；另一路进入定子腔，转子周围径向分布的叶片由于偏心，伸出的长度不同而受力不一样，产生旋转力矩，叶片带动转子作逆时针旋转。定子内有半圆形的切沟，提供压缩空气及排出废气。废气从 C 口排出，而定子腔内残留气体则从 B 口排出。如需改变气动马达的旋转方向，只需改变进、排气口即可。

2. 特性曲线

图 10-20 所示为在一定工作压力下作出的叶片式气动马达的特性曲线。由图可知，气动马达具有软特性的特点。当外加转矩 T 等于零时，即为空转，此时速度达到最大值 n_{max}，气动输出的功率等于零；当外加转矩等于气动马达的最大转矩 T_{max} 时，马达停止转动，此时输出功率等于零；当外加转矩等于最大转矩的一半时，马达的转速也为最大转速的 1/2，此时马达的输出功率 P 最大，以 P_{max} 表示。

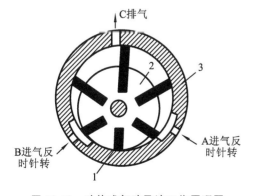

图 10-19　叶片式气动马达工作原理图
1—叶片；2—转子；3—定子

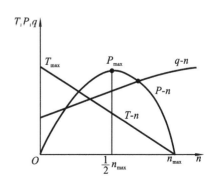

图 10-20　气动马达特性曲线

10.4 气动控制元件

在气压传动系统中,气动控制元件是控制和调节压缩空气的压力、流量和方向的各种控制阀,其作用是保证气动执行元件(如气缸、气马达等)按设计的程序正常地进行工作。

10.4.1 方向控制阀

方向控制阀是气压传动系统中通过改变压缩空气的流动方向和气流的通断,来控制执行元件启动、停止及运动方向的气动元件。

根据方向控制阀的功能、控制方式、结构方式、阀内气流的方向及密封形式等,可将方向控制阀分为几种类型,如表10-3所示。

表10-3 方向控制阀的分类

分 类 方 式	形 式
按阀内气体的流动方向	单向阀、换向阀
按阀芯的结构形式	截止阀、滑阀
按阀的密封形式	硬质密封、软质密封
按阀的工作位数及通路数	二位三通、二位五通、三位五通等
按阀的控制操纵方式	气压控制、电磁控制、机械控制、手动控制

下面介绍几种典型的方向控制阀。

1. 气压控制换向阀

气压控制换向阀是以压缩空气为动力切换气阀,使气路换向或通断的阀类。气压控制换向阀的用途很广,多用于组成全气阀控制的气压传动系统或易燃、易爆及高净化等场合。

1)单气控加压式换向阀

图10-21所示为单气控加压式换向阀的工作原理。图10-21(a)所示为无气控信号K时阀的状态(即常态),此时,阀芯1在弹簧2的作用下处于上端位置,使阀A口与O口相通,O口排气。图10-21(b)所示为在有气控信号K时阀的状态(即动力阀状态)。由于气压力的作用,阀芯1压缩弹簧2下移,使阀A口与O口断开,P口与A口接通,A口有气体输出。

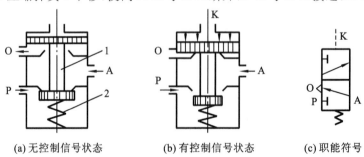

(a) 无控制信号状态　　(b) 有控制信号状态　　(c) 职能符号

图10-21 单气控加压式换向阀的工作原理图

1—阀芯;2—弹簧

图 10-22 所示为二位三通单气控截止式换向阀的结构图。这种结构简单、紧凑、密封可靠、换向行程短,但换向力大。若将气控接头换成电磁头(即电磁先导阀),可变气控阀为先导式电磁换向阀。

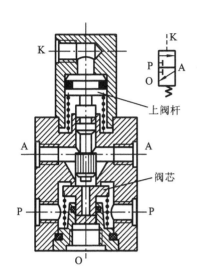

图 10-22　二位三通单气控截止式换向阀的结构图

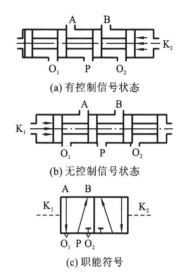

图 10-23　双气控滑阀式换向阀的工作原理图

2) 双气控加压式换向阀

图 10-23 所示为双气控滑阀式换向阀的工作原理图。图 10-23(a)所示为有气控信号 K_2 时阀的状态,此时阀停在左边,其通路状态是 P 口与 A 口、B 口与 O_2 口相通。图 10-23(b)所示为有气控信号 K_1 时阀的状态(此时信号 K_2 已不存在),阀芯换位,其通路状态变为 P 口与 B 口、A 口与 O_1 口相通。双气控滑阀具有记忆功能,即气控信号消失后,阀仍能保持在有信号时的工作状态。

3) 差动控制换向阀

差动控制换向阀是利用控制气压作用在阀芯两端不同面积上所产生的压力差来使阀换向的一种控制方式。

图 10-24 所示为二位五通差动控制换向阀的结构原理图。阀的右腔始终与进气口 P 相通。在没有进气信号 K 时,控制活塞 13 上的气压力将推动阀芯 9 左移,其通路状态为 P 口与 A 口、B 口与 O_2 口相通,A 口进气,B 口排气。当有气控信号 K 时,由于控制活塞 3 的端面积大于控制活塞 13 的端面积,作用在控制活塞 3 上的气压力将克服控制活塞 13 上的压力及摩擦力,推动阀芯 9 右移,气路换向,其通路状态为 P 口与 B 口、A 口与 O_1 口相通,B 口进气、A 口排气。当气控信号 K 消失时,阀芯 9 借右腔内的气压作用复位,采用气压复位可提高阀的可靠性。

2. 电磁控制换向阀

电磁控制换向阀是利用电磁力的作用来实现阀的切换以控制气流的流动方向。常用的电磁换向阀有直动式电磁换向阀和先导式电磁换向阀两种。

1) 直动式电磁换向阀

图 10-25 所示为直动式单电控电磁阀的工作原理图。它只有一个电磁铁。图 10-25(a)

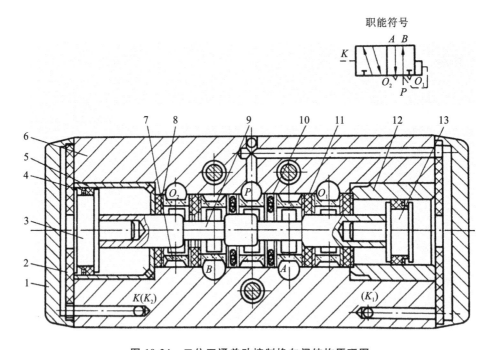

图 10-24　二位五通差动控制换向阀结构原理图

1—端盖；2—缓冲垫片；3、13—控制活塞；4、10、11—密封垫；
5、12—衬套；6—阀体；7—隔套；8—挡片；9—阀芯

所示为常态情况，即激励线圈不通电，此时阀在复位弹簧的作用下处于上端位置。其通路状态为 A 口与 T 口相通，A 口排气。当通电时，电磁铁 1 推动阀芯 2 向下移动，气路换向，其通路为 P 口与 A 口相通，A 口进气，如图 10-25(b)所示。

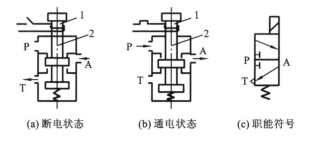

(a) 断电状态　　(b) 通电状态　　(c) 职能符号

图 10-25　直动式单电控电磁阀的工作原理图

1—电磁铁；2—阀芯

图 10-26 所示为直动式双电控电磁阀的工作原理图。它有两个电磁铁，当电磁铁 1 通电、电磁铁 2 断电时，如图 10-26(a)所示，阀芯被推向右端，其通路状态是 P 口与 A 口相通，B 口与 O_2 口相通，A 口进气、B 口排气。当电磁铁 1 断电时，阀芯仍处于原有状态，即具有记忆性。当电磁铁 2 通电、电磁铁 1 断电时，如图 10-26(b)所示，阀芯被推向左端，其通路状态是 P 口与 B 口相通，A 口与 O_1 口相通，B 口进气、A 口排气。若电磁线圈断电，气流通路仍将保持原状态。

2）先导式电磁换向阀

直动式电磁阀是由电磁铁直接推动阀芯移动的，当阀通径较大时，用直动式结构所需的

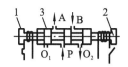 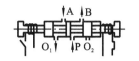

(a) 线圈1通电、线圈2断电时状态　　(b) 线圈2通电、线圈1断电时状态　　(c) 职能符号

图 10-26　直动式双电控电磁阀的工作原理图

1、2—电磁铁；3—阀芯

电磁铁体积和电力消耗都必然加大，为克服此弱点可采用先导式电磁换向阀。

先导式电磁换向阀是由电磁铁首先控制气路，产生先导压力，再由先导压力推动主阀阀芯移动，使其换向。

图 10-27 所示为先导式双电控换向阀的工作原理图。当先导阀 1 通电、先导阀 2 断电时，如图 10-27(a)所示，由于主阀 3 的 K_1 腔进气，K_2 腔排气，使主阀阀芯向右移动。此时 P 口与 A 口相通，B 口与 O_2 口相通，A 口进气，B 口排气。当先导阀 2 通电、先导阀 1 断电时，如图 10-27(b)所示，主阀的 K_2 腔进气，K_1 腔排气，使主阀阀芯向左移动。此时 P 口与 B 口相通，A 口与 O_1 口相通，B 口进气，A 口排气。先导式双电控电磁阀具有记忆功能，即通电换向，断电保持原状态。为保证主阀正常工作，两个电磁阀不能同时通电，电路中要考虑互锁的问题。

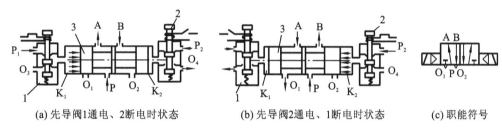

(a) 先导阀1通电、2断电时状态　　(b) 先导阀2通电、1断电时状态　　(c) 职能符号

图 10-27　先导式双电控换向阀的工作原理图

1、2—先导阀；3—主阀

先导式电磁换向阀便于实现电、气联合控制，所以应用广泛。

3．机械控制换向阀

机械控制换向阀又称为行程阀，多用于行程程序控制系统，作为信号阀使用，常依靠凸轮、挡块或其他机械外力推动阀芯动作，使阀换向。

4．人力控制换向阀

这类阀分为手动和脚踏两种操纵方式。手动阀的主体部分与气控阀类似，其操纵方式有多种形式，如按钮式、旋钮式、锁式及推拉式等。

5．时间控制换向阀

时间控制换向阀是使气流通过气阻（如小孔、缝隙等）节流后到气容（储气空间）中，经一定的时间使气容内建立起一定的压力后，再使阀芯换向的阀类。在不允许使用时间继电器（电控制）的场合（如易燃、易爆、粉尘大等），用气动时间控制就显出其优越性。

6．梭阀

梭阀相当于两个单向阀组合的阀。图 10-28 所示为梭阀的工作原理图。

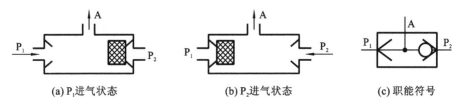

(a) P_1进气状态   (b) P_2进气状态   (c) 职能符号

图 10-28 梭阀的工作原理图

梭阀有两个进气口 P_1 和 P_2，一个工作口 A，阀芯在两个方向上起单向阀的作用。其中 P_1 口和 P_2 口都可与 A 口相通，但 P_1 口与 P_2 口不相通。当 P_1 口进气时，阀芯右移，封住 P_2 口，使 P_1 口与 A 口相通，A 口进气，如图 10-28(a)所示。反之，P_2 口进气时，阀芯左移，封住 P_1 口，使 P_2 口与 A 口相通，A 口也进气。若 P_1 口与 P_2 口都进气时，阀芯就可能停在任意一边，这主要视压力加入的先后顺序和压力的大小而定。若 P_1 口与 P_2 口不等，则高压口的通道打开，低压口的通道则被封闭，高压气流从 A 口输出。

梭阀的应用很广，多用于手动与自动控制的并联回路中。

10.4.2 压力控制阀

1. 压力控制阀的作用及分类

气动系统不同于液压系统，一般每一个液压系统都自带液压源（液压泵）；而在气动系统中，一般来说，由空气压缩机先将空气压缩，储存在储气罐内，然后经管路输送给各个气动装置使用。而储气罐的空气压力往往比各台设备实际所需要的压力要高，同时，其压力波动值也较大。因此，需要用减压阀（调压阀）将其压力减到每台装置所需的压力，并使减压后的压力稳定在所需压力值上。

有些气动回路需要依靠回路中压力的变化来实现控制两个执行元件的顺序动作，所用的这种阀就是顺序阀。顺序阀与单向阀的组合称为单向顺序阀。

所有的气动回路或储气罐为了安全起见，当压力超过允许压力值时，需要实现自动向外排气，这种压力控制阀称为安全阀（溢流阀）。

2. 减压阀（调压阀）

图 10-29 所示为 QTY 型直动式减压阀结构图及其职能符号。其工作原理如下：当阀处于工作状态时，调节手柄 1、调压弹簧 2、调压弹簧 3 及膜片 5，通过阀杆 6 使阀芯 8 下移，进气阀口被打开，有压气流从左端输入，经阀口节流减压后从右端输出。输出气流的一部分由阻尼管 7 进入膜片气室，在膜片 5 的下方产生一个向上的推力，这个推力总是企图把阀口开度关小，使其输出压力下降。当作用于膜片上的推力与弹簧力相平衡后，减压阀的输出压力便保持一定。

当输入压力发生波动时，如输入压力瞬时升高，输出压力也会随之升高，作用于膜片 5 上的气体推力也随之增大，破坏了原来的力的平衡，使膜片 5 向上移动，有少量气体经溢流孔 12、排气孔 11 排出。在膜片上移的同时，因复位弹簧 9 的作用，使输出压力下降，直到建立新的平衡为止。重新平衡后的输出压力又基本上恢复至原值。反之，输出压力瞬时下降，膜片下移，进气口开度增大，节流作用减小，输出压力又基本上回升至原值。

调节手柄 1 使调压弹簧 2、3 恢复自由状态，输出压力降至零，阀芯 8 在复位弹簧 9 的作用下，关闭进气阀口，这样，减压阀便处于截止状态，无气流输出。

QTY 型直动式减压阀的调压范围为 0.05～0.63 MPa。为限制气体流过减压阀所造成的压力损失，规定气体通过阀内通道的流速在 15～25 m/s 范围内。

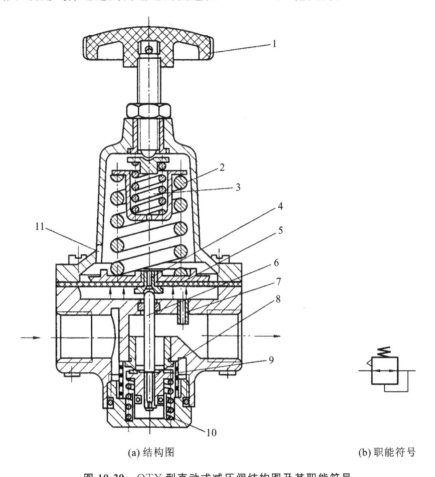

(a) 结构图　　　　　　　　(b) 职能符号

图 10-29　QTY 型直动式减压阀结构图及其职能符号

1—手柄；2、3—调压弹簧；4—溢流阀座；5—膜片；6—阀杆；7—阻尼管；
8—阀芯；9—复位弹簧；10—进气阀口；11—排气孔；12—溢流孔

安装减压阀时，要按气流的方向和减压阀上所示的箭头方向，依照分水滤气器—减压阀—油雾器的安装次序进行安装。调压时应由低向高调，直至规定的调压值为止。阀不用时应把手柄放松，以免膜片受压变形。

3．顺序阀

顺序阀是依靠气路中压力的作用而控制执行元件按顺序动作的压力控制阀，如图 10-30 所示，它是根据弹簧的预压缩量来控制其开启压力的。当输入压力达到或超过开启压力时，顶开弹簧，于是 P 口到 A 口才有输出；反之 A 口无输出。

顺序阀一般很少单独使用，往往与单向阀配合在一起，构成单向顺序阀。图 10-31 所示为单向顺序阀的工作原理图。当压缩空气由左端进入阀腔后，作用于活塞 3 上的气压力超过压缩弹簧 2 上的压力时，将活塞顶起，压缩空气从 P 口经 A 口输出，如图 10-31(a) 所示，此时单向阀 4 在压力差及弹簧力的作用下处于关闭状态。反向流动时，输入口变成排气口，

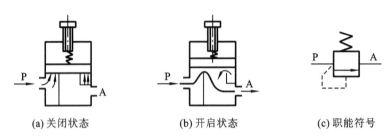

(a) 关闭状态　　　　(b) 开启状态　　　　(c) 职能符号

图 10-30　顺序阀工作原理图及其职能符号

输出口压力将顶开单向阀 4 由 O 口排气,如图 10-31(b)所示。

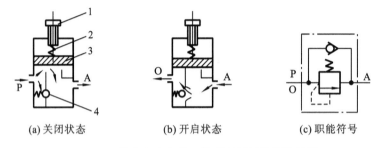

(a) 关闭状态　　　　(b) 开启状态　　　　(c) 职能符号

图 10-31　单向顺序阀的工作原理图及其职能符号

1—调节手柄;2—压缩弹簧;3—活塞;4—单向阀

调节旋钮就可改变单向顺序阀的开启压力,以便在不同的开启压力下,控制执行元件的顺序动作。

4. 安全阀

当储气罐或回路中压力超过某调定值时,要用安全阀向外放气,安全阀在系统中起过载保护作用。

图 10-32 所示为安全阀的工作原理图。当系统中气体压力在调定范围内时,作用在活塞 3 上的压力小于弹簧 2 的压力,活塞处于关闭状态,如图 10-32(a)所示。当系统压力升高,作用在活塞 3 上的压力大于弹簧的预定压力时,活塞 3 向上移动,阀门开启排气,如图 10-32(b)所示。直到系统压力降到调定范围以下,活塞又重新关闭。开启压力的大小与弹簧的预压量有关。

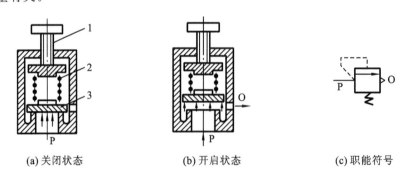

(a) 关闭状态　　　　(b) 开启状态　　　　(c) 职能符号

图 10-32　安全阀的工作原理图及其职能符号

1—调节手柄;2—弹簧;3—活塞

10.4.3 流量控制阀

在气压传动系统中,有时需要控制气缸的运动速度,有时需要控制换向阀的切换时间和气动信号的传递速度,这些都需要通过调节压缩空气的流量来实现。流量控制阀就是通过改变阀的通流截面面积来实现流量控制的元件。流量控制阀包括节流阀、单向节流阀、排气节流阀和快速排气阀等。

1. 节流阀

图 10-33 所示为圆柱斜切型节流阀的结构图。压缩空气由 P 口进入,经过节流后,由 A 口流出。旋转阀芯螺杆就可改变节流口的开度,这样,就调节了压缩空气的流量。由于这种节流阀的结构简单、体积小,故应用范围较广。

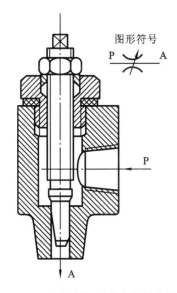

图 10-33 圆柱斜切型节流阀的结构图

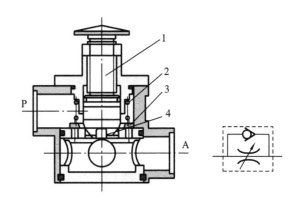

图 10-34 单向节流阀的结构原理图
1—调节杆;2—弹簧;3—单向阀;4—节流口

2. 单向节流阀

单向节流阀是由单向阀和节流阀并联而成的组合式流量控制阀,如图 10-34 所示。当气流沿着一个方向,例如 P→A 流动时,经过节流阀节流;反方向流动,由 A→P 流动时,单向阀打开,不节流。单向节流阀常用于气缸的调速和延时回路。

3. 排气节流阀

排气节流阀是装在执行元件的排气口处,调节进入大气中气体流量的一种控制阀。它不仅能调节执行元件的运动速度,还常带有消声器件,所以也能起到降低排气噪声的作用。

图 10-35 所示为排气节流阀的工作原理图。其工作原理和节流阀类似,靠调节节流口 1 处的通流面积来调节排气流量,由消声套 2 来减小排气噪声。

4. 快速排气阀

图 10-36 所示为快速排气阀的工作原理图。压缩空气由进气口 P 进入,并将密封活塞迅速向上推,开启阀口 2,同时关闭排气口 O,使进气口 P 和工作口 A 相通,如图 10-36(a)所

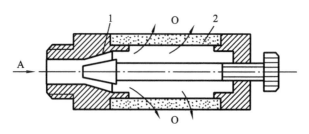

图 10-35 排气节流阀的工作原理图

1—节流口；2—消声套

示。图 10-36(b)所示为 P 口没有压缩空气进入时的状态，在 A 口和 P 口的压力差作用下，密封活塞迅速下降，关闭 P 口，使 A 口通过 O 口快速排气。

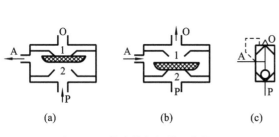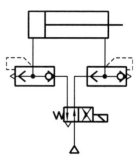

图 10-36　快速排气阀的工作原理

1—排气口；2—阀口

图 10-37　快速排气阀的应用回路

快速排气阀常安装在换向阀和气缸之间。图 10-37 所示为快速排气阀的应用回路。它使气缸的排气不用通过换向阀而快速排出，从而加速了气缸往复的运动速度，缩短了工作周期。

10.4.4　气动逻辑元件

气动逻辑元件是一种以压缩空气为工作介质，通过元件内部可动部件的动作，改变气流流动的方向，从而实现一定逻辑功能的流体控制元件。气动逻辑元件种类很多，按工作压力分为高压、低压、微压三种。按结构形式分类，主要包括截止式、膜片式、滑阀式和球阀式等几种类型。本节仅对高压截止式逻辑元件作简要介绍。

1. 气动逻辑元件的特点

(1) 元件孔径较大，抗污染能力较强，对气源的净化程度要求较低。

(2) 元件在完成动作后，能切断气源和排气孔之间的通道，因此无功耗气量较小。

(3) 负载能力强，可带多个同类型元件。

(4) 在组成系统时，元件间的连接方便，调试简单。

(5) 适应能力较强，可在各种恶劣环境下工作。

(6) 响应时间一般为几毫秒或十几毫秒。响应速度较慢，不宜组成运算很复杂的系统。

2. 高压截止式逻辑元件

1)"是门"和"与门"元件

图 10-38 所示为"是门"元件及"与门"元件的结构图。P 为气源口，A 为信号输入口，S

为输出口。当 A 无信号时,阀片 2 在弹簧及气源压力作用下上移,关闭阀口,封住 P→S 通路,S 无输出。当 A 有信号时,膜片 1 在输入信号作用下,推动阀芯下移,封住 S 与排气孔通道,同时接通 P→S 通路,S 有输出。即元件的输入和输出始终保持相同状态。

当气源口 P 改为信号口 B 时,则变成"与门"元件,即只有当 A 口和 B 口同时输入信号时,S 口才有输出,否则 S 口无输出。

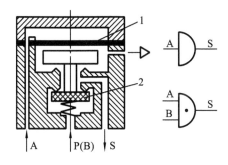

图 10-38 "是门"元件和"与门"元件的结构图
1—膜片;2—阀片

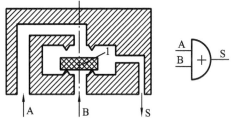

图 10-39 "或门"元件的结构图
1—阀片

2)"或门"元件

图 10-39 所示为"或门"元件的结构图。当只有 A 口信号输入时,阀片 1 被推动下移,打开上阀口,接通 A→S 通路,S 有输出。类似地,当只有 B 口信号输入时,接通 B→S 通路,S 口也有输出。显然,当 A 口、B 口均有信号输入时,S 口一定有输出。

3)"非门"和"禁门"元件

图 10-40 所示为"非门"和"禁门"元件的结构图。A 口为信号输入孔,S 口为信号输出孔,P 口为气源孔。在 A 口无信号输入时,阀片 3 在气源压力作用下上移,开启下阀口,关闭上阀口,接通 P→S 通路,S 口有输出。当 A 口有信号输入时,膜片 2 在输入信号作用下,推动阀杆 1 及阀片 3 下移,开启上阀口,关闭下阀口,S 口无输出。显然此时为"非门"元件。若将气源口 P 改为信号 B 口,该元件就成为"禁门"元件。在 A 口、B 口均有信号时,阀片 3 及阀杆 1 在 A 口输入信号作用下封住 B 口,S 口无输出;在 A 口无信号输入,而 B 口有输入信号时,S 口就有输出,即 A 口输入信号对 B 口输入信号起"禁止"作用。

4)"或非"元件

图 10-41 为"或非"元件的结构图。P 为气源口,S 为输出口,A、B、C 为三个信号输入口。当三个输入口均为无信号输入时,阀芯在气源压力作用下上移,开启下阀口,接通 P→S 通路,S 口有输出。三个输入口只要有一个口有信号输入,都会使阀芯下移关闭下阀口,截断 P→S 通路,S 口无输出。

"或非"元件是一种多功能逻辑元件,用它可以组成"与门"、"或门"、"非门"、"双稳"等逻辑元件。

5)"记忆"元件

记忆元件分为单输出和双输出两种。双输出记忆元件称为双稳元件,单输出记忆元件称为单记忆元件。下面仅介绍双稳元件。

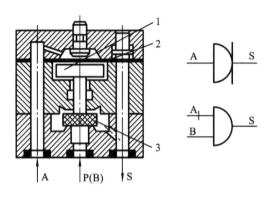

图 10-40 "非门"和"禁门"元件的结构图
1—阀杆；2—膜片；3—阀片

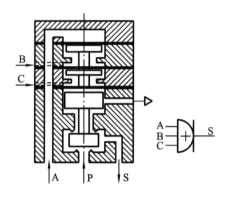

图 10-41 "或非"元件的结构图

图 10-42 所示为双稳元件的原理图。当 A 口有控制信号输入时，阀芯带动滑块右移，接通 P→S_1 通路，S_1 口有输出，而 S_2 口与排气孔 O 相通，无输出。此时"双稳"处于"1"状态，在 B 口输入信号到来之前，A 口信号虽消失，阀芯总是保持在右端位置。当 B 口有输入信号时，则 P→S_2 相通，S_2 口有输出，S_1→O 相通，此时元件置"0"状态，B 口信号消失后，A 口信号未到来前，元件一直保持此状态。

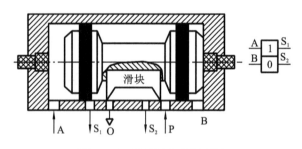

图 10-42 双稳元件的原理图

3. 逻辑元件的应用

每个气动逻辑元件都对应于一个最基本的逻辑单元，逻辑控制系统的每个逻辑符号都可以用对应的气动逻辑元件来实现，气动逻辑元件设计有标准的机械和气信号接口，元件更换方便，组成逻辑系统简单，易于维护。但逻辑元件的输出功率有限，一般用于组成逻辑控制系统中的信号控制部分，或者推动小功率执行元件。如果执行元件的功率较大，则需要在逻辑元件的输出信号后接大功率的气控滑阀作为执行元件的主控阀。

10.5 气动基本回路

气压传动系统和液压传动系统一样，同样是由不同功能的基本回路所组成的。熟悉常用的气动基本回路是分析和设计气压传动系统的基础，本节主要讲述气动基本回路的工作原理和特点。

10.5.1 换向控制回路

1. 单作用气缸换向回路

图 10-43(a)所示为常用的二位三通阀控制换向回路,当电磁铁通电时靠气压使活塞杆伸出,断电时靠弹簧作用使活塞杆缩回。

图 10-43(b)所示为三位五通阀控制换向回路。该阀具有自动对中功能,可使气缸停在任意位置,但定位精度不高、定位时间不长。

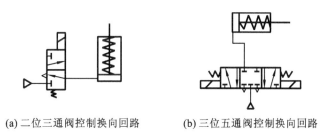

(a) 二位三通阀控制换向回路　　(b) 三位五通阀控制换向回路

图 10-43　单作用气缸换向回路

2. 双作用气缸换向回路

图 10-44 所示为二位五通阀控制换向回路。换向阀处在右位时气缸活塞杆伸出,处在左位时气缸活塞杆缩回。图 10-45 所示为三位五通阀控制换向回路。该回路有中停功能,但定位精度不高。

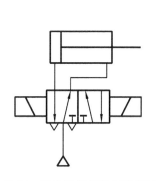 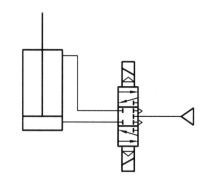

图 10-44　二位五通阀控制换向回路　　　图 10-45　三位五通阀控制换向回路

10.5.2 压力控制回路

1. 气源压力控制回路

图 10-46 所示的气源压力控制回路用于控制气源系统中气罐的压力,使之不超过调定的压力值和不低于调定的最低压力值。常用外控溢流阀或电接点压力表来控制空气压缩机的转、停,使储气罐内压力保持在规定的范围内。采用溢流阀结构简单、工作可靠,但气量浪费大;采用电接点压力表对电机及控制要求较高,常用于对小型空压机的控制。

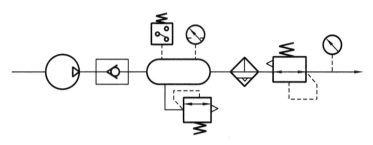

图 10-46　气源压力控制回路

2. 工作压力控制回路

为使气动系统得到稳定的工作压力,可采用如图 10-47(a)所示的基本回路。从压缩空气站来的压缩空气,经分水滤气器、减压阀、油雾器供给气动设备使用。调节溢流式减压阀能得到气动设备所需要的工作压力。

如回路中需要多种不同的工作压力,可采用图 10-47(b)所示的回路。

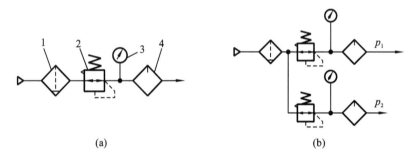

图 10-47　工作压力控制回路

1—分水滤气器;2—减压阀;3—压力表;4—油雾器

3. 高、低压转换回路

在气动系统中有时需要实现高、低压切换,可采用如图 10-48 所示的利用换向阀和减压阀实现高、低压转换输出的回路。

4. 过载保护回路

图 10-49 所示为过载保护回路。当活塞右行遇到障碍或其他原因使气缸过载时,左腔压力升高,当超过预定值时,打开顺序阀 3,使换向阀 4 换向,气控阀 1、2 同时复位,气缸返回,从而保护设备安全。

5. 增压回路

一般气动系统的工作压力比较低,但在有些场合,由于气缸尺寸的限制得不到应有的输出力,或者局部需要使用高压的场合,可使用增压回路。图 10-50 所示为采用增压缸的增压回路。

10.5.3　速度控制回路

因气动系统使用的功率不大,其调速的方法主要是节流调速。

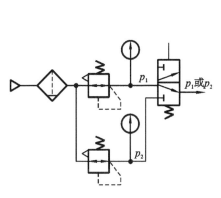

图 10-48　高、低压转换回路

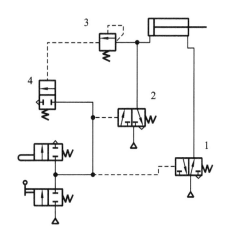

图 10-49　过载保护回路

1、2—气控阀；3—顺序阀；4—换向阀

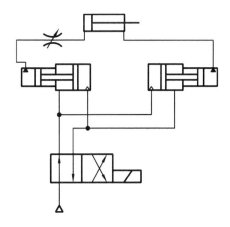

图 10-50　增压回路

1. 单作用气缸调速回路

图 10-51 所示为单作用气缸调速回路。在图 10-51(a)中，由两个单向阀分别控制活塞杆的升降速度。在图 10-51(b)中，气缸上升时可调速，气缸下降时通过快速排气阀排气，使气缸快速返回。

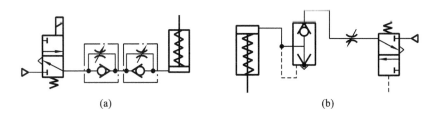

(a)　　　　　　　　　　　　(b)

图 10-51　单作用气缸调速回路

2. 排气节流阀调速回路

图 10-52 所示为通过两个排气节流阀来控制气缸伸缩速度，形成一种双作用气缸速度控制的回路。该回路可实现双向节流调速。

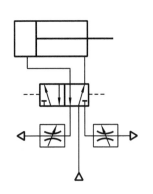

图 10-52 排气节流阀调速回路

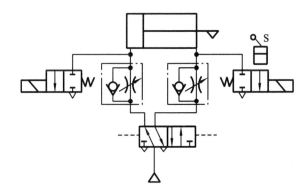

图 10-53 速度换接回路

3. 速度换接回路

图 10-53 所示回路是利用两个二位二通阀与单向节流阀并联,当挡块压下行程开关时发出电信号,使二位二通阀换向,改变排气通路,从而使气缸速度改变。

4. 缓冲回路

由于气动执行元件动作速度较快,当活塞惯性力大时,可采用如图 10-54 所示的缓冲回路。当活塞向右运动时,缸右腔的气体经二位二通阀排气,直到活塞运动接近末端,压下机动换向阀时,气体经节流阀排气,活塞低速运动到终点。

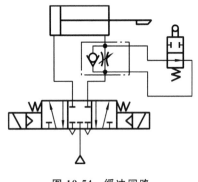

图 10-54 缓冲回路

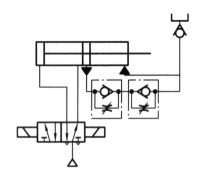

图 10-55 气液缸调速回路

5. 气液联动速度控制回路

由于气体的可压缩性,气缸的运动速度不稳定,定位精度也不高。因此,在气动调速及定位精度不能满足要求的情况下,可采用气液联动速度控制回路。

图 10-55 所示回路通过两个单向节流阀,利用液压油不可压缩的特点,实现两个方向的无级调速。

图 10-56 所示为通过用行程阀变速调节的回路。当活塞杆右行到挡块碰到机动换向阀后开始做慢速运动,改变挡块的安装位置即可改变开始变速的位置。

10.5.4 其他基本回路

1. 同步控制回路

图 10-57 所示为简单的同步控制回路,采用刚性零件把 A、B 两个气缸的活塞杆连接起

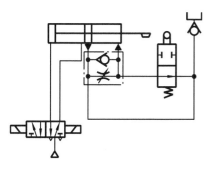

图 10-56 气液缸变速回路

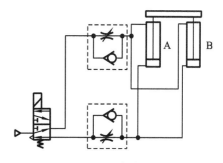

图 10-57 同步控制回路

来。

2. 位置控制回路

图 10-58 所示为采用串联气缸的位置控制回路,气缸由多个气缸串联而成。当换向阀 1 通电时,右侧的气缸就推动中侧及右侧的活塞右行到达左气缸行程的终点。图 10-59 所示为三位五通阀控制的能在任意位置停止的回路。

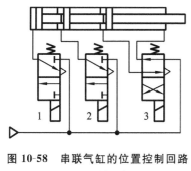

图 10-58 串联气缸的位置控制回路

1、2、3—换向阀

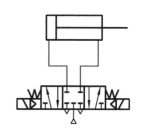

图 10-59 气控阀在任意位置停止的回路

3. 顺序动作回路

气动顺序动作回路是指在气动回路中,各个气缸按一定程序完成各自的动作。单气缸有单往复动作、二次往复动作、连续往复动作;双气缸及多气缸有单往复顺序动作和多往复顺序动作。

4. 计数回路

计数回路可以组成二进制计数器。如图 10-60(a)所示的回路中,按下手动换向阀 1,则气信号经阀 2 至阀 4 的左位或右位控制端使气缸推出或退回。设按下阀 1 时,气信号经阀 2 至阀 4 的左端使阀 4 换至左位,同时使阀 5 切断气路,此时气缸向外伸出;当阀 1 复位后,原通入阀 4 左控制端的气信号经阀 1 排空,阀 5 复位,于是气缸无杆腔的气经阀 5 至阀 2 左端,使阀 2 换至左位等待阀 1 的下一次信号输入。当阀 1 第二次按下后,气信号经阀 2 的左位至阀 4 的右控制端使阀 4 换至右位,气缸退回,同时阀 3 将气路切断。待阀 1 复位后,阀 4 右控制端信号经阀 2、阀 1 排空,阀 3 复位并将气导至阀 2 左端使其换至右位,又等待阀 1 的下一次信号输入。因此,第 1、3、5……次(奇数)按阀 1,则气缸伸出;第 2、4、6……次(偶数)按阀 1,则气缸退回。

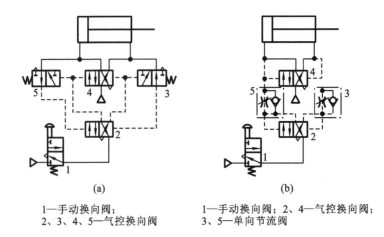

(a)
1—手动换向阀；
2、3、4、5—气控换向阀

(b)
1—手动换向阀；2、4—气控换向阀；
3、5—单向节流阀

图 10-60 计数回路

图 10-60(b)所示回路的计数原理与图 10-60(a)类似。不同的是按阀 1 的时间不能太长，只要使阀 4 切换就要放开，否则气信号将经阀 5 或阀 3 通至阀 2 左或右控制端，使阀 2 换位，气缸反行，使气缸来回振荡。

5．延时回路

图 10-61 所示为延时回路。图 10-61(a)所示为延时输出回路，当控制信号切换阀 4 后，压缩空气经阀 3 向气容 2 充气。当充气压力经延时升高至使阀 1 换位时，阀 1 才有输出。在图 10-61(b)中，按下阀 8，则气缸在伸出行程压下阀 5 后，压缩空气经节流阀 3 到气容 6 延时后才将阀 7 切换，气缸退回。

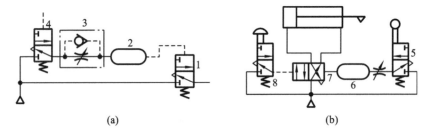

图 10-61 延时回路
1、4—气控换向阀；2、6—气容；3—单向节流阀；5—行程阀；7—换向阀；8—手动换向阀

10.6 气动系统实例

气压传动技术是实现工业生产自动化和半自动化的方式之一，其应用遍及国民经济生产的各个领域。

10.6.1 气-液动力滑台气压系统

气-液动力滑台是采用气-液阻尼缸作为执行元件，在机械设备中实现进给运动的部件。图 10-62 所示为其气压传动系统原理图。此系统可完成两种工作循环，分别介绍如下。

1. 快进—工进—快退—停止

当图 10-62 中手动阀 4 处于图示状态时,可以实现该动作循环,动作原理如下。

当手动阀 3 切换到右位时,给予进刀信号,在气压作用下气缸中的活塞开始向下运动,液压缸中活塞下腔的油液经行程阀 6 的左位和单向 7 进入液压缸活塞的上腔,实现快进;当快进到活塞杆上的挡铁 B 切换行程阀 6 后(右位),油液只经节流阀 5 进入活塞上腔,调节节流阀的开度,即可调节气-液缸运动速度,所以活塞开始工进;工进到挡铁 C 使行程阀 2 复位时,阀 3 切换到左位,气缸活塞向上运动。液压缸活塞上腔的油液经阀 8 的左位和手动阀中的单向阀进入液压缸下腔时,实现快退。当快退到挡铁 A 切换阀 8 时,切断油液通道,活塞停止运动。

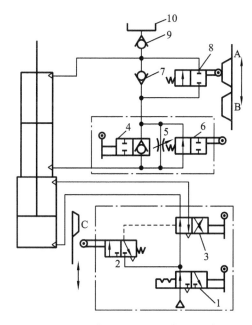

图 10-62 气-液动力滑台气压系统

1、3、4—手动阀;2、6、8—行程阀;5—节流阀;7、9—单向阀;10—补油箱

2. 快进—工进—慢退—快退—停止

当手动阀 4 处于左侧时,可实现该动作的双向进给程序。动作循环中的快进—慢进的动作原理与上述相同。当慢进至挡铁 C 切换阀 2 至左位时,阀 3 切换至左位,气缸活塞开始向上运动,这时液压缸上腔的油液经阀 8 的左位和阀 5 进入活塞下腔,实现慢退(反向进给);慢退到挡铁 B 离开阀 6 的顶杆而使其复位后,液压缸活塞上腔的油液就经阀 6 左位而进入活塞下腔,开始快退;快退到挡铁 A 切换阀 8 而切断油路时,停止运动。

10.6.2 走纸张力气控系统

胶印轮转机为大型高速印刷机械,走纸速度达 2~10 m/s。要求在印刷过程中纸张的张力必须基本恒定,遇到紧急情况时能迅速制动,重新运转时又能平稳启动。

气动张力控制系统不仅能在机器高速运行时,对卷筒纸的张力进行稳定的控制,并且能在紧急情况下做到及时刹车,又不使纸张拉断;重新运行时,又能使纸张张力达到原设定值。

图 10-63 所示为胶印轮转机气动张力控制系统原理图。系统正常运行时,走纸张力由减压阀 5 调定,其输出通过开印控制电磁阀 4 和气控阀 1 来控制负载气缸 6,负载气缸输出的力通过十字架与走纸张力比较后达到平衡。当走纸张力或负载气缸内气压发生变化时,浮动辊 10 将产生摆动,使产生的气压变化信号通过传感器 9 输出给放大器 17 进行压力放大,再通过气控阀 2 到放大器 15 进行流量放大,控制气缸 14 调整张力,使压紧铜带对卷筒纸 12 的压紧力改变,从而改变走纸张力,使浮动辊复位。

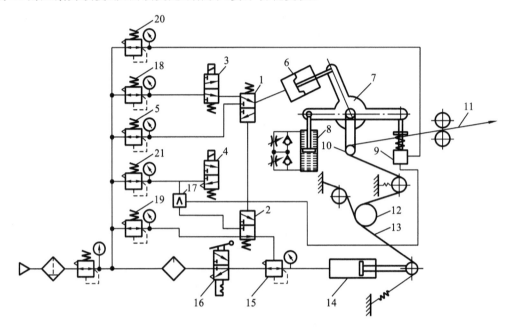

图 10-63　胶印轮转机气动张力控制系统原理图

1、2—气控阀;3—停机控制电磁阀;4—开印控制电磁阀;5—张力调整减压阀;6—负载气缸;7—十字架;
8—张力传感器;9—传感器;10—浮动辊;11—印刷走纸;12—卷筒纸;13—压紧铜带;14—张力控制气缸;
15—流量放大器;16—手拉阀;17—压力放大器;18—停机时负载缸控制压力调整阀;
19—停机时张力气缸控制压力调整阀;20—张力传感器气源压力调整减压阀;
21—放大器及气控阀工作压力调整减压阀

机器需要停止时开印控制电磁阀 4、停机控制电磁阀 3 同时打开,气控阀 1、2 同时换向,负载气缸和张力控制缸内的压力通过减压阀 18 和调压阀 19 的调定值急剧上升到设定值,铜带拉力剧增,使高速转动的纸卷筒在几秒内得到制动。

10.6.3　气动计量系统

1. 概述

在工业生产中,经常要对传送带上连续供给的粒状物料进行计量,并按一定质量进行分装。图 10-64 所示为一套气动计量装置。当计量箱中的物料质量达到设定值时,要求暂停传送带上物料的供给,然后把计量好的物料卸到包装容器中。当计量箱返回到图示位置时,物料再次落入计量箱中,开始下一次计量。

装置的动作原理如下:气动装置停止工作一段时间后,因泄漏气缸活塞会在计量箱重力

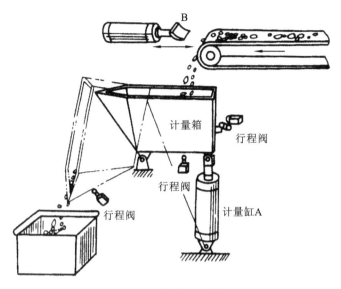

图 10-64 气动计量装置

作用下缩回。因此,首先要有计量准备工作使计量箱达到预定位置。随着物料落入计量箱中,计量箱的质量不断增加,气缸 A 慢慢被压缩。计量的质量达到设定值时,气缸 B 伸出,暂停物料的供给。换接高压气源后,计量缸伸出把物料卸掉。经过一段时间的延时后,计量缸缩回,为下次计量做好准备。

2. 气动控制系统

1）系统组成

气动计量系统回路如图 10-65 所示。

2）气动计量系统动作原理

气动计量装置启动时,切换阀 14 至左位,高压气体经阀 1 调节后使缸 A 伸出,当计量箱上的凸块通过阀 12 的位置时,阀 14 切换到右位,缸 A 以排气阀 17 所调节的速度下降。当计量箱侧面的凸块切换阀 12 后,阀 12 发出的信号使阀 6 换至图示位置,使止动缸 B 缩回。然后把阀 14 换至中位,计量准备工作结束。

随着物体落入计量箱中,计量箱的质量逐渐增加,此时缸 A 的主控换向阀 4 处于中位,缸内气体被封闭住而进行等温压缩,缸 A 活塞缸慢慢缩回。当质量达到设定值时,阀 13 切换。阀 13 发出气压信号使阀 6 换全左位,缸 B 伸出,暂停被计量物的供给。切换阀 5 至图示位置。缸 B 伸至行程终点后使无杆腔压力升高,打开阀 7。阀 4 和阀 3 被切换,高压气体进入缸 A,使缸 A 外伸,将被计量物倒入包装箱中。当缸 A 行至终点时,阀 11 动作,经由阀 10 和气容 C 组成的延时回路延时后,切换阀 5,使阀 4 和阀 3 换向,缸 A 活塞杆缩回。阀 12 动作,使阀 6 切换,缸 B 缩回,被计量物再次落入计量箱中。

习 题 10

10-1 油水分离器的作用是什么?为什么它能将油和水分开?

10-2 油雾器的作用是什么?试简述其工作原理。

10-3 简述常见气缸的类型、功能和用途。

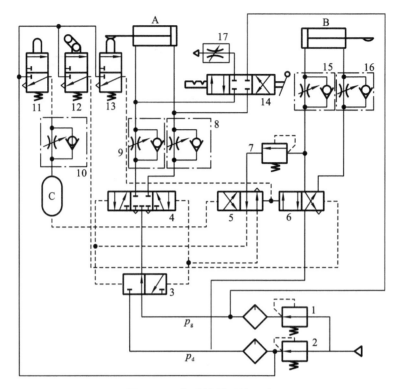

图 10-65　气动计量系统回路

1、2—减压阀；3—高、低压切换阀；4—主控换向阀；5、6—气控换向阀；7—顺序阀；
8、9、10、15、16—单向节流阀；11、12、13—行程阀；14—手动换向阀；
17—排气节流阀；A—计量缸；B—止动缸；C—气容

10-4　简述冲击气缸是如何工作的。

10-5　选择气缸应注意哪些要素？

10-6　气动方向控制阀有哪些类型？各自具有什么功能？

10-7　减压阀是如何实现减压调压的？

10-8　常用气动逻辑元件有哪些？各自具有什么功能？

10-9　简述常见气动压力控制回路及其用途。

10-10　试说明排气节流阀的工作原理、主要特点及用途。

10-11　画出采用气液阻尼缸的速度控制回路原理图，并说明该回路的特点。

附录 液压与气动图形符号

附表 1 基本符号、管路及连路

名 称	符 号	名 称	符 号
工作管路	——	管端连接于油箱底部	
控制管路	-------	密闭式油箱	
连接管路		直接排气	
交叉管路	+	带连接措施的排气口	
柔性管路		带单向阀的快换接头	
组合元件线	—·—·—	不带单向阀的快换接头	
管口在液面以上的油箱		单通路旋转接头	
管口在液面以下的油箱		三通路旋转接头	

附表 2　机械控制装置和控制方法

名　称	符　号	名　称	符　号
按钮式人力控制		双作用电磁铁	
手柄式人力控制		比例电磁铁	
踏板式人力控制		加压或泄压控制	
顶杆式机械控制		内部压力控制	
弹簧控制		外部压力控制	
滚轮式机械控制		液压先导控制	
单作用电磁铁		电-液先导控制	
气压先导控制		电磁-气压先导控制	

附表 3　液压泵、液压马达和液压缸

名　称	符　号	名　称	符　号
单向定量液压泵		单向变量液压泵	
双向定量液压泵		双向变量液压泵	
单向定量马达		摆动马达	

续表

名 称	符 号	名 称	符 号
双向定量马达		单作用弹簧复位缸	详细符号　简化符号
单向变量马达		单作用伸缩缸	
双向变量马达		双作用单活塞杆缸	详细符号　简化符号
定量液压泵-马达		双作用双活塞杆缸	详细符号　简化符号
变量液压泵-马达			
液压源		双向缓冲缸（可调）	详细符号　简化符号
压力补偿变量泵			
单向缓冲缸（可调）	详细符号　简化符号	双作用伸缩缸	

附表 4　液压控制元件

名　称	符　号	名　称	符　号
直动式溢流阀		先导式减压阀	
先导式溢流阀		直动式顺序阀	
先导式比例电磁溢流阀		先导式顺序阀	
直动式液压阀		卸荷阀	
双向溢流阀		溢流减压阀	
不可调节流阀		旁通式调速阀	详细符号　简化符号
可调节流阀	详细符号　简化符号	单向阀	详细符号　简化符号
调速阀	详细符号　简化符号	液控单向阀	弹簧可以省略
温度补偿调速阀	详细符号　简化符号	液压锁	
带消声器的节流阀	详细符号　简化符号	快速排气阀	

续表

名　　称	符　　号	名　　称	符　　号
二位二通换向阀	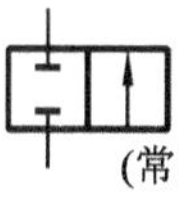 （常闭）	二位五通换向阀	
二位三通换向阀	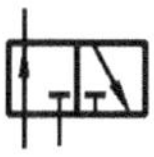	三位四通换向阀	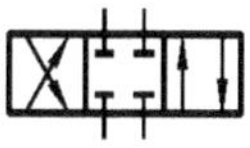
二位四通换向阀	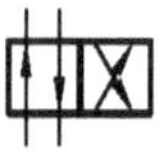	三位五通换向阀	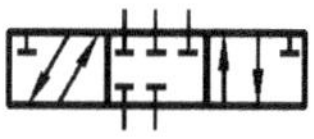

附表 5　辅助元件

名　　称	符　　号	名　　称	符　　号
过滤器		蓄能器（一般符号）	
磁芯过滤器		蓄能器（气体隔离式）	
污染指示过滤器	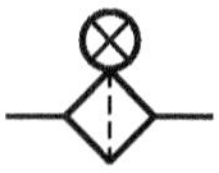	压力计	
冷却器		液面计	
加热器		温度计	
流量计		马达	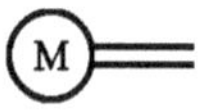
压力继电器	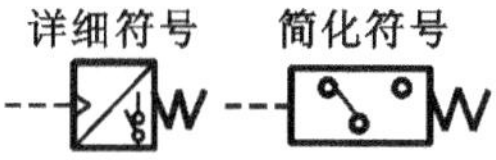 详细符号　简化符号	原动机	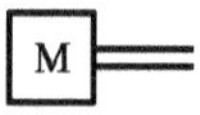

续表

名　称	符　号	名　称	符　号
压力指示器		行程开关	详细符号　简化符号
分水排水器		空气干燥器	
		油雾器	
空气过滤器		气源调节装置	
		消声器	
除油器		气-液转换器	
		气压源	

参 考 文 献

[1] 雷天觉. 新编液压工程手册[M]. 北京:北京理工大学出版社,1998.
[2] 路甬祥. 液压气动技术手册[M]. 北京:机械工业出版社,2002.
[3] 周士昌. 液压系统设计图集[M]. 北京:机械工业出版社,2004.
[4] 许福玲,陈尧明. 液压与气压传动[M]. 北京:机械工业出版社,1997.
[5] 官忠范. 液压传动系统[M]. 3版. 北京:机械工业出版社,2006.
[6] 章宏甲. 液压与气压传动[M]. 北京:机械工业出版社,2003.
[7] 王广怀. 液压技术应用[M]. 哈尔滨:哈尔滨工业大学出版社,2001.
[8] 张利平. 现代液压技术应用220例[M]. 2版. 北京:化学工业出版社,2009.
[9] 左健民. 液压与气压传动[M]. 4版. 北京:机械工业出版社,2007.
[10] 王积伟. 液压传动[M]. 北京:机械工业出版社,2006.
[11] 李壮云. 液压元件与系统[M]. 2版. 北京:机械工业出版社,2005.
[12] 张群生. 液压与气压传动[M]. 北京:机械工业出版社,2002.
[13] 机械设计手册编委会. 机械设计手册新版第4卷[M]. 北京:机械工业出版社,2004.
[14] 徐永生. 液压与气动[M]. 北京:高等教育出版社,1998.
[15] 何存兴. 液压传动与气压传动[M]. 2版. 武汉:华中科技大学出版社,2000.
[16] 陆一心. 液压与气动技术[M]. 北京:化学工业出版社,2004.
[17] 李寿刚. 液压传动[M]. 北京:北京理工大学出版社,1994.
[18] 陈松楷. 机床液压系统设计指导手册[M]. 广东:广东高等教育出版社,1993.
[19] 李芝. 液压传动[M]. 北京:机械工业出版社,2001.